Dr. Thomas Forster, Dr. Immanuel Ulrich, Rainer E. Ulrich

Thomas Grommes, Dr. Egbert Hubmann, Hanns-Peter Wiese

Unternehmenswertsteigerung

SEViX (HG.)

Dr. Thomas Forster, Dr. Immanuel Ulrich, Rainer E. Ulrich

Thomas Grommes, Dr. Egbert Hubmann, Hanns-Peter Wiese

UNTERNEHMENS WERT STEIGERUNG

BUSINESS TRANSFORMATION ALS CHANCE

Frankfurter Allgemeine Buch

Bibliografische Information der Deutschen Nationalbibliothek
Die Deutsche Nationalbibliothek verzeichnet diese Publikation in der Deutschen
Nationalbibliografie; detaillierte bibliografische Daten sind im Internet über
http://dnb.d-nb.de abrufbar.

𝕱𝖗𝖆𝖓𝖐𝖋𝖚𝖗𝖙𝖊𝖗 𝕬𝖑𝖑𝖌𝖊𝖒𝖊𝖎𝖓𝖊 Buch

Copyright: FAZIT Communication GmbH
Frankfurter Allgemeine Buch, Frankenallee 71 – 81,
60327 Frankfurt am Main

Umschlag: Uwe Adam, Freigericht, www.adam-grafik.de
Titelgrafik: zoom-zoom/iStock/Thinkstock/Getty Images
Satz: Jan Walter Hofmann
Druck: CPI books GmbH, Leck
Printed in Germany

1. Auflage, Frankfurt am Main 2018
ISBN 978-3-96251-026-8

Inhalt

Vorwort

Das ökonomische Umfeld ist geprägt durch volatile Märkte, Unbestimmtheit, Komplexität und Ambivalenz. „Ein ständiges Entstehen und Vergehen in einem *instabilen* System", so beschreibt Rainer E. Ulrich kurz und knapp, jedoch umfassend die globale Wirtschaftsordnung. Das Versprechen nach Stabilität ist also nicht zu halten.

Die Geschäftsmodelle von Unternehmen müssen zur Zukunftssicherung den Anspruch der *Resilienz,* ein Begriff aus der Materialprüfung, erfüllen. Resilienz drückt aus, inwieweit ein Material, das sich unter äußeren Einflüssen verformt hat, wieder in seine ursprüngliche Position zurückkehren kann, sobald diese Einflüsse nachlassen, ohne von diesem Prozess zerstört zu werden. Eine Metapher zur Veranschaulichung: Flugzeugflügel müssen unter extremen Belastungen, wie Luftlöchern, Turbulenzen, Gewitter und übermäßigen Lenkbewegungen, bis zu sieben Meter ausschlagen können, ohne dass sie deswegen brechen. Auf Unternehmen übertragen ist dies die Fähigkeit, Unerwartetes zu meistern und trotz eines turbulenten Umfelds sicher zu navigieren.

In einem resilienten Geschäftsmodell müssen Vision, Strategie, Organisation, Struktur, Fähigkeiten, Qualifikation des Personals und die Kultur des Unternehmens in Einklang gebracht werden. Das Unternehmensziel muss sein, die Position des Outperformers[1] zu erreichen bzw. zu festigen. Outperformer sind Unternehmen, die mit ihrem Leistungsvermögen deutlich und messbar über dem jeweiligen Branchendurchschnitt liegen.

Auf dem Weg zum Outperformer durch Business Transformation-Management müssen Analysen durchgeführt und Ziele definiert werden.

---

[1]   Im Markt und in der Branche nehmen Unternehmen unterschiedliche Positionen ein:
Underperformer: Unternehmensentwicklung ist schlechter als der Markt-/Branchendurchschnitt;
Marketperformer: Unternehmensentwicklung entspricht dem Markt-/Branchendurchschnitt;
Outperformer: Unternehmensentwicklung ist besser als der Markt-/Branchendurchschnitt.

Die sogenannte Idealbildmethode ist hierfür gut geeignet. Sie hilft dabei, diese Veränderungsprozesse schneller einzuleiten und ihre Richtung bestimmen zu können. Hierbei muss für jedes Element der Ist-Zustand bestimmt und der Idealzustand beschrieben werden. Davon ausgehend müssen – unter Beachtung der Wechselwirkungen – Maßnahmen und Verantwortlichkeiten mit verbindlichen Erledigungsterminen zur Erreichung des Idealzustandes festgelegt werden.

Outperformer zeichnen sich dadurch aus, dass sie Vision, Mission und Werte in Einklang bringen. Diese Werte müssen tagtäglich gelebt werden, wie:

- **Kundenorientierung:** den Kunden auf jeder Wertschöpfungsebene in den Mittelpunkt stellen;
- **Integrität:** Streben nach dem, was richtig ist, sowie das zu tun, was gesagt wird, und zu sagen, was getan wird;
- **Innovation:** Der notwendige kreative Einfallsreichtum wird angewendet, damit wir besser, schneller, Erster sind – und auch bleiben;
- **Überragende Ergebnisse liefern,** die das Unternehmen nachhaltig sichert und ausbaut, und somit ständig die Eigentümererwartungen übertreffen;
- **Vielfalt:** Die unterschiedlichen Sichtweisen aller annehmen und diese sowohl mit Würde als auch Respekt erfüllen.

Ein Outperformer mittels einer Business Transformation zu werden und die somit einhergehende Unternehmenswertsteigerung hat nicht nur für die Eigentümer große Bedeutung, sie ist auch für die Resilienz bzw. Sicherung der Arbeitsplätze aller Stakeholder eine entscheidende Voraussetzung. Jedoch 89 % der Business Transformationen von Unternehmen scheitern, belegt die Studie „Fortune 500"[2] von Mark J. Perry, Professor of Finance and Business Economics, University of Michigan.

---

2   https://fee.org/articles/only-53-us-companies-have-been-on-the-fortune-500-since-1955-thanks-to-the-creative-destruction-that-fuels-economic-prosperity/ Letzter Aufruf 11.06.2018.

Nur diese 53 Unternehmen sind seit 1955 bis heute in der Gruppe der 500 börsenwertstärksten Unternehmen der New Yorker Börse (NSE)

3 M	DowDupont	Merck
Abbott Laboratories	Eli Lily	Motorola Solutions
Altria	ExxonMobil	Northrop Grumman
Archer Daniels Midland	General Dynamics	Owens Corning
Arconic	General Electric	Owens-Illinois
Avon Products	General Mills	Paccar
Boeing	General Motors	PepsiCo
Bristol-Meyers Squibb	Goodyear Tire and Rubber	Pfizer
Campbell Soup	Hershey	PPG Industries
Caterpillar	Honeywell International	Procter and Gamble
Chevron	Hormel Foods	Raytheon
Coca-Cola	IBM	Rockwell Automation
Colgate Palmolive	International Paper	S&P Global
Conoco Philipps	Johnson and Johnson	Textron
Crown Holdings	Kellogg	United Technologies
Cummins	Kimberley-Clark	Weyerhaeuser
Dana	Kraft-Heinz Foods	Whirlpool
Deere	Lockheed Martin	

Doch was sind die Gründe für dieses Scheitern der Unternehmen? Existieren gleiche Faktoren, ein „gemeinsames Muster"? Was kann man daraus für die zukünftige Business Transformation von Unternehmen lernen?

Business Transformationen zur Unternehmenswertsteigerung scheitern zumeist aufgrund

1. von Fehlern bei der Strategiefindung und -formulierung. Die meisten Unternehmen haben weder eine kraftvolle Vision noch eine klare Strategie!
2. mangelhafter „Übersetzung" der Strategie in „Umsetzung", also der Operationalisierung der Strategie in adäquate Maßnahmen, Projekte, Ziele und Steuerungssysteme.

3. der Umsetzung mit fehlender Ausrichtung, also einer fehlenden „Stimmigkeit" der Systemkomponenten im Gesamtsystem sowie unstimmiges Führungsverhalten und inkonsistenten Entscheidungen im Tagesgeschäft.

Nach den Erfahrungen der Autoren scheitern etwa 20 % der Fälle wegen fehlender und/oder fehlerhafter Strategie, ca. 30 % wegen mangelhafter Operationalisierung von Maßnahmen und ca. 50 % aufgrund von Umsetzungsfehlern, vor allem wenn ein „Alignment" des Gesamtsystems fehlt. Bei zeitkritischen Sanierungsfällen – meist unter hoher psychischer Belastung – fällt mangelhafte Führung besonders schwer ins Gewicht, insbesondere da viele Manager aus dem Tagesgeschäft heraus die Liquiditätskrise und Insolvenzgefahr zum ersten Mal erleben. Anfängerfehler in dieser Situation können fatal sein.

Die Macht der Gewohnheit und Angst führt dazu, dass an den scheinbar noch funktionierenden Aspekten festgehalten, und der Blick für das Neue, das uns bereits umgibt, vernebelt wird. Dies gilt es zuallererst zu akzeptieren – es ist menschlich. Solange man dies jedoch nicht tut, wird man keine wirklich tiefgreifenden Veränderungen – weder im Ausbildungssystem noch in den Führungsetagen noch auf der Mitarbeiterebene – initiieren können.

Der Business Transformation-Manager und sein Team besitzen ein breitgefächertes Wissen über Veränderungsprozesse und können auf dieser Basis, neue Kompetenzen für das Unternehmen entwickeln. Beim Change Management wird formal gesehen, also von außen betrachtet, das Unternehmen nur mit einem neuen Hut ausgestattet. Business Transformation hingegen wirkt dagegen leibhaftig, von innen nach außen, ist also nachhaltiger. Business Transformation-Manager besitzen Branchen-, Projekt- und Krisenerfahrung, Durchsetzungsvermögen, Fach-, Sozial- und interkulturelle Kompetenz. Zu ihrem Selbstverständnis gehört eine partnerschaftliche Zusammenarbeit mit Eigentümern und dem gesamten Management des jeweiligen Unternehmens. Sie vereinigen Beratung und Umsetzungsmanagement, sie verinnerlichen und verstehen ihre unternehmerische Aufgabenstellung. Dabei binden sie durch klare Strategien beim Personalmanagement die Mitarbeiter des Unternehmens aktiv in die Business Transformation ein und nutzen die Leistungsträger als Verbündete im Business Transformation-Prozess. Durch die Nutzung ihres Partnerverbundes und Netzwerkes haben Transformation-Manager Zugang zu breiter Branchen- sowie regionaler Expertise und divergierendem Fachwissen. Der Unternehmenswert wird durch die gemeinsame Entwicklung und operative Umsetzung von belastbaren Unternehmenswertsteigerungs-Maßnahmen von dem Business Transformation-Manager mit seinem eingespielten, passgenauen Team signifikant gesteigert.

Ein proaktives Personalmanagement mit strategischer Kommunikation, Mitarbeitermotivierung und Personalentwicklung, so Dr. Immanuel Ulrich in seinem Beitrag in diesem Ratgeber, stellt dabei einen häufig unterschätzten, aber erfolgskritischen Faktor einer Business Transformation dar. Durch die Einbindung der Mitarbeiter als Co-Akteure in den Prozess verbinden diese ihre Arbeitstätigkeit zur Unternehmenswertsteigerung mit der Erhöhung des eigenen Marktwerts, Erfahrungsschatzes sowie sinnhafter Tätigkeit.

Materialkosten stellen heute neben den Personalkosten den größten Kostenblock in Unternehmen dar. Diese zu managen und zu optimieren ist eine weitere wesentliche Aufgabe in einer Business Transformation. Der Einkauf muss sich dabei verstärkt strategisch positionieren, das heißt, in einer Transformation liegt ein klarer Fokus auf dem Wertbeitrag, so schreibt Dr. Egbert Hubmann. Im Gegensatz dazu waren früher die Einsparungen die wichtigste Leistungskennzahl. Dieser Wertbeitrag lässt sich in der Business Transformation in drei Kernbestandteile zusammenfassen: Lieferanteninnovationen, Risikomanagement und die Sicherstellung einer nachhaltigen Supply Chain.

Business Transformation-Manager verlassen das Unternehmen, nachdem das Unternehmen für die zukünftigen Herausforderungen besser aufgestellt wurde. Sie hinterlassen dem Unternehmen ein resilientes Geschäftsmodell, strukturierte Prozesse, eine positive Unternehmenskultur und einen gesteigerten Unternehmenswert.

Business Transformation-Manager folgen ihrer Profession aus Leidenschaft. Sie werden durch Erfolge motiviert, besonders wenn der Veränderungsprozess auf allen Wertschöpfungsebenen angekommen und durchgeführt wird, vor allem dann, wenn erste Ergebnisse messbar werden. Ein Business Transformation-Manager aus Leidenschaft stellt sich stets gerne neuen Herausforderungen. Diese Rolle gibt ihm immer wieder die Möglichkeit, ein erfolgreiches Geschäftsmodell zu entwickeln, dieses mit nachhaltiger Wirkung zu implementieren und somit alle Erwartungen an ihn zu erfüllen, schreibt Dr. Thomas Forster.

1 Einleitung

In diesem Buch der SEViX® *GROUP* stellen die Autoren ihre weitreichenden, interdisziplinären Erfahrungen bei der Wertsteigerung von Unternehmen durch Business Transformation dar: Sie zeigen den interessierten Leserinnen und Lesern die unterschiedlichen Herausforderungen der Business Transformation und liefern Lösungsansätze aus der Praxis.

Jede einzelne Business Transformation ist anders. Ihr Erfolg hängt in einem komplexen wirtschaftlichen System entscheidend vom Zusammenwirken der Akteure auf der Meta-Ebene ab. Nach dem Verständnis der Autoren liegt der Schwerpunkt des sogenannten Meta-Managements in der Bereitstellung eines Rahmens für das Unternehmen, der dazu verhilft, die Komplexität einer Business Transformation zu bewältigen.

Für die Transformation von Unternehmen basiert das Meta-Management auf einem ganzheitlichen und integrativen Managementansatz. Es ist geschäfts- sowie wertorientiert und baut auf drei Säulen auf:
• den Managementdisziplinen,
• dem Transformationslebenszyklus und
• der Führung.

Eine solche Business Transformation kann nur dann erfolgreich sein, wenn sich die Akteure der Meta-Ebene ihrer entscheidenden Rolle in der Unternehmenskommunikation bewusst sind und eine solide Unternehmenskultur etabliert haben, die gegenüber dem Wandel aufgeschlossen ist.

Zusätzlich werden Meta-Management-Prinzipien in dem Buch skizziert, da ihre Umsetzung eine wichtige Erfolgsgrundlage des gesamten Rahmens der Business Transformation darstellt.

Die Autoren raten dazu, die folgenden Richtlinien zu beachten, um ein Business Transformation-Projekt erfolgreich durchzuführen:
1. Vereinen Sie die einzelnen Managementdisziplinen in einem integrierten und ganzheitlichen Ansatz.

2. Legen Sie die allgemeinen Transformationsziele für jede Funktionseinheit und jedes Teammitglied fest.
3. Etablieren Sie den Transformationslebenszyklus mit den vier Phasen: Vision, Interaktion, Transformation und Optimierung.
4. Benennen Sie einen Business Transformation-Manager.
5. Weisen Sie Rollen klar zu und binden Sie unbedingt den Business Transformation-Manager in den Transformationsprozess ein.
6. Fördern Sie starkes, bindendes Engagement aller Beteiligten und erleichtern Sie das „Sicheinbringen" aller Stakeholder.
7. Schaffen Sie durch geschickte Kommunikation ein kulturelles Umfeld, um ein Verständnis für die Bedürfnisse, Nutzen, Risiken und Veränderungen des Wandels aufzubauen.

Sollten Business Transformation-Prozesse unvorbereitet und unkoordiniert ablaufen, wird kostbare Zeit vergeudet, wodurch Werte verloren gehen.

Die in diesem Buch gestellten Fragen und Antworten zum Thema Unternehmenswertsteigerung durch Business Transformation erheben weder Anspruch auf Vollständigkeit noch sind sie alle in ihrer Fülle in jedem Fall anwendbar. Sie dienen dazu, den Leserinnen und Lesern einen Eindruck von der Komplexität der Materie zu vermitteln, die zu diesem Thema gehört.

2 Business Transformation

Eine Business Transformation ist die nachhaltige Veränderung eines Unternehmens hinsichtlich seiner

- Strategie,
- Organisation,
- Struktur und
- Prozesse.

Im Folgenden werden deren Ursachen, Ziele, Erfolgsdeterminanten und Herausforderungen sowie dazugehörige vorbereitende Überlegungen erläutert.

2.1 Gründe für Business Transformation-Prozesse

In vielen Fällen wird die Business Transformation aufgrund einer schwerwiegenden Unternehmenskrise initiiert. Jedoch kann oder besser sollte eine Business Transformation unabhängig von einer Krise oder dem Unternehmenszustand durchgeführt werden. Im Gegensatz zur Sanierung eines kriselnden Unternehmens hat die Business Transformation nämlich nicht (nur) die „Rettung" des Unternehmens im Sinn, sondern dient dazu, Unternehmen mit dem Anspruch „Best in Class" zu verbessern. Eine Business Transformation hat somit das Ziel der Unternehmenswertsteigerung, die bei jedem Unternehmen durchgeführt werden kann, um es auf ein höheres Leistungsniveau mit einer optimierten Wettbewerbsfähigkeit zu heben.

2.2 Herausforderungen und Erfolgsdeterminanten der Business Transformation

Eine Business Transformation stellt einen massiven Eingriff in die verbesserungswürdigen Routinen eines Unternehmens dar. Hierzu sind auf allen Ebenen der Organisation Eingriffe nötig, wie die folgenden Unterkapitel zeigen werden.

2.2.1 Zusammenarbeit der Führungskräfte der C-Ebene im Meta-Management

Der Erfolg der Business Transformation in einem komplexen wirtschaftlichen System hängt vor allem vom Zusammenwirken der Akteure der Meta-Ebene ab. Nach Verständnis der Autoren liegt der Schwerpunkt des Meta-Managements auf der Bereitstellung eines Rahmens, der die Komplexität der Business Transformation zu bewältigen hilft.

2.2.2 Zielsetzung des Meta-Managements der Business Transformation

Die erste wichtige Säule des Meta-Managements ist der Umgang mit Managementdisziplinen, die kohärent in diesen Ansatz eingebunden sind. Business Transformation-Management umfasst die folgenden acht Managementdisziplinen:
- Strategiemanagement,
- Wertmanagement,
- Risikomanagement,
- Geschäftsprozessmanagement,
- Programm- und Projektmanagement,
- transformationales IT-Management,
- Organisational Change Management sowie
- Kompetenz- und Trainingsmanagement.

In der Regel hat jede Managementdisziplin ihr grundlegendes Bündel von Wissen, Anforderungen und Prozessen, die traditionell eigene Annahmen, Theorien und Begrifflichkeiten haben, was sie jedoch für Kollegen in anderen Disziplinen weitgehend undurchsichtig machen. Dies kann wiederum zu einem unzusammenhängenden Gesamtprozess führen, der eine Fragmentierung, mangelnde Klarheit und Kohäsion über die gesamte Änderungskette riskiert. Um solche Risiken zu bewältigen, integriert und erweitert das Business Transformation-Management diese Disziplinen und bietet eine multidisziplinäre Sicht auf die Transformation des Unternehmens.

Die Absicht des Meta-Managements bezüglich der Managementdisziplinen ist die strategische Verzahnung aller Disziplinen innerhalb des Change Managements.

Die acht Managementdisziplinen unterscheiden sich in zwei Typen:

1. Richtung

Die drei Disziplinen Strategiemanagement, Wertmanagement und Risikomanagement können als Strategieschleife des Business Transformation-Managements bezeichnet werden. Hier wird die Transformationsstrategie unter Berücksichtigung von Zeit- und Budgetbeschränkungen sowie damit verbundenen Risiken definiert. Darüber hinaus schaffen diese Richtungsdisziplinen sowohl Handlungsbedarf als auch Zukunftsvisionen und geben die Richtung für die Transformationsbemühungen vor.

2. Befähigung

Die Befähigung (engl. „enablement") umfasst die Verwaltung und Synchronisation von Änderungen, die von der IT über den Prozess bis hin zur Organisation reichen, sowie die Schaffung neuer Kompetenzen durch Trainings und Schulungen, die durch das Programmmanagement instrumentiert werden. Beim letzten Punkt geht es nicht darum, „Supermanager" zu erschaffen, sondern Menschen auf alle Ebenen der Business Transformation zu heben, die gut ausgebildet und gut informiert sind. „Enablement" kann in diesem Sinn auch als die Rückkopplungsschleife des Business Transformation-Managements bezeichnet werden. Lernrückmeldungen führen zur Anpassung der Strategie.

HERAUSFORDERUNGEN DER MANAGEMENTDISZIPLINEN

1. Abhängigkeiten und Wirkfaktoren zwischen den Managementdisziplinen verstehen.
2. Die Managementdisziplinen effizient und strategisch verzahnen.

SCHLÜSSELBOTSCHAFT

Die Business Transformation muss wirtschaftliche, soziale und technische Aspekte in Einklang bringen. Das erfordert die psychologische Einbeziehung von Bereichen wie Management, Psychologie und IT, die sich in den folgenden Managementdisziplinen widerspiegeln.

2.2.3 Die Säulen des Meta-Managements

Verzahnung der Meta-Management-Disziplinen

Als erste Säule stellt das Meta-Management dem Management den übergeordneten Rahmen für die verschiedenen Managementdisziplinen (zum Beispiel Strategiemanagement oder Risikomanagement) zur Verfügung und stellt die Verbindungen zwischen den Managementdisziplinen Führung, Kultur und Kommunikation her, wodurch der Prozess effektiv sein kann. Diese Vorgehensweise hat folgende Vorteile:

- Sie bietet ein schrittweise vorgehendes Lebenszyklusmodell (vorstellen, engagieren, transformieren, verbessern), das es ermöglicht, die Business Transformation als ganzheitlichen Prozess zu verstehen.
- Sie bietet eine allgemeine Business Transformation-Struktur für alle Managementebenen sowie deren formale und informelle Managementrollen.
- Sie konzentriert sich auf die Dimensionen der Balanced Scorecard für Planungs- und Steuerungsmaßnahmen. Details finden Sie im Kapitel 2.2.6 „Balanced Scorecard in der Business

Transformation". Daher verwendet das Meta-Management das sogenannte Performance-Management.

- Sie verwendet das Performance-Management, das die Integration von Strategieplanung und -implementierung abdeckt und so auf einen kontinuierlichen Verbesserungsprozess sowie die Stärkung der Wettbewerbsfähigkeit abzielt. Das Performance-Management hat als „Lenkrad des Unternehmens" eine Koordinationsfunktion.
- Sie liefert Entscheidungskriterien für die Auswahl der richtigen Führungskräfte sowie Promotoren für Schlüsselpositionen und erleichtert die transformative Führung.
- Sie hilft, Kultur und Werte auf Basis von Transformationsprinzipien und -richtlinien zu schaffen, um die Transformationsziele zu verinnerlichen und zu institutionalisieren.
- Sie bietet sowohl Kommunikations- als auch Engagementleitsätze und unterstützt Feedbackschleifen.

Dieser Abschnitt ist kein detailliertes Kochbuch, sondern soll vielmehr als kohärenter und konsistenter Rahmen dienen, der die Komplexität reduziert. Dennoch muss dieser Rahmen an jedes Unternehmen angepasst werden, indem die Erfahrung der beteiligten Personen genutzt wird. Jedes Unternehmen und jede Business Transformation ist anders. Daher kann das einfache Kopieren von „Erfolgsrezepten" von einem Unternehmen zu wiederum katastrophalen Ergebnissen in einem anderen Unternehmen führen.

Zyklus der Business Transformation

Die zweite Säule des Meta-Managements ist der Business Transformations-Lebenszyklus, der das Verständnis der schrittweise vorgehenden Natur der Business Transformation ermöglicht. Basierend auf diesem Zyklus kann die Business Transformation effizient organisiert werden. Den Veränderungsprozess jedoch als etwas streng Lineares zu betrachten, wäre ein Fehler, der eine reibungslose Business Transformation behindert. Im Wesentlichen durchläuft der Prozess schrittweise verschiedene Phasen in wiederkehrenden Zyklen. Ein Stufenmodell, das diese wiederkehrenden Phasen darstellt, ist somit erforderlich. Abbildung 1 zeigt diese vier Schritte: Vision, Beteiligung, Transformation und Optimierung.

Abbildung 1: Der Lebenszyklus einer Transformation

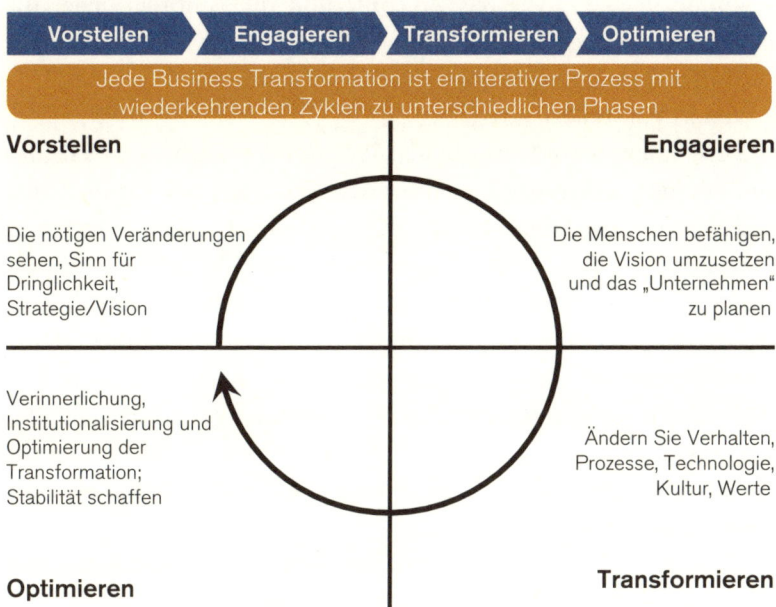

Die in Abschnitt 2.2.1 beschriebene Meta-Ebene ist an allen Phasen des Transformationslebenszyklus-Modells beteiligt, da fast jeder Aspekt – von der Veränderungsgrundlage bis hin zu den Implementierungsoptionen – bei der Entwicklung der Business Transformation und des Geschäftskontexts möglicherweise ein weiteres Mal überarbeitet werden muss. Unvermeidlich wird jedoch der größere Schwerpunkt auf den Richtungsdisziplinen in den frühen Stadien und auf dem Befähigungsmanagement[3] liegen. Befähigungsmanagement (engl. „supportive leading") richtet den Fokus nicht auf die Schwächen, sondern auf die Stärken einer

---

3   Senge, Peter M. (1996): Die fünfte Disziplin. Stuttgart: Klett-Cotta Kapitel 9 „Personal Mastery", S. 171ff. Senge sieht die Befähigung und die Verantwortung zur Weiterentwicklung beim Individuum.

Person, die gefördert und weiterentwickelt werden. Die Schwächen werden stattdessen unterbelichtet, sodass sie kaum noch sichtbar sind und in keinem Fall den Prozess behindern.

Hier werden nun die vier Phasen des Transformationslebenszyklus zusammengefasst sowie das Ergebnis und die Anforderungen für jede Phase aufgezeigt.

1. Vision vorstellen

Diese Phase umfasst sowohl das Warum als auch das Wie der Veränderung. „Warum ist eine Business Transformation erforderlich und wie leistungsfähig ist die Organisation, um die Veränderung zu steuern?" Diese Phase diagnostiziert den Bedarf an Business Transformation. Darüber hinaus werden die Strategie und Vision im Umgang mit dem Veränderungsbedarf entwickelt. Dieser Schritt erfordert sowohl analytische Fähigkeiten als auch Kreativität und Weitsicht. Ein weiteres Ziel der Visionsphase ist es, sich auf der C-Ebene für die entwickelte Strategie zu engagieren. Die Vision für die gesamte Organisation steht normalerweise im Mittelpunkt des Übergangsprozesses.

Alternativ kann die Transformation auch in einer Abteilung oder einem Geschäftsbereich stattfinden. Es bedeutet jedoch nicht, dass die Business Transformation visionäre Führer erfordert, im Sinne von charismatischen, „Guru-ähnlichen" Figuren. Jedoch muss der verantwortliche Business Transformation-Manager einen klaren Fokus und ein Ziel haben. Eine wichtige Frage für Manager lautet daher: „Wie fähig sind wir als Organisation, dies zu tun, und wie können wir uns auf einen Plan einigen?"

Erwartete Ergebnisse	Voraussetzungen
1. Notwendigkeit der Business Transformation anerkennen	1. Analytische Fähigkeit
	2. Kreativität
2. Identifikation von Strategie und Vision	3. Weitblick

2. Beteiligung

Diese Phase der Business Transformation bedeutet für den Manager, dass das Unternehmen selbst und somit seine Mitarbeiter mobilisiert werden müssen. Engagement und Kommunikation sind hier unerlässlich, ebenso wie die Etablierung von gegebenenfalls diskreten Projekten, um Veränderungen herbeizuführen und Impulse zu setzen. Für die engagierten Beteiligten ist dies sowohl verhaltens- als auch einstellungsbezogen, sie bringen sich uneingeschränkt in das Transformationsteam ein. Die Business Transformation erfordert innerhalb des gesamten Unternehmens ein klares Verständnis dafür, welche Veränderungen erforderlich sind, warum es **erforderlich** ist, wie es erreicht und gemessen werden soll und wer wofür verantwortlich ist. Eine detaillierte Planung und die kontinuierliche Abstimmung mit den unternehmerischen Funktionen sind **essenziell,** damit sich jeder in der gesamten Organisation engagiert. Insbesondere die Einbindung von Talenten des mittleren Managements ist **wichtig,** um den Veränderungsprozess wirkungsvoll durchführen zu können.

Erwartete Ergebnisse	Voraussetzungen
1. Business Transformation kommunizieren	1. Detailplanungen
2. Diskrete Projekte festlegen	2. Geschäftsfunktionen ausrichten

3. Business Transformation

Als kontinuierlicher Prozess wirkt die Business Transformation von innen nach außen in drei Phasen:

* Ablösen des Alten; bewusst das Neue dem Alten gegenüberstellen;
* das Niemandsland, also die neutrale Zone, durchgehen und
* die Auflösung des Alten unterstützen.

Man fokussiert sich auf das, was sich in der Business Transformation gerade zeigt. Das bedeutet, dass unter anderem Ängste, Widerstände,

Bequemlichkeiten und Gewohnheiten anerkannt werden, dass bewusst die Koffer neu gepackt werden.

Die Transformation kann eine Reorganisation oder die Etablierung neuer Geschäftsprozesse und Beziehungen umfassen, einschließlich neuer Geschäftseinheiten, wie einem Shared Service Center, Umzug und Umschulung von Mitarbeitern, Schaffung und Nutzung neuer Fähigkeiten und Verbesserung der Mitarbeiterkompetenzen sowie Änderung ihres Verhaltens, ihrer Einstellungen und ihrer gemeinsamen Werte. Die Mitarbeiter müssen verstehen, dass auch sie Transformationsprozessen unterliegen, und sich auf ein für sie akzeptables Tempo verpflichten. Gleichzeitig müssen die Manager im Prozess sicherstellen, dass abteilungsbezogenes Denken und Handeln aufgehoben werden. Die rationalen und emotionalen Elemente müssen zusammengebracht werden, um Herzen und Gemüter zu gewinnen.

Veränderungen betreffen in der Regel auch IT-Fähigkeiten, Geschäftstätigkeiten sowie -prozesse, Systeme, Technologien und Software der Organisation. Eine erfolgreiche Veränderung der IT in einer Geschwindigkeit, die es der Organisation erlaubt, wettbewerbsfähig zu bleiben, ist oft der entscheidende Faktor für eine Business Transformation.

Erwartete Ergebnisse	Voraussetzungen
1. Neue Geschäftsbereiche (z. B. Servicecenter)	1. Verständnis und Engagement der Mitarbeiter
2. Neue Geschäftsprozesse	2. IT erfolgreich ändern
3. Neue Beziehungen	

4. Optimierung

Die Frage nach dem Warum ist durch den Business Transformation-Manager zu beantworten, auch die nach dem Wohin. Lassen Sie es dabei nicht an Klarheit missen! Die vorrangige Aufgabe als Führungskraft ist, Aufmerksamkeit zu steuern, Blicke zu bahnen, Energien zu lenken. Immer wieder. Nicht jede Botschaft in Watte packen. Auch nicht jede Maßnahme totdiskutieren. Das kostet zu viel Zeit. Stattdessen muss Tacheles geredet werden: zwar nicht überzeichnet, aber auch nicht schonungsvoll milde.

Business Transformation bedeutet für die Manager, sich aufs Wesentliche konzentrieren. Die Veränderung muss als neues „business as usual" eingebettet und verinnerlicht werden. Die Institutionalisierung stellt sicher, dass Quick Wins konsolidiert werden, Prozesse und Erfolge gemessen und jegliches „Nachzügler-Verhalten" beseitigt wird. Die Bedingungen für eine effektive Business Transformation müssen geschaffen und sichergestellt werden, sodass die Änderungsfähigkeit verbessert wird. Auch wenn dies bisweilen bedeutet, dass man sich von Angestellten trennen muss.

Erwartete Ergebnisse	Voraussetzungen
1. Messung von Prozessen und Erfolgen	1. Verinnerlichung, Institutionalisierung und Optimierung der Business Transformation
2. „Nachzügler-Verhalten" beseitigen	2. Stabilität schaffen

In der Praxis erscheint eine Business Transformation oft chaotisch und einige damit beschäftigte Mitarbeiter haben mit vielen Aufgaben gleichzeitig zu kämpfen. Die Realität der Umsetzung ist voller Hindernisse und verwässert oft die besten Pläne. Daher muss die schrittweise Natur der Veränderung erfasst werden. Dies ist eine der schwierigsten Managementfunktionen. Das kontinuierlich stufenweise Vorgehen und die Bereitschaft, in vorherige Zyklusphasen zurückzukehren, um Probleme zu lösen und Botschaften zu verstärken, ist ein Schlüsselelement des Transformationsprozesses.

Die Fähigkeit des Business Transformation-Managers, sich zwischen den Phasen des Zyklus hin- und herzubewegen, die Implikationen von Veränderungseingriffen zu überprüfen sowie beabsichtigte und unbeabsichtigte Konsequenzen zu lösen, ist rar, aber für das Unternehmen äußerst wertvoll. Das Change Management hat sowohl eine abstrakte Theorie als auch theorie- und erfahrungsbasiertes Wissen, wobei Letzteres die tatsächliche Grundlage für die Business Transformation ist. In der Regel stellt das „erfahrungsbasierte Wissen" ein tiefgründiges Verhaltens- und Einstellungsniveau dar; das Erreichen dieses Niveaus erfordert jedoch nicht nur eine einzelne Sitzung oder eine Reihe von Trainingsaktivitäten.

Dies wirft die Frage auf, wer in solch einem ganzheitlichen und schrittweisen Prozess der geeignete Business Transformation-Manager sein wird. Dies wird im nächsten Abschnitt behandelt.

2.2.4 Managementrollen im Meta-Management

Die vier Phasen des Transformationslebenszyklus werden von mehreren Managementrollen ausgeführt. Im Hinblick auf die Identifizierung der **erforderlichen** Rollen ist Business Transformation eine starke Säule. Bei diesem Ansatz werden jedoch die einzelnen Verantwortlichkeiten der jeweiligen Ebenen im Detail behandelt, und es gibt keine dezidierte Anerkennung der Bedeutung der informellen Managementrollen, die **benötigt werden,** um Veränderungen zu bewirken. Im Folgenden stellen wir eine Reihe von Managementrollen sowohl auf formaler als auch auf informeller Ebene vor, die für die Ausführung des Meta-Managements **relevant** sind (siehe Abbildung 2).

Abbildung 2: Organisationsstruktur des Meta-Managements

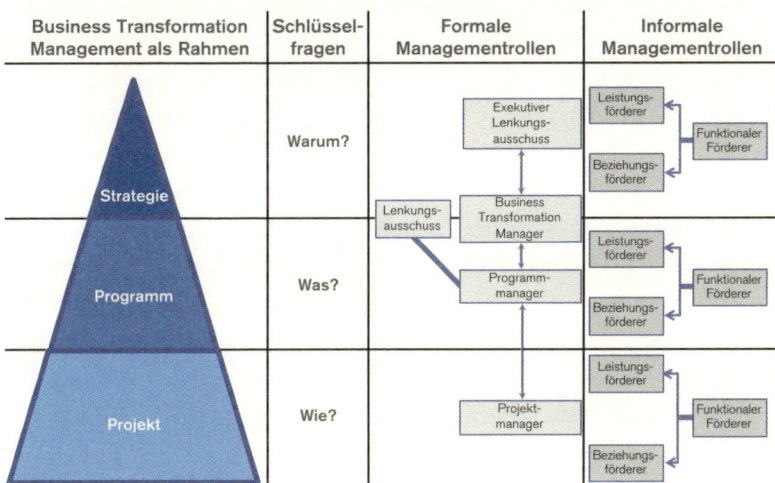

Formale Managementrollen

Die formalen Managementrollen haben eine Hierarchie, die sowohl Expertise als auch Macht widerspiegelt. An der Spitze steht das Executive Steering Committee, das für die Schaffung des Meta-Management-Rahmens verantwortlich ist und Fähigkeiten, Kultur und das Umfeld für Veränderungen fördert.

Der Programmmanager steuert die einzelnen Programme in Ausrichtung mit den Zielen der Business Transformation und entscheidet über Politik, Verwaltung, Reporting, Dokumentenstandards sowie die Programmstrukturen und ist verantwortlich für die Bereiche Finanzen, Controlling, Ressourcenmanagement sowie die erfolgreiche Realisierung (Benefit) des Programms. Er muss dieses

Programm auch in überschaubare Projekte aufteilen, die richtigen Projektmanager auswählen, die Interdependenzen der Projekte koordinieren und die Brücke zwischen Projekt-, Programm- und Transformationsstrategie schlagen.

Der Projektmanager initiiert, plant, führt und schließt ein Projekt. Er ist gegenüber dem Programmmanager rechenschaftspflichtig und muss somit die angegebenen Projektziele in Bezug auf Wert, Qualität, Kosten, Zeit und Umfang erreichen.

Es ist ein zentraler Grundsatz von effektiven Teams, dass klare Rollen, Verantwortlichkeiten und Aufgaben zugewiesen werden. Diese formale Abgrenzung, das Schlüsselmanagement der Business Transformation, ergibt eine explizitere Charakterisierung als derzeitige Ansätze, und die beidseitigen Richtungspfeile in der Abbildung betonen, dass dies kein hierarchischer Ansatz ist, sondern dass Feedbackschleifen an jedem Berührungspunkt bevorzugt werden. Wichtig ist auch der informale Rollensatz, der die Business Transformation innerhalb von Organisationen erleichtert. Es ist schon lange bekannt, dass die informale Seite von Organisationen ein starkes Potenzial für die Unterstützung oder Einschränkung der Transformation hat.

HERAUSFORDERUNGEN FÜR FORMALE MANAGEMENTROLLEN

1. Menschen mit Domänenwissen und -macht finden.
2. Eindeutige Rollen, Zuständigkeiten und Verantwortlichkeiten entsprechend zuweisen.

SCHLÜSSELBOTSCHAFT

Eine Organisation mit diesen besonderen Führungsrollen hat klare Aufgaben und Verantwortlichkeiten, die dazu beitragen, die Business Transformation als integriertes Programm mit überschaubaren Projekten voranzutreiben. Dies begünstigt Feedbackschleifen.

Informale Managementrollen

Im Folgenden werden einige informale Rollen beschrieben.

Der *Leistungsförderer* bietet Sponsoring auf höchster Führungsebene und ist der stärkste Hebel zur Transformation. Er bevollmächtigt das Projekt und die Projektmanager, aber vermischt das Sponsoring nicht mit dem Projektmanagement. Macht wird nur vereinzelt genutzt, wenn es nicht zu vermeiden ist, um die Transformation voranzutreiben. Machtmissbrauch schafft Misstrauen und Widerstand.

Der *Beziehungsförderer* liefert soziale Kompetenzen, Ausstrahlung und Überzeugungskraft. Er kombiniert zudem ein starkes Netzwerk mit einem bestimmten Maß an Expertise. Mit umfassenden Beziehungen und fundierten Kenntnissen über interne Angelegenheiten schafft der relationale Förderer die Veränderungsbereitschaft. Dies erfordert häufig die Unterstützung von „Meinungsführern" bei der Umsetzung von Veränderungen. Der Beziehungsförderer spielt aufgrund seiner beträchtlichen sozialen Kompetenz und Erfahrung in Konfliktsituationen eine Mittlerrolle. In der Regel vertrauen Menschen dieser Person aufgrund ihrer Persönlichkeit und ihrer langen Arbeitszeit sowie ihrem Engagement für das Unternehmen.

Der *funktionale Förderer* gibt dem Veränderungsprogramm ein überaus hohes Maß an Fachwissen. Er hat beträchtliches Interesse (und zudem Erfahrung) an dem Thema Business Transformation. Diese informale Rolle ist ebenfalls wichtig, da der funktionale Förderer fachliche Fragen mit Expertise beantworten kann und sich als Spezialist im Unternehmen einen Namen gemacht hat.

Wir finden diese informalen Managementrollen auf allen beschriebenen Veränderungsebenen. Inhaltlich unterscheiden sich die Förderer in ihren fachlichen Detaillierungsgraden: strategisch, taktisch oder operativ.

An sich erfordert die Kombination dieser (informalen) Managementrollen ein hohes Maß an Koordination. Um dies sicherzustellen, wird der Business Transformation-Manager in den gesamten Transformationsprozess eingebunden. Der Business

Transformation-Manager braucht also ein gutes Maß an Courage, Resilienz und Spirit. Da diese Fähigkeiten und ein solches Verhalten überaus rar sind, sind diese Menschen äußerst begehrt und wertvoll. Daher ist es Teil der Verantwortung eines Unternehmens, seinen nachhaltigen Erfolg damit sicherzustellen, solche Personen zu entwickeln und vor allem zu halten.

HERAUSFORDERUNGEN FÜR INFORMALE MANAGEMENTROLLEN

1. Menschen mit Sozialität und Scharfsinn finden (insbesondere einen geeigneten Business Transformation-Manager).
2. Große Koordinationsfähigkeit.

2.2.5 Prinzipien des Meta-Managements

Für eine erfolgreiche Transformation müssen der Transformationszweck und die höchsten Ziele effizient kommuniziert werden. Auch die Richtlinien zur Schaffung einer kulturellen „Basis" für die Business Transformation müssen etabliert werden.

Das Meta-Management bietet hierzu Prinzipien zur Internalisierung und Institutionalisierung des Veränderungszwecks und der -ziele. Ein erfolgreicher Unternehmenswandel basiert also auf folgenden Prinzipien:

- Ziel der Business Transformation: muss klar und nachvollziehbar formuliert sein;
- Kommunikation und Koordination: Vision kommunizieren und „(vor-)leben";
- Führung: „Walk the talk", d. h. auf Worte müssen Taten folgen;
- Kultur und Wert: Werte definieren und Internalisierung erleichtern.

Diese Prinzipien werden in den nächsten Abschnitten näher erläutert.

2.2.6 Balanced Scorecard in der Business Transformation

Für eine Meta-Routine wie Business Transformation ist die Koordination zwischen getrennten Managementdisziplinen essenziell. Ein Ansatz, der breite Akzeptanz gefunden hat, ist die Balanced Scorecard, die Kunden, Finanzen, Prozesse und (Potenziale von) Personen gleichermaßen in den Blick von Vision und Strategie nimmt. Wie bereits erwähnt, stellt die Balanced Scorecard zwar keinen Veränderungsprozess dar, bietet jedoch ein wertvolles Modell, durch das verschiedene Managementdisziplinen mithilfe der Identifizierung einander unterstützender Ziele integriert werden können.

Die Balanced Scorecard ist ein ideales Werkzeug für eine ausgewogene Zieldefinition innerhalb eines Business Transformation-Projekts. Ziele werden durch zentrale Unternehmensleistungskennwerte bzw. Key Performance Indicators (KPIs) konkret messbar und dienen als Grundlage für Wertemanagement, Evaluation und Feedback. Die Anerkennung der verschiedenen Aspekte durch Organisationen ist wichtig. Auf breiter Ebene wird der Wandel in ökonomische und organisatorische Aspekte unterteilt, wobei die Wirtschaftlichkeit dominiert, vor allem aufgrund ihrer besseren Messbarkeit und der oft vorherrschenden Unmittelbarkeit ihrer Auswirkungen. Allerdings sind die organisatorischen Aspekte eigentlich nicht weniger wichtig, da sowohl die Mitarbeiter als auch die strukturellen Fähigkeiten in die Organisation integriert werden müssen, um einen nachhaltigen Erfolg zu gewährleisten. Die doppelte Anforderung, wirtschaftliche und organisatorische Fähigkeiten aufzubauen, die auch von Beer und Nohria[4] hervorgehoben werden, erhält eine fein abgestufte Abhandlung, wobei die zentralen Finanz- und Prozesskennzahlen auf Kunden- und Mitarbeiterdimensionen ausgerichtet sind.

Der andere große Vorteil der Balanced Scorecard ist, dass sie relativ einfach die Hauptaspekte der Strategie und, für unsere Zwecke, die Ziele aufbrechen und klare Verbindungen zwischen

---

4   M. Beer & N. Nohria (Hrsg.) (2000): Breaking the Code of Change. Boston: Harvard Business Review Press.

den Kernaktivitäten der Business Transformation ermöglichen kann. Darüber hinaus legt sie eine anschauliche Begründung für die gestuften Ziele dar, durch und über die Ebenen eines Unternehmens hinweg. In diesem Sinne unterstützt die Balanced Scorecard den kommunikativen Aspekt der Business Transformation.

SCHLÜSSELBOTSCHAFT
Die Balanced Scorecard ist ein ideales Werkzeug für eine ausgewogene Zieldefinition innerhalb eines Business Transformation-Projekts.

2.2.7 Kommunikation und Koordination

Damit die Bemühungen der Business Transformation erfolgreich sind, muss die Agenda mit der Kommunikation innerhalb und zwischen den Abteilungen und Unternehmen funktionieren. Oft wird jedoch die Notwendigkeit übersehen, dass ein gemeinsames Verständnis einer Transformationsbemühung als erstes Prinzip entwickelt werden muss. Dieser wesentliche erste Schritt – das Kommunikationsprinzip – war oft nicht der explizite, sondern der implizite Bestandteil von Transformationsbemühungen. Ohne eine zwingende Formulierung des Bedarfs für die Business Transformation wird es keine Mobilisierung der Belegschaft geben, da das komplette Projekt auf diesem ersten Schritt beruht. Hier beinhaltet die Kommunikation die folgenden Aspekte:

- Die Kommunikation der Gründe für die Business Transformation („Warum können wir nicht so bleiben, wie wir sind?") ist notwendig – das heißt, ihr Zweck und die Hauptziele müssen mitgeteilt werden.
- Eine gemeinsame Sprache schaffen, um eine eindeutige Interpretation wichtiger Konzepte zu gewährleisten – zum Beispiel durch ein Glossar.
- Die Vermittlung von Transformationswerten, -prinzipien und -richtlinien, um die kulturelle „Basis" für die Business Transformation zu legen.

Insbesondere ist dieses Prinzip nicht verantwortlich für die Kommunikation innerhalb der und zwischen den einzelnen Disziplinen. Obwohl diese Aktivität überaus wichtig ist, bleibt sie Bestandteil des regulären Kommunikationsprozesses innerhalb von Organisationen.

Kommunikationsschwierigkeiten werden seit Langem als wesentlicher Faktor für den fehlenden Erfolg einer Business Transformation angesehen. Die Bedeutung der Kommunikation in Veränderungsprozessen ist unbestritten und es gibt zahlreiche Modelle und praktische Vorschriften, die die Kommunikationsintensität und die Kanalwahl hervorheben. Im Mittelpunkt der Kommunikationsansätze steht ein grundlegender Prozessrahmen, der Folgendes identifiziert:

1. Die Charakteristik des Absenders der Nachricht,
2. der Inhalt der Nachricht und
3. die Merkmale des Empfängers.

Der erste Punkt bezieht sich auf die Glaubwürdigkeit und Vertrauenswürdigkeit des Absenders. Der zweite Aspekt behandelt das Problem der Anpassung der Nachricht und der Auffälligkeit ihres Inhalts. Die dritte Dimension identifiziert die Fähigkeit des Empfängers, die Nachricht zu verstehen, und die Motivation des Empfängers, darauf zu reagieren.

Die Notwendigkeit, die Stakeholder in den Prozess einzubeziehen, ist eine Voraussetzung, um die Reaktion auf die Veränderung und den Grad der Akzeptanz oder des eventuellen Widerstands abschätzen zu können. Die Literatur zeigt eine Reihe von Typologien zur Identifizierung von Stakeholdern, die sich mit verschiedenen Ebenen des Unternehmenswandels befassen:

1. Stufe: Die von der Business Transformation unmittelbar betroffenen Personen – zum Beispiel jene, die im Einkauf arbeiten – werden durch die Einrichtung eines Shared Service Centers verlagert.

2. Stufe: Betroffene, die direkt von der Business Transformation betroffen sind – zum Beispiel Personen aus dem Einkauf, die durch veränderte Geschäftsprozesse betroffen sind.

3. Stufe: Von der Transformation indirekt betroffene Personen – zum Beispiel interne und externe Kunden im Beschaffungsbereich aufgrund einer veränderten Servicebereitstellung.

Natürlich kann jeder auf diesen Stufen eine andere Sicht auf das Programm haben, die sich von Akzeptanz bis hin zu Widerstand oder gar Ablehnung erstreckt. Diejenigen auf der ersten und zweiten Stufe, die der Veränderung positiv gegenüberstehen, würden Botschafter für das Programm werden und dazu beitragen, die Vorteile und Vision der Unternehmung zu verbreiten. Es ist genauso wichtig, die indirekt Betroffenen zu überzeugen, da sie zwar nicht an vorderster Front der Veränderungen stehen, ihr Einfluss auf die Moral der Organisation jedoch beträchtlich ist, sollten sie negative Botschaften verbreiten. Abbildung 3 zeigt die vier Dimensionen der Balanced Scorecard (Kunden, Finanzen, Prozesse und Mitarbeiter) in Kombination mit den drei Stufen, um die spezifischen Kommunikationsbedürfnisse innerhalb des Unternehmens zu adressieren.

Ein grundlegender Wegbereiter für einen effektiven Transformationsprozess ist die Identifikation einer klaren Sichtlinie zwischen den übergreifenden Organisationszielen und den für den einzelnen Mitarbeiter definierten Zielen. Dies bedeutet, dass die Kaskade der allgemeinen Ziele für jede Managementdisziplin und jeden Verantwortlichen spezifisch festgelegt werden muss. Darüber hinaus müssen die gestuften Ziele für den Mitarbeiter sowohl in motivierender und relevanter Sprache formuliert sein, damit sowohl das „Was ist für mich dabei drin?" als auch das „Was soll/kann ich tun?" deutlich ist. Damit ein solcher Prozess funktionieren kann, ist nebst der Kommunikation die Glaub- und Vertrauenswürdigkeit der Führung wichtig, um die Botschaft zu transportieren.

Abbildung 3: Die Dimensionen der Kommunikation im Business Transformation-Management (Einkauf)

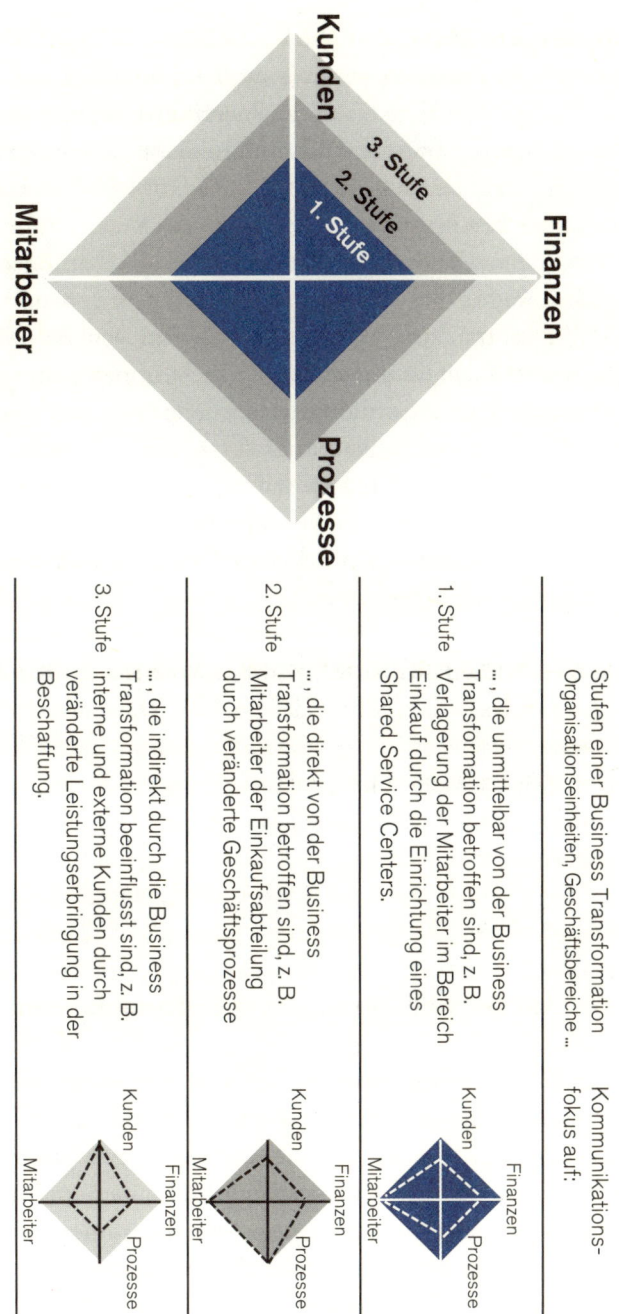

Stufen einer Business Transformation		Kommunikations-fokus auf:
Organisationseinheiten, Geschäftsbereiche ...		
1. Stufe	..., die unmittelbar von der Business Transformation betroffen sind, z. B. Verlagerung der Mitarbeiter im Bereich Einkauf durch die Einrichtung eines Shared Service Centers.	
2. Stufe	..., die direkt von der Business Transformation betroffen sind, z. B. Mitarbeiter der Einkaufsabteilung durch veränderte Geschäftsprozesse	
3. Stufe	..., die indirekt durch die Business Transformation beeinflusst sind, z. B. interne und externe Kunden durch veränderte Leistungserbringung in der Beschaffung.	

Dies bedeutet leider, dass „eine Nachricht für alle" nicht das gewünschte Ziel erreichen wird. Je nach funktionaler und hierarchischer Zugehörigkeit der verschiedenen Zielgruppen innerhalb des Unternehmens muss die Kommunikation individuell angepasst werden. Dies bedeutet natürlich nicht, dass widersprüchliche Informationen bereitgestellt werden sollten. Die Kommunikation der strategischen Ziele ist standardisiert, muss aber hinsichtlich ihrer Bedeutung an die einzelnen Zielgruppen angepasst werden. Es ist dabei zentral, dass die Kommunikation von der höchsten Führungsebene direkt an die jeweiligen Zielgruppen weitergegeben wird. Mitarbeiter nehmen die ganze Sache ernster und sind engagierter, wenn die Kommunikation direkt von oben kommt. Erfolgt die Kommunikation über die zwischengeschalteten Ebenen, führt dies schnell zu Verzerrung der kommunikativen Botschaften analog zur „Stillen Post", was den Erfolg des Business Transformation-Prozesses massiv gefährden kann.

HERAUSFORDERUNGEN DES KOMMUNIKATIONSPRINZIPS

1. Stakeholder auf allen Stufen des Business Transformation-Prozesses verteilen.
2. Klare Sichtlinie identifizieren (Definition der Transformationsziele für jede Managementdisziplin und jedes Projektmitglied).
3. Kommunikationsprinzipien individuell anpassen.

2.2.8 Shared Service Center – am Beispiel Einkauf und Logistik

In vielen Unternehmen wird das Thema Shared Service inzwischen vermehrt umgesetzt. Diese übernehmen dabei zentrale Dienstleistungsaufgaben für das Kerngeschäft einer Organisation, die sie dann verschiedenen Unternehmensfunktionen zur Verfügung stellen. Beliebte Beispiele sind Personaldienstleistungen, wie zum Beispiel Gehaltsabrechnungen oder Einkaufsabteilungen großer Unternehmen, die ihre administrativen Prozesse in das Shared

Service Center (SSC) verlagern. Bezogen auf den Einkauf oder die Logistik heißt dies, dass alle „non-core"-Aktivitäten wie die administrative Bestellabwicklung oder die Beschaffung von indirekten Materialien auf interne Dienstleister übertragen werden. Dies führt, wenn es gut implementiert wurde, zu einer Qualitätssteigerung durch Standardisierung und einer Kostenreduktion durch Automatisierung. Dabei treten die bedienten Abteilungen in eine Art Kunden-Lieferanten-Beziehung mit dem internen SSC ein. Dieses hat dann zur Folge, dass das SSC wie ein Outsourcing-Unternehmen mit vergleichbaren Maßstäben gemessen wird. Um diesen Maßstäben gerecht zu werden, muss es eine Preistransparenz bieten, schnell sein und die Qualität kontinuierlich messen und nachbessern.

Damit die Einführung eines SSC für administrative Einkaufs- und Logistikprozesse den Ansprüchen gerecht wird, sind vier Schritte zu beachten. Diese sind elementar für eine erfolgreiche Transformation und letztendlich die integralen Bestandteile des Aufsetzens zum Beispiel eines Purchase-to-Pay-Prozesses, der den Gesamtprozess von der Bestellung bis hin zur Bezahlung der eingekauften Leistungen beschreibt und vom SSC unterstützt wird.

1. Klare Definition der Dienstleistungen des SSC

Zum Start eines SSC im Rahmen der Transformation ist es wichtig, die Prozesse und die zu beschaffenden Leistungen zu identifizieren, die von einem SSC übernommen werden sollen. Diese sind klar abzugrenzen von den Prozessen und Leistungen, die zum Kerngeschäft des Einkaufs bzw. der Logistik gehören. Dabei steht im Vordergrund, dass ein SSC die standardisierbaren Arbeiten übernimmt, sich durch eine hohe Transaktionsanzahl auszeichnet, wenige Ausnahmen zulässt und sich dadurch einfach automatisieren lässt. Typische Beispiele sind der Einkauf von Büromaterialien (zumindest die nicht katalogisierbaren) oder Frachten.

2. Lieferanten-Benchmark

Zudem ist es wichtig, die in der Organisation vorhandenen Lieferanten, die mit in ein SSC umgezogen werden, einem Benchmark zu unterziehen. Diese Lieferanten müssen nach verschiedenen Kriterien (wie Liefertreue, ihrem Preis-Leistungs-Verhältnis, ihren Spezialitäten und auch nach Soft Facts, wie der allgemeinen Qualität der Zusammenarbeit) bewertet und kategorisiert werden. Die Top-A-Lieferanten sind dann auch der Benchmark für die Aufnahme neuer Lieferanten und es wird so sichergestellt, dass nur Toplieferanten in den Lieferantenpool aufgenommen werden. Die Vorarbeiten sind insofern wichtig, da der Einkauf dann bei der Lieferantenauswahl seine Verhandlungen fokussieren kann und so einer ausufernden Lieferantenanzahl entgegengewirkt wird.

3. Lieferantenauswahl

Die Auswahl der Kernlieferanten ist für das SSC von großer Bedeutung. Sie entscheidet am Ende mit, wie erfolgreich ein SSC arbeitet. Dazu sind – in Abstimmung mit der Fachabteilung – die Ausschreibungsunterlagen, die beim Lieferanten-Benchmark erarbeitet wurden, die Basis für die Auswahl der Lieferanten. Der zentrale Zugriff auf die entsprechenden Dokumente ist eine Voraussetzung, um die Kommunikation zwischen Lieferanten und Einkauf transparent zu machen und über Änderungen im operativen Prozess informiert zu bleiben.

4. Implementierung

Im letzten Schritt hin zur SSC-Organisation muss sichergestellt werden, dass die Registrierung bzw. die Bearbeitung von Stammdaten, die Entwicklung, Installation und Integration eines Purchase Order Trackers, die Maßnahmen zur Qualitätssicherung sowie das Invoice-Management (Rechnungslegung, Sammelrechnungen, Follow-ups bei nicht bezahlten Rechnungen) erfolgreich implementiert werden.

Der erfolgreiche Wandel von Einkaufs- und Logistikprozessen in ein SSC ist in der Praxis von einigen Herausforderungen geprägt. So ist es oft nach der Entscheidung, Aufgaben in ein SSC zu verlagern, seitens des SSC-Managements notwendig, die Fachabteilung Einkauf und Logistik von der eigenen Leistungsfähigkeit zu überzeugen. Die Fachabteilung möchte die Kontrolle über die Prozesse behalten, obwohl sie perfekt zu delegieren sind. Hier ist im Rahmen der Transformation Überzeugungsarbeit zu leisten und dem „Kunden" anhand von Piloten aufzuzeigen, dass ein SSC überzeugende Ergebnisse liefern kann. So wächst das Vertrauen und die Fachabteilung wird sich vermehrt auf das Kerngeschäft konzentrieren. Eine Durchsetzung per „Order di Mufti" ist zum Scheitern verurteilt, da nur die Zusammenarbeit zwischen Einkauf und SSC Erfolg versprechend ist.

Diese Zusammenarbeit bringt besonders in der Transformation den Vorteil, dass gemeinsam über die richtige Strategie diskutiert wird. Beispielsweise ist bei der Auswahl der Lieferanten oder der Logistikdienstleister die gemeinsame Diskussion über die Kriterien der Lieferantenauswahl äußerst wichtig. Wenn bei einem Unternehmen die schnelle Lieferung ein wichtiges Element der Positionierung des Einkaufs ist, darf der Lieferant nicht langsam sein. Ein weiterer Punkt ist die optimale Anzahl der Lieferanten pro Produktkategorie: Die enge Abstimmung von Einkauf und SSC legt hier für die jeweilige Kategorie (Warengruppe) eine optimale Anzahl fest, die dann die Arbeitsbasis im SSC ist.

Die Effizienzfrage SSC wird bei Einkaufsthemen neben der Prozessoptimierung auch an den Materialkosten festgemacht. Während bei einem Single-Sourcing-Ansatz die Qualität im Vordergrund steht, ist die Materialkostenkontrolle mit vielen Lieferanten eine Schlüsselkompetenz im Multi-Sourcing. Die Herausforderung für das SSC liegt dabei, die Lieferanten so zu steuern, dass die Qualität im Einklang mit vertretbaren Kosten steht. Eine Optimierung nur einer Stellgröße kann schnell wieder die Leistungsfähigkeit eines SSC infrage stellen.

Am Ende jeder erfolgreichen Transformation von Aktivtäten und Prozessen in ein SSC stellt sich die Frage, wie man die Vorteile nutzen und die Nachteile vermeiden kann. Die Nutzung der Vorteile eines SSC in Bezug auf Einkaufsthemen sind im Wesentlichen: Standards festlegen und einhalten, Professionalität in der Durchführung und Nutzung von Skaleneffekten (geringe Kosten) verbunden mit hoher Kundennähe (zur Fachabteilung), Kenntnisse der Anforderungen der internen Kunden, Transparenz, Flexibilität und schnelles Reaktionsvermögen.

Aufbau und Betrieb eines SSC können für das Unternehmen mit vielfältigen Aufgaben verbunden sein und weitreichende Folgen für Mitarbeiter im SCC selbst sowie für die Mitarbeiter in den Fachabteilungen haben. Letztendlich müssen Vor- und Nachteile sowie Chancen und Risiken abgewogen werden. Ziel ist es dabei, dass mit dem SSC die Qualität der Services verbessert und die Kosten für das Unternehmen gesenkt werden.

2.2.9 Führung

Sobald der Transformationsprozess akzeptiert wurde, müssen Führungskräfte den Mitarbeitern helfen, Vorschläge zur Transformation korrekt zu interpretieren. Erfahrene Führungskräfte verwenden dafür „Rahmen", um Kontext und Perspektiven für neue Vorschläge und Pläne bereitzustellen. Da Transformationsinitiativen offen für zahlreiche Interpretationen und Filterungen sind, ist es wichtig, dass den Mitarbeitern geholfen wird, ein gemeinsames und konsequentes Verständnis dessen zu erlangen, was dieser Wandel erfordert. Ein zentraler Mechanismus ist die Etablierung einer klaren Arbeitssprache für den Prozess, in der alle wichtigen Konzepte – zum Beispiel in einem Glossar – definiert und Maßnahmen identifiziert und verstanden werden. Diese gemeinsame Sprache kann ein konstanter Bezugspunkt sein, da die Veränderung in verschiedene Bereiche der Organisation übergeht, wo unterschiedliche Begriffsinterpretationen die Bedeutung des gesamten Konzepts verzerren können.

Der Grundstock für eine effektive Führung ist der Aufbau einer Organisation, die ihre Ziele effektiv erreichen kann. Es gibt eine breite Palette von Führungstheorien, von instrumentellen bis hin zu inspirierenden Ansätzen – alles dreht sich um die Art der Beziehung zwischen Leader und Followern. In Anbetracht der Argumente aus der ressourcenbasierten Unternehmenssicht, dass ein Wettbewerbsvorteil von wertvollen, seltenen und schwer nachzuahmenden Ressourcen herrührt, gilt es Talente für die

Ideenentwicklung zu entdecken und zu fördern, um den Erfolg zu erhalten und auszubauen. Die Betonung der transformationalen Führung ist also nicht überraschend.

Transformationale Führung[5] ist ein Konzept für einen Führungsstil, bei dem durch das Transformieren (lat. *transformare* – umformen, umgestalten) von Werten und Einstellungen der Geführten – hinweg von egoistischen, individuellen Zielen in Richtung langfristiger, übergeordneter Ziele – eine Leistungssteigerung stattfinden soll.

Transformationale Führungskräfte[6] versuchen, ihre Mitarbeiter intrinsisch zu motivieren, indem sie beispielsweise attraktive Visionen vermitteln, den gemeinsamen Weg zur Zielerreichung kommunizieren, als Vorbild auftreten und die individuelle Entwicklung der Mitarbeiter unterstützen.

Ein zielführender Führungsansatz im Business Transformation-Management weist folgende Eigenschaften auf:

- Der Business Transformation-Manager muss ausreichende Zuständigkeiten und Befugnisse besitzen, die das Managen des gesamten Prozesses ermöglichen.
- Der Business Transformation-Manager muss die entsprechenden Kompetenzen und Fähigkeiten für eine solch komplexe Aufgabe haben.

Für die Beziehung zwischen dem Leader und den Followern umfassen die Dimensionen die folgenden Aspekte:

- Vision und Mission vermitteln, Respekt und Vertrauen gewinnen.
- Symbole verwenden, um Anstrengungen zu bündeln und wichtige Zwecke auf einfache Weise auszudrücken.
- Intelligenz, Rationalität und sorgfältige Problemlösungen fördern.

---

5   Bass, B. M. (1985): Leadership and performance beyond expectations. New York: Free Press.
6   Avolio, B. J., & Bass, B. M. (1991): The full range of leadership development programs: Basic and advanced manuals. Binghamton: Bass, Avolio & Associates.

- Jeden Mitarbeiter individuell behandeln und im persönlichen Gespräch auf ihn zugehen.
- Die Business Transformation leben: „Walk the talk", das bedeutet, dass das Gesagte von allen umgesetzt werden muss.
- Klarheit schaffen, was akzeptiert wird und was nicht.
- In Konflikten faire Lösungen finden und Gewinner- und Verliererseiten vermeiden.

Es gibt eine direkte Verbindung zwischen transformationaler Führung und dem Beteiligungsgrad von Menschen – transformative Führung verkörpert die Idee von Empowerment und Beteiligung (siehe Bass und Avolio, 2012). Darüber hinaus ist die Unternehmenskultur implizit mit dem Führungsstil verbunden: Sie bedingen und beeinflussen sich gegenseitig. Das Wichtigste hierbei ist jedoch: Die Führungsebene muss ein Vorbild sein. Es muss konsequent nach der Ausweitung der eigenen persönlichen Fähigkeiten gestrebt werden. Taten sprechen schließlich immer mehr als Worte.

Alle Organisationen haben eine Art von Kultur, bei denen es wiederum große Unterschiede gibt. Sie reichen von integriert (vereinheitlichte Kultur) bis hin zu differenziert (eine Reihe von Subkulturen mit einem Potenzial sowohl zu Harmonie als auch zu Konflikten) und fragmentiert (keine klare Kohärenz zwischen Subkulturen). Diese sind keine statischen Beschreibungen, sondern stellen eine Dynamik dar, wobei Organisationen im Laufe der Zeit mehr oder weniger vereinheitlicht werden, abhängig von Veränderungen sowohl innerhalb als auch außerhalb des Unternehmens.

2.2.10 Kultur und Werte

Neben der gemeinsamen Sprache ist es wichtig, dass mithilfe von geschickter Kommunikation eine kulturelle Umgebung geschaffen wird. Damit die Kommunikation funktioniert, muss ein kognitives Element vorhanden sein, in dem die Mitarbeiter verstehen, was vorgeschlagen wird und was dies für sie bedeutet. Es muss jedoch auch einen emotionalen Aspekt in der Kommunikation geben, um sicherzustellen, dass die Botschaft den Wandel betreffend verstanden wird und dann das Engagement dafür erfüllt werden kann.

Es ist eine wichtige Aufgabe des Kommunikationsprinzips, dass fruchtbarer, kultureller Boden erzeugt wird. Mitarbeiter müssen das Gefühl haben, dass die Organisation einen Zweck hat und dass die Veränderung zu ihrem Sinn für das, wofür die Organisation steht, beiträgt und mit ihren Grundwerten übereinstimmt.

Um diesen Zusammenhang lückenlos zu schließen, sind die folgenden drei Elemente erforderlich:

1. die richtigen Leute,
2. Führungsbeispiel und
3. Sozialisation.

Sozialisation beinhaltet, dass die Mitarbeiter die Werte und Ziele der Transformation verstehen und verinnerlichen (siehe Schein, 1995). Im Mittelpunkt steht dabei die Vermittlung eines Zugehörigkeitsgefühls, verbunden mit einem zwanglosen Umgang mit der Transformation, der dem Mitarbeiter Autonomie gewährt. Im Wesentlichen findet die Reise zwischen den Achsen statt und (siehe Abbildung 4) bewegt sich zwischen Kontrolle und Verpflichtung (siehe Walton, 1985).

Kontrolle fördert das kooperative Verhalten der Mitarbeiter durch geeignete Anreize und Sanktionen. Das Engagement auf einer affektiven Ebene hingegen beinhaltet das Gefühl der Identifikation mit der Business Transformation und dem Glauben an die übergeordneten Prozessziele (siehe Abbildung 4). Beide Aspekte müssen integriert werden, ohne sich gegenseitig zu hemmen.

In dieser Abbildung sind die beiden Hauptaspekte kombiniert: Kommunikationsprinzipien und intrinsische Grundbedürfnisse. Ersteres umfasst partnerschaftliche oder beziehungsorientierte Ansätze, die die Aspekte Wertschätzung, Empathie und Offenheit beinhalten. Mitarbeiter, deren Engagement während des Veränderungsprozesses geschätzt wird, werden es vermehrt an den Tag legen und das mit rein positiver Absicht. Empathie des Business Transformation-Managers ist wichtig, damit er versteht, was Menschen empfinden, wenn die geschäftliche Transformation ihr Arbeitsleben und ihre Beziehungen beeinflusst. Offenheit ist entscheidend, um konstruktive Stimmen an den Tisch zu bringen oder Konflikte anzustoßen und zu lösen.

Zweitens heben die intrinsischen Grundbedürfnisse die Notwendigkeit hervor, sich auf die Motivation im Transformationsprozess zu konzentrieren, anstatt auf reine Belohnungen und Sanktionen zu hoffen. Auch hier gibt es drei grundlegende Elemente. Erstens muss der Wandel von Autonomie getrieben sein – den Menschen muss die Verantwortung und die Freiheit gegeben werden, die Theorie in die Tat umzusetzen. Die Alternative ist, jemanden mithilfe von extrinsischen Motivationen wie Belohnung oder Sanktionen dazu zu bringen, etwas zu tun; aber es ist nicht möglich,

Abbildung 4: Kernwerte und Internalisierung als Teil des Meta-Managements

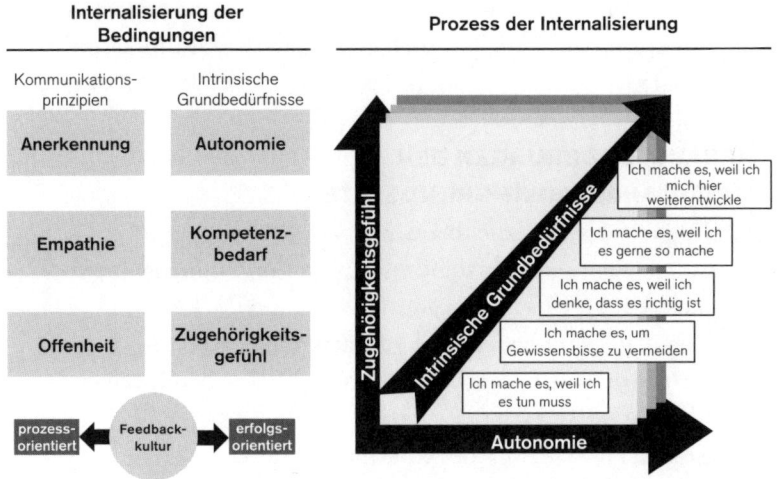

Leute dazu zu zwingen, etwas zu mögen. Zweitens unterstreicht die Kompetenzbedürftigkeit die Wichtigkeit von Mitarbeitern, die sich außerhalb ihrer Komfortzone bewegen, um neue Praktiken anzunehmen und Fähigkeiten zu erlernen.

Drittens identifiziert das Zugehörigkeitsgefühl, dass Individuen zu einer attraktiven Gruppe oder Firma gehören wollen, die eine klare Identität hat, deren Transformation also solide und überzeugend ist. Indem sowohl die Kommunikationsprinzipien als auch die intrinsischen Bedürfnisse angegangen werden, wird die Internalisierung die Ziele der Business Transformation verstärken, was zu einer größeren Wirksamkeit der Veränderung führt.

Es ist jedoch auch möglich, neue Verhaltensweisen zu verinnerlichen, obwohl dies Freiwilligkeit, soziale Integration und das Gefühl, das Richtige zu tun, voraussetzt.

HERAUSFORDERUNGEN AN DIE GRUNDSÄTZE DER UNTERNEHMENSKULTUR

1. Werte definieren und somit die Internalisierung erleichtern.
2. Ein kulturelles Umfeld durch geschickte Kommunikation schaffen.

HERAUSFORDERUNGEN DER META-MANAGEMENT-GRUNDSÄTZE

1. Trägheit des Unternehmens überwinden.
2. Ein gemeinsames Verständnis für die Bemühungen entwickeln (Meta-Kommunikation).
3. Qualifizierte Führungskräfte finden, die Kontext und Perspektiven für neue Vorschläge und Pläne bereitstellen.
4. Klare Arbeitssprache.
5. Geschickte Nutzung der Kommunikation.

SCHLÜSSELBOTSCHAFT

1. Kommunizieren und vorleben der Prinzipien wie Wertschätzung, Empathie und Offenheit.
2. Motivierung der intrinsischen Grundbedürfnisse wie Autonomie, Kompetenzbedürfnisse und Zugehörigkeitsgefühl.
3. Indem sowohl die Kommunikationsprinzipien als auch die intrinsischen Bedürfnisse angegangen werden, erhöht sich die Internalisierung der Transformation, was zu einer größeren Wahrscheinlichkeit ihrer Wirksamkeit führt.

2.2.11 Schlussfolgerung

Das Meta-Management-Kapitel fasst die Leitelemente zusammen, um die richtige Umgebung für eine erfolgreiche Unternehmenstransformation zu schaffen. Das Kapitel reflektiert Führungsprinzipien, Grundwerte und Verhaltensweisen sowie Kommunikationsprinzipien und Organisationsstrukturen, die einen geschäftlichen Wandel ermöglichen.

Business Transformation ist ein komplexer und schwieriger Prozess. Die Gründe dafür sind die Menge und Vielfalt der Interessengruppen und Interessen, unklare Erwartungen und Verantwortlichkeiten sowie ineffektive Führung und Kommunikation, die zu Widerstand, Konflikten, Anarchie, mangelnder Unterstützung und Stellenwechsel der Leistungsträger führen. Eine solche Komplexität erklärt, warum viele Initiativen der Business Transformation nicht erfolgreich sind, eben weil es kein Meta-Management des Gesamtprozesses gibt. Dieses Konzept wurde in der traditionellen Literatur über Change Management selten diskutiert. Dieses Kapitel skizzierte einige Grundlagen des Meta-Management-Konzepts, das auf etablierten Prinzipien, Theorien und Erfahrungen aus einer Reihe von Disziplinen aufbaut, darunter Stufenmodelle, Stakeholder-Management, Balanced Scorecard und transformationale Führung.

Erkenntnisse aus etlichen Change-Management-Projekten, also die geplante oder sich ausbildende Natur von Veränderungen, finden in dem Kapitel ihren Niederschlag. Business Transformation ist eine konzeptionell geplante Aktivität. Flexibilität und Änderungen sind jedoch in der Umgebung zuzulassen sowie neue Informationen in den Gesamtprozess einzubeziehen.

Auf diese Weise kann das Meta-Management mit der dynamischen Fähigkeit verglichen werden, verschiedene Elemente der Veränderung zusammenzuführen und deren Kombination und Rekombination zu ermöglichen, um die nachhaltige Wirksamkeit des Unternehmens sicherzustellen.

Insbesondere große Unternehmen können unter Trägheit, Bürokratie, Silostrukturen, schlechter Kommunikation, entrechtetem Management und Mitarbeitern sowie unterdrücktem Unternehmergeist leiden, die in der Kombination dazu neigen, Innovation, Integration und Lernen zu hemmen oder sogar gänzlich zu verhindern. Es ist wesentlich, Transformation aus einer ganzheitlichen Perspektive heraus zu verstehen, wenn Veränderung regulierende Prozesse und Beziehungen effektiv genutzt werden sollen.

3 Strategieentwicklung als Basis

Ein wesentlicher, wenn nicht der entscheidende Prozessbaustein und somit die Basis für eine erfolgreiche Business Transformation sind die Strategie und deren Entwicklung. Die Strategieentwicklung ist eine nicht delegierbare Führungsaufgabe. Ohne eine eindeutige Strategie ist ein Business Transformation-Prozess zum Scheitern verurteilt. Für Strategie gibt es unterschiedliche Definitionen; letztlich ist eine Strategie jedoch nichts anderes als beschriebene Handlungsweisen oder Pläne, wie mittelfristige Ziele über einen Zeitraum von drei Jahren oder langfristige Ziele über einen Zeitraum von vier bis acht Jahren erreicht werden können.

Ein Instrument, künftige Handlungsweisen und Pläne umzusetzen, ist die **strategische Planung.** Sie ist ein überzeugendes Werkzeug auf dem Weg zum Unternehmenserfolg.

Langfristige Unternehmenserfolge sind nur durch **Wettbewerbsvorteile** realisierbar. Wettbewerbsvorteile lassen sich definieren als Produkte, Dienstleistungen oder alles andere, was man besser macht als der Wettbewerb. Dies kann auch heißen, dass man etwas zwar anders, aber nicht unbedingt besser macht als der Wettbewerb. Allerdings wird dieses Anderssein beim Kunden aus seiner Sicht als Nutzenvorteil wahrgenommen und von ihm durch Aufträge belohnt. Wettbewerbsvorteile können entlang der gesamten Wertschöpfungskette identifiziert und auch entwickelt werden, sie können beispielsweise aus dem Preis, der Leistungsfähigkeit, dem höheren Nutzwert oder einem erstklassigen Service bestehen.

Wettbewerbsvorteile müssen identifiziert, erreicht und ausgebaut werden. Wie lassen sich weitere Wettbewerbsvorteile erzielen? Die Antwort auf diese Frage ist eine Kernaufgabe eines Business Transformation-Prozesses.

Die strategische Planung erfolgt immer innerhalb und in Abhängigkeit von Märkten, spezifischen Branchen und einem Wettbewerbsumfeld. Sie antizipiert heutige und künftige Branchenentwicklungen und macht Aussagen zur Branchenattraktivität, zur Marktentwicklung oder zu möglichen (Re-)Aktionen von Wettbewerbern. Durch das Business Transformation-Management wird beispielsweise die Frage beantwortet: „Welche Geschäfte sind zukünftig sowohl erfolgreich als auch ertragreich?"

Die strategische Planung stellt immer wieder Kernfragen, auf die im Strategieentwicklungsprozess eingegangen werden muss, wie beispielsweise:

- Welche ökonomischen Spielregeln herrschen in der Branche? Wird sie aktuell bestimmt durch eine erhöhte Nachfrage? Hat man es mit einer hohen Preissensitivität zu tun oder gibt es Überkapazitäten?
- Welche Marktentwicklung kann erwartet werden? Wird die Branche durch Stagnation bestimmt oder hat man es mit einem absoluten Wachstumsmarkt zu tun?
- Welche Wettbewerbsposition nimmt das Unternehmen ein? Wird Position 1 oder 2 eingenommen, dann kann davon ausgegangen werden, dass das Unternehmen Gewinne erzielt und sich erfolgreich positioniert hat.
- Wie kommen wir nicht nur zu Wettbewerbsvorteilen oder wie lassen sich diese entlang der Wertschöpfungskette umsetzen? Wie können wir vielmehr davon entscheidend profitieren?

Bei jeder Strategieentwicklung muss das Management im Business Transformation-Prozess eine eindeutige Entscheidung treffen.

Der sogenannte „Strategiepapst" Michael E. Porter[7] unterscheidet drei in sich geschlossene Strategiegruppen, die getrennt oder kombiniert verwendet werden können, um eine gefestigte Marktposition zu erreichen und den Wettbewerb hinter sich zu lassen.

Der erste Strategietyp wird als **Kostenführerschaft** bezeichnet. Sie zielt darauf ab, sich Kostenvorteile innerhalb einer Branche durch eine Vielzahl von Maßnahmen zu verschaffen. Kostenvorteile schützen gegen Wettbewerbskräfte. Unternehmen, die diesem

---

7   Vgl. dazu auch Porter, M. E. (1988): Wettbewerbsstrategie. Frankfurt am Main: Campus, S. 62ff.

Strategietyp folgen, zeichnen sich durch den Aufbau von maximaler Kapazität aus, also einer Fertigung mit hoher Standardisierung, die auf Massenfertigung ausgerichtet ist. Es gilt das Prinzip Design-to-Manufacture. Alle Kostensenkungsmaßnahmen werden ständig genutzt und einer intensiven Kontrolle unterworfen. Kostentransparenz und -sensibilität auf allen Unternehmensebenen sind dafür erforderliche Voraussetzungen.

Es gilt das Prinzip der Mengenmaximierung mit einer signifikanten Fixkostendegression. Bei der Kostenführerschaft werden möglichst Standardprodukte für große Kundengruppen hergestellt und über Massenabsatzkanäle vertrieben. Die Angebotspreise bei diesem Strategietyp liegen in der Regel unterhalb des Wettbewerbsniveaus.

Eine Kostenführerschaft bedeutet allerdings nicht immer eine gleichzeitige Preisführerschaft. Der Preisführer bestimmt die Preise in einem Markt. Hohe Marktanteile und Kostenvorteile, die auch durch einen günstigen Zugang zu Rohstoffen bedingt sein können, sind allerdings Voraussetzungen für die Preisführerschaft, um Preise unter Konkurrenzpreisniveau zu setzen und die Preise in einer Branche zu bestimmen.

Der zweite Strategietyp ist der der **Differenzierung** oder des Differenzierers. Bei diesem Strategietyp schafft das Unternehmen Leistungsmerkmale oder Differenzierungsaspekte, die in der Branche einzigartig sind. Diese Merkmale können ein besonderes Design, die Qualitätsführerschaft, höherwertige Produktausführungen für Kunden mit einem differenzierten Bedarf beinhalten oder aus einem exklusiven Markenauftritt bestehen.

Unternehmen, die einem Differenzierungsansatz folgen, zeichnen sich in der Regel durch eine höhere Innovations- und Risikobereitschaft auf allen Organisationsebenen aus. Fertigung und Entwicklung sind mehr qualitätsorientiert. Marketingfähigkeiten werden stärker hervorgehoben und stehen im besonderen Fokus. Leistungsmerkmale sollen vom Kunden wahrgenommen werden und müssen auch bezahlt werden. Die Preise liegen deshalb oberhalb des Wettbewerbsniveaus. Der Vertrieb kann auch über spezifische Kanäle wie einen Fach- oder Expertenvertrieb erfolgen.

Die Differenzierung kann eine erfolgreiche Strategie mit überdurchschnittlichen Erträgen bedeuten. Sie schirmt vom Wettbewerb ab, indem sie Kunden an spezifische Leistungsmerkmale bindet. Eine hohe Kundenloyalität und der Druck für Wettbewerber, die Einzigartigkeit von Produkten zu überwinden, schaffen zusätzlich Eintrittsbarrieren.

Differenzierung schließt oft einen hohen Marktanteil aus. Obwohl sie keine ideale Kostenposition in der Branche bedeuten kann, muss das Unternehmen diese dennoch permanent im Fokus haben. Intensive Kundenbetreuung, Produktdesign oder intensivierte Forschung als Differenzierungsmerkmale kosten Geld, müssen bezahlbar bleiben und können nicht immer über entsprechende Preise finanziert werden. Ständige Produktivitätsfortschritte, eine optimale Operational Excellence sowie effiziente Prozesse sind deshalb ebenfalls ständig erforderlich. Leistungen müssen im Markt immer wieder bestätigt werden.

Der letzte Strategietyp lässt sich als **Konzentration auf Marktnischen,** auf bestimmte Abnehmergruppen, auf ein bestimmtes Produkt – Teil eines Sortiments – oder auf einen geografisch abgegrenzten Markt beschreiben.

Bei der Konzentration geht es darum, ein bestimmtes, eng begrenztes Ziel zu erreichen, indem das Unternehmen dieses besser umsetzen kann als der Wettbewerb, der vielleicht einen breiteren Fokus hat. Dabei kann das Unternehmen sein Nischenziel mit niedrigeren Kosten – Kostenführerschaft – oder mit besonderen Leistungsmerkmalen über die Differenzierung erzielen. Auch mit diesem Ansatz lassen sich überdurchschnittliche Erträge erzielen. Beispielsweise kann sich das Unternehmen auf Zielobjekte konzentrieren, die am wenigsten durch Ersatzprodukte gefährdet sind. Es gibt durchaus Unternehmen, die sich erfolgreich auf ein Produkt konzentriert haben.

Alle drei Strategietypen bieten Handlungsmöglichkeiten, damit ein Unternehmen im Wettbewerb bestehen kann. Ein Unternehmen, dem es nicht gelingt, sich zumindest für eine der dargestellten

Abbildung 5: Eigenes Bild in Anlehnung an die Wettbewerbs-strategie (Matrix) von Michael E. Porter

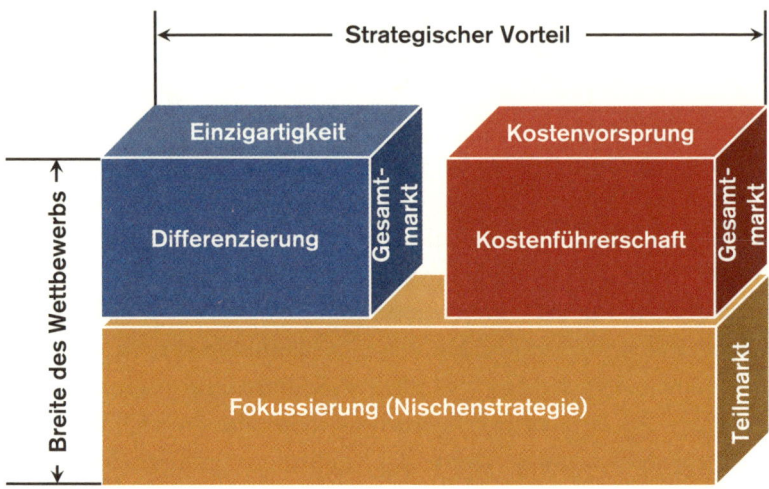

Strategietypen zu entscheiden, ist in einer schlechten strategischen Ausgangssituation, die es zu vermeiden gilt.

Oft fehlt einem Unternehmen für die Kostenführerschaft das nötige Kapital für Investitionen, andererseits mangelt es für eine Differenzierung oft an der nötigen Risikobereitschaft, um in teurere Leistungsmerkmale zu investieren.

Das Management muss sich fragen: Ist mein Unternehmen ein Universalist und folgt es einer Kostenführerschaft? Hat es nur einen starken Kostenfokus für ein bestimmtes Marktsegment oder verfolgt es einen Differenzierungsansatz, der möglicherweise nur einen Differenzierungsfokus für ein bestimmtes Segment aufweist?

In einem strategischen Planungsprozess müssen folgende Fragen behandelt werden:
• Wo sind wir?
• Womit müssen wir arbeiten?
• Wo wollen wir sein?
• Wie kommen wir dorthin?

Abbildung 6: Strategischer Planungsprozess

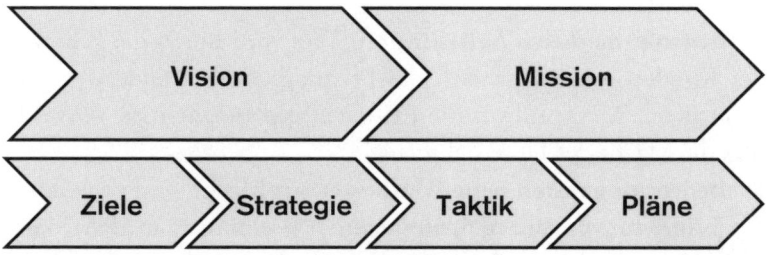

Für das Management ist es essenziell, im weiteren Verlauf des Strategieplanungsprozesses das Gleichgewicht der Geschäftslage des Unternehmens vertiefend zu betrachten. Hierbei stehen die Lieferanten- und Käufermacht, der Wettbewerbskampf und das Risiko der Substitution sowie neue Wettbewerber im Fokus.

Lieferantenmacht: Hier steht im Fokus, wie einfach es für Lieferanten ist, die Preise zu erhöhen. Dies wird durch die Lieferantenanzahl jedes Schlüsselfaktors, die Einzigartigkeit ihres Produkts oder Dienstes, ihre Machtposition, die Kosten des Umschaltens von einem zum anderen und so weiter bestimmt. Je weniger Anbieter es gibt, desto größer ist die Machtfülle des jeweiligen Lieferanten.

Käufermacht: Wie einfach ist es für Käufer, die Preise zu drücken? Das wird bestimmt durch die Anzahl der Käufer, die Wichtigkeit jedes einzelnen Käufers für das Unternehmen, die Kosten für den Umstieg von einem Produkt oder einer Dienstleistung auf eine andere. Wenn es nur wenige leistungsstarke Käufer gibt, dann sind diese oft in der Lage, die Bedingungen zu diktieren.

Konkurrenzkampf: Essenziell ist hier die Anzahl und Leistungsfähigkeit der Mitbewerber. Wenn das Unternehmen viele Wettbewerber hat und diese gleichermaßen attraktive Produkte und Dienstleistungen anbieten, dann hat das Unternehmen höchstwahrscheinlich wenig Macht in der Situation: Lieferanten und Käufer können ganz einfach zu jemand anderem gehen. Wenn jedoch niemand anderes liefern kann, dann hat das Unternehmen oft eine enorme Machtposition.

Bedrohung durch Substitution: Dies wird durch die Fähigkeit der Kunden beeinflusst, sich das Leistungsangebot anderweitig zu beschaffen. Wenn Substitution einfach und möglich ist, schwächt dies die Macht des Unternehmens.

Bedrohung durch neue Wettbewerber: Macht wird auch durch die Fähigkeit von neuen Unternehmen beeinflusst, in den Markt einzutreten. Wenn es nur wenige Größenvorteile gibt oder wenn das Unternehmen nur wenig Schutz für die jeweiligen Schlüsseltechnologien hat, können neue Wettbewerber schnell in den Markt eintreten und die Position der anderen schwächen. Wenn jedoch starke und dauerhafte Eintrittsbarrieren vorhanden sind, können die anderen ihre günstige Position behalten und Vorteile daraus ziehen.

Abbildung 7: Eigenes Bild in Anlehnung an die Branchenstrukturanalyse nach Michael E. Porter

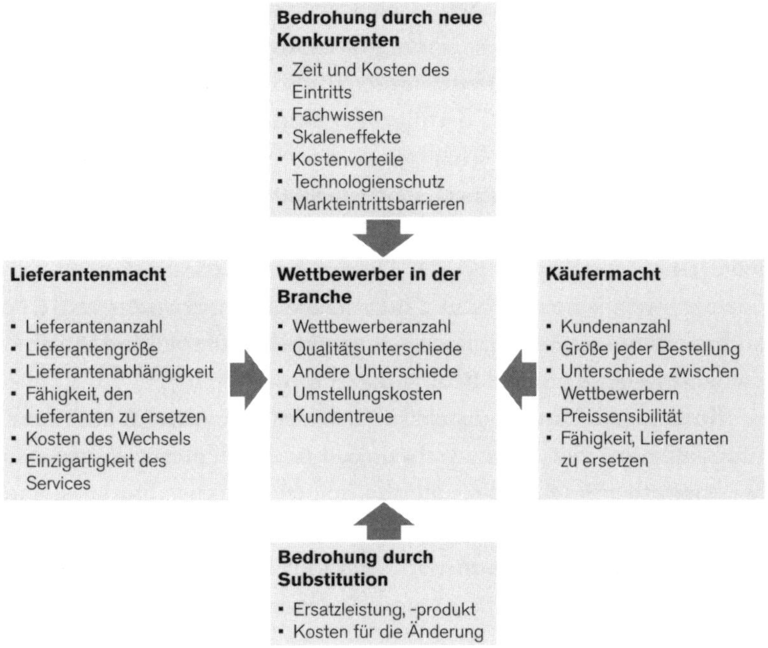

Bedrohung durch neue Konkurrenten

- Zeit und Kosten des Eintritts
- Fachwissen
- Skaleneffekte
- Kostenvorteile
- Technologienschutz
- Markteintrittsbarrieren

Lieferantenmacht

- Lieferantenanzahl
- Lieferantengröße
- Lieferantenabhängigkeit
- Fähigkeit, den Lieferanten zu ersetzen
- Kosten des Wechsels
- Einzigartigkeit des Services

Wettbewerber in der Branche

- Wettbewerberanzahl
- Qualitätsunterschiede
- Andere Unterschiede
- Umstellungskosten
- Kundentreue

Käufermacht

- Kundenanzahl
- Größe jeder Bestellung
- Unterschiede zwischen Wettbewerbern
- Preissensibilität
- Fähigkeit, Lieferanten zu ersetzen

Bedrohung durch Substitution

- Ersatzleistung, -produkt
- Kosten für die Änderung

Neben den Strategietypen hat sich das Management auch mit Kernfragen zur Technologie auseinanderzusetzen. Die richtigen Technologien zu erkennen und weiterzuentwickeln, sind Kernthemen der Strategie und einer strategischen Planung. Wichtige Kernfragen sind dabei immer:

- In welche Technologie will man weiter investieren?
- Kann man bestimmte Technologien zukaufen?
- Wie erkennt man den Reifegrad einer Technologie, die eventuell abgelöst wird?

Als **Technologieführer** wird das Unternehmen bezeichnet, das die höchste technologische Stärke in einem Markt und/oder einer Branche besitzt. Es muss dabei nicht unbedingt die relativ günstigsten Stückkosten realisieren. Technologische Vorteile stellen nicht immer Wettbewerbsvorteile dar. Sie müssen aktiv vermarktet und können dann zu Wettbewerbsvorteilen gemacht werden. Innovations- und Technologieführer werden oft gleichgesetzt. Allerdings ist der **Innovationsführer** derjenige, der die innovativsten Produkte herstellt. Dazu benötigt man nicht immer die beste Technologie.

Für die Unternehmensstrategie stellt sich vielmehr die Frage nach wirkungsvollen Investitionsallokationen, also der Ressourcenzuweisung auf Projekte nach erfolgter Investitionsfreigabe aus dem Budget. Diese Frage muss durch die strategische Planung beantwortet werden.

In vielen Praxisfällen stellt das Business Transformation-Management immer wieder fest, dass Unternehmenskrisen durch falsche Allokation von Investitionen mit verursacht wurden. Anstatt in Schlüsselanlagen und Technologien mit der Perspektive signifikanter Produktivitätsfortschritte zu investieren, wurden oft teure Infrastrukturprojekte umgesetzt.

In einer strategischen Planung werden Antworten auf alle aufgeworfenen Fragen gegeben. Es findet dort eine klare Entscheidung zu Strategietyp, Technologie und Investitionen statt. „Structure follows strategy" – eine künftige **Unternehmensstruktur und**

-organisation kann nur auf Basis einer definierten Strategie entwickelt werden. Sie ist ebenfalls fester Bestandteil einer erfolgreichen Unternehmensstrategie.

Wie sieht es in der Praxis aus?

In nahezu allen bisher umgesetzten Business Transformation-Projekten der Vergangenheit fehlten Strategiekonzepte oder eine professionelle strategische Planung. Auf die Frage nach der Unternehmensstrategie bei einem Veränderungsprojekt in der Elektroindustrie legte der das Unternehmen betreuende Investmentdirektor der Eigentümer- Private-Equity-Gesellschaft ein einziges Chart auf den Tisch. Darauf standen neben einem mittelfristig zu erreichenden Zielumsatz die angestrebte Personalkosten- und Materialkostenquote sowie das Ziel-EBIT[8]. Dies war das einzige Verständnis für eine Unternehmensstrategie.

Wenig Verständnis für Strategie zeigten auch Antworten von Eigentümern wie: „Wir wollen die Besten sein – wir wollen gut sein." Dies ist sicherlich ein löblicher Vorsatz, eine ausgezeichnete Operational Excellence ist allerdings noch keine Strategie. Selbst Kernelemente einer Unternehmensstrategie wie Vision, Mission oder Leitvorstellungen sind in der Praxis selten entwickelt und im Unternehmen in einer Unternehmenskultur verankert.

Noch seltener existiert eine Zielmatrix bis hinunter auf Abteilungs- und Mitarbeiterebene. Neben der Strategie geht es im Strategieentwicklungsprozess auch um die Festlegung von Maßnahmen und Meilensteinen mit klaren Zuweisungen von Verantwortlichkeiten. Dieser Aspekt ist eine unverzichtbare Aufgabe und Grundvoraussetzung für die Erzielung von Arbeitsergebnissen.

Strategie und Maßnahmen zur Umsetzung müssen sich in einem fundierten **Businessplan** wiederfinden. Der Businessplan beinhaltet mittelfristige Ziele, Maßnahmen und Meilensteine, die verbindlich umgesetzt werden müssen. Es erfolgt eine jährliche Anpassung. Der

---

8   EBIT = Earning Before Interest and Tax (Ergebnis vor Zinsen und Steuern = Betriebsergebnis).

Businessplan ist ein Führungsinstrument und essenzieller Bestandteil der Strategieentwicklung.

Sollte das Management sich einer gemeinsamen Strategiefindung verweigern, ist das kontraproduktiv, da es einer Sabotage des gesamten Prozesses gleichkommt. Dabei sollte man sich bewusst sein, dass die Bereitschaft eines Managements, einen Strategieprozess aktiv zu unterstützen oder ihn gar eigenständig zu managen, selten vorhanden ist. Das liegt daran, dass es sich wenig mit den Kernfragen eines Strategietyps auseinandergesetzt hat und fürchtet, dass der Strategieentwicklungsprozess eigene strategische Fehlentscheidungen transparent machen könnte, für die man in keinem Fall eigene Verantwortung übernehmen will.

Bei einem Business Transformation-Projekt in der Elektroindustrie hatte sich das Management darauf verständigt, einen Strategieentwicklungsprozess anzustoßen. Wesentliche Strategiebestandteile wurden erarbeitet. Bei diesem Prozess sollte der Eigentümer, eine Private-Equity-Firma, unbedingt involviert werden. Es galt vor allem, das Unternehmen nach dessen Vorstellung strategisch auszurichten und Freigaben für Investitionsentscheidungen zu erhalten. Der Eigentümer konnte sich daraufhin in einem gemeinsamen Workshop in allen Punkten einbringen. Die Strategie wurde verabschiedet, allerdings durch die Private-Equity-Firma nicht endgültig bestätigt, weil sie sie doch für operativ nicht umsetzbar hielten. Die Strategieentwicklung war damit gescheitert. Offensichtlich wollte sich der Eigentümer bei der Strategie nicht festlegen. Alle Optionen sollten offengehalten werden. Aber Strategie ist immer mit Konsequenz gleichzusetzen und somit muss eine Entscheidung für einen Strategietyp fallen! Andererseits wollte man offensichtlich zu eigenen Managementfehlern der Vergangenheit nicht stehen.

Strategische Entscheidungen, auch wenn Konzepte dazu vorliegen, werden in der Unternehmenspraxis weitgehend aus dem Bauch heraus gemacht. Sicherlich fehlt es oft an strategischer Kompetenz. Hier kommt dem Business Transformation-Manager entscheidende Bedeutung zu. Seine strategische

Kompetenz und Moderationsfähigkeit sind bei diesen Prozessen der Strategieentwicklung gefragt.

Für SEViX ist die **Idealbild-Methode** ein geeignetes Tool zur Strategieentwicklung im Business Transformation-Prozess. Durch Einbindung sowohl von Management als auch von Eigentümern werden in gemeinsamen Workshops, Projektgruppen oder Einzelgesprächen Strategiekonzepte und Lösungen erarbeitet, die in der Praxis im Veränderungsprozess umgesetzt werden. Diese werden vom Business Transformation-Manager interaktiv moderiert. Diese Vorgehensweise ist modular.

Die SEViX-Methode setzt auf hohe Motivation und Effizienz. Im Gegensatz zu klassischen Methoden werden keine aufwendigen Analysen der Vergangenheit vorgenommen, sondern man setzt auf schnelle Konzeptentwicklung mit Fokus auf die Gegenwart und die Zukunft.

Im Mittelpunkt stehen die künftigen Herausforderungen des Marktes und die Anforderungen an das Unternehmen, für die man ein gemeinsames Verständnis entwickeln sollte. Es wird ein gemeinsames Idealbild des Unternehmens für die Zukunft erarbeitet, wobei hier besonders die Veränderungsbereitschaft aller Beteiligten und deren Erkenntnisse zum Tragen kommen. Neben den klassischen Strategiebestandteilen wie Vision, Mission oder Leitvorstellungen liegt der Fokus auf einem Strategiekonzept mit einem konkreten Maßnahmenplan: dem Businessplan.

Für dessen erfolgreiche Realisierung sind ein starkes gemeinsames Commitment aller Beteiligten und eine entsprechende Unternehmenskommunikation erforderlich. Nur wenn Ziele und Maßnahmen auf der Arbeitsebene ankommen, werden diese auch erfolgreich umgesetzt. Mit einer eingängigen Vision kann man schnell möglichst viele Mitarbeiter unter gemeinsamen Zielen und Maßnahmen versammeln.

3.1 Kernstrategie zur Unternehmenswertsteigerung

Unter einem Unternehmenswert versteht man in der Regel
einen in Geldeinheiten errechneten und bewertenden Wert eines
Unternehmens. Bei börsennotierten Unternehmen ist das der
Börsenwert, also der jeweilige Aktienkurs multipliziert mit der
Anzahl der Aktien. Aktienkurs und Gewinn korrelieren miteinander.

In der strategischen Planung vieler Großkonzerne hat der
Unternehmenswert schon seit Jahren vermehrt an Bedeutung
gewonnen. Nur werthaltige, profitable Unternehmen haben eine
Chance, in wettbewerbsintensiven Märkten langfristig positioniert
zu bleiben und Arbeitsplätze zu sichern. Auch im Mittelstand entwickelt sich zwar langsam, aber verstärkt das Bewusstsein, dem
Unternehmenswert höhere Bedeutung beizumessen.

Außen vor bleibt dabei jedoch häufig der **strategische
Unternehmenswert.** Dieser ergibt sich aus der subjektiven Sicht
eines Betrachters, möglichen Unternehmenskäufers oder Analysten.
Basis eines strategischen Unternehmenswerts sind einmalige, unverwechselbare Stärken in Form von Wettbewerbsvorteilen, die für
einen speziellen Käufer von größerer strategischer Bedeutung sind
als für einen anderen potenziellen Käufer.

Ein Unternehmen mit einem Unternehmenswert „null", ermittelt
nach den klassischen Bewertungsmethoden, kann möglicherweise als
Add-on-Akquisition sowohl bei Finanzinvestoren als auch bei strategischen Investoren trotzdem auf großes Interesse stoßen. Eine Addon-Akquisition bezieht sich auf ein Unternehmen, das von einer
Private-Equity-Gesellschaft zu einer ihrer Plattformgesellschaften

hinzugefügt wird, oder auf einen strategischen Käufer, der eine Expansionsstrategie verfolgt. In der Regel verfügt der Käufer bereits über die Managementfunktionen, die Infrastruktur und die Systeme, die organisches oder anorganisches Wachstum ermöglichen. Die Add-on-Akquisition kann komplementäre Dienste, Technologien oder Erweiterungen für die bestehende geografische Präsenz bieten, die schnell in die bestehende Infrastruktur integriert werden können. Ein größeres Add-on-Ziel könnte auch zu einer Diversifizierung von Produkten, Regionen und Kunden führen, was die Reichweite weiter erhöhen würde.

Business Transformation-Management ist ein Prozessansatz, der sich mit der Steigerung des Unternehmenswerts befasst. Das Gegenteil wäre das Vernichten von Unternehmenswerten durch permanente Verluste, Verlust der Wettbewerbsfähigkeit oder durch Verschwendung. Das Veränderungsmanagement setzt auf Strategien und Methoden, um den Unternehmenswert und die Substanz im Unternehmen kontinuierlich zu steigern.

Grundsätzlich stellen sich dabei wiederholt die Fragen, was Erträge sowie Unternehmenswert beeinflusst und was Substanz in einem Unternehmen hebelt oder schafft.

Natürlich gibt es dazu in entsprechenden Praxisfällen immer wieder Kernstrategien und Erfolgsrezepte, die auf Basis einer grundlegenden Strategieentscheidung entwickelt und umgesetzt werden.

An erster Stelle sei als Kernstrategie die Umsatzwachstums- oder **Business-Development-Strategie** genannt. Sie setzt in erster Linie auf eine Erweiterung der Umsatzkundenbasis. Durch Internationalisierung sowie den Eintritt in nicht bearbeitete oder nicht erschlossene Märkte werden möglichst profitable und zusätzliche Umsatzpotenziale erschaffen. Dem Begriff der **Diversifikation** kommt in diesem Zusammenhang große Bedeutung zu. Diversifikation kann heißen, dass mit neuen Produkten neue Märkte erschlossen werden oder mit alten Produkten in neue Märkte penetriert wird. Auch verlorene Kunden gehören zu diesem Ansatz, diese werden durch das sogenannte Customer-win-back-Programm zu

Wiederkäufern mit Neuumsatz entwickelt. Ziel ist immer ein profitables Umsatzwachstum.

Eine weitere Kernstrategie ist die kontinuierliche Verbesserung der **Kostenposition** mithilfe von laufenden Produktivitätsfortschritten und Effizienzsteigerungen. Das geschieht über alle Prozesse durch Nutzung von IT-Potenzialen, durch Optimierung der Operational Excellence, durch Flexibilisierung der Beschäftigung insbesondere in der Fertigung. Im Ergebnis folgt die Optimierung und Professionalisierung aller Prozesse auch dem klassischen Total-Quality-Ansatz (TQM), der die völlige Eliminierung von Fehlern zum Ziel hat.

Zu den Erfolgsrezepten gehören auch mögliche **Produktionsverlagerungen** in Low-Cost-Länder und die Reduktion des Materialaufwands durch Beschaffungsoptimierung, durch mögliche Diversifikation in neue Beschaffungsmärkte oder durch Nutzung der eigenen, starken Einkaufsmachtposition. Auch durch Erhöhung der Stückkostenerlöse und der Preise können bessere, messbare Ergebnisbeiträge generiert werden.

Eine entscheidende Kernstrategie kann auch eine ausgeprägte **Innovationsorientierung** sein. Kennzeichnend hierfür sind hohe F&E-Aufwendungen und ein hoher Anteil an neuen Produkten im Produktprogramm. Am Markt wird das Unternehmen in der Position eines Pioniers wahrgenommen und ein fortschrittliches Technologieimage aufgebaut. Im Rahmen einer kundenorientierten Strategie sind zur Abschöpfung von Innovationsvorteilen folgende Erfolgsdeterminanten zu beachten:

- Nachhaltiges Wissensmanagement[9] steht für die gezielte und planvolle Beeinflussung (Leiten und Lenken) aller Aktivitäten und Prozesse, zum effektiven Transfer von personen- bzw. unternehmensgebundenem Wissen (implizites Wissen) in kommunizierbares bzw. nicht personengebundenes Wissen (explizites Wissen). Sämtliche Personen können auf das Wissen zugreifen und anschließend mit angepassten Lernprozessen erfolgreich

---

9   Siehe https://www.nachhaltigkeit.info/artikel/wissensmanagement_1950.htm, letzter Aufruf am 07.06.2018.

implementieren. Auf diesem Wege wird die Entscheidungs-findung für den Einsatz von Nachhaltigkeitskonzepten maßgeblich gestärkt.

- Innovationsziele messbar machen, wie zum Beispiel Ergebnis- und Umsatzanteil an der Gesamtleistung.
- Innovationsengagement der Mitarbeiter fördern und fordern, also auch Misserfolge akzeptieren.
- Solitärbarrieren mithilfe von Patenten, strikter Geheimhaltung, zeitlichem Vorsprung, kundennahem Vertriebs- und Servicenetz, Lernkurveneffekten und hohen Imitationskosten schaffen.

Dies bedeutet in der Praxis ein deutlich messbares Umsatzwachstum über neue Produkt- und Serviceangebote für neue Kundenbedürfnisse.

Als letzte Kernstrategie zur Unternehmenswertsteigerung soll die Kooperation mit Unternehmen oder die **Akquisition** genannt werden. Eine Akquisitionsstrategie, wobei oft ein Wettbewerber – es gibt auch die Übernahme branchenfremder Unternehmen zur Diversifikation – übernommen wird, verfolgt in der Regel das Ziel eines Umsatzwachstums. Allerdings kann auch die Übernahme eines Marktbegleiters durch eine mögliche Stilllegung von Überkapazitäten im Markt begründet sein, die für eine erhöhte Wettbewerbsintensität mit steigendem Preis- und Margendruck verantwortlich sind.

Alle aufgeführten Kernstrategien, deren Aufzählung keinen Anspruch auf Vollständigkeit erhebt – auch die Einführung neuer Technologien könnte ein Ansatz sein –, sind Hebel zur Unternehmenswertsteigerung. Alle haben eine unmittelbare Ergebniswirksamkeit und beeinflussen die jeweilige Unternehmensstruktur. Basis dieser Kern- oder Erfolgsstrategien für einen Business Transformation-Prozess ist eine Strategieentwicklung, die sich an grundsätzlichen Kernelementen einer Unternehmensstrategie orientiert. Diese sollte sich in einem Strategiekonzept wiederfinden, wozu auch ein Businessplan gehört, der neben einer Planung der GuV (Gewinn- und Verlustrechnung) auch Maßnahmen und Meilensteine über einen Horizont von mindestens drei Jahren enthält.

3.2 Methoden der Unternehmenswertermittlung

Der Unternehmenswert als solcher kann neben einfachen und direkt bestimmbaren Kennzahlen wie zum Beispiel Umsatz und EBIT als höchst aggregierter KPI definiert werden und regelmäßig als Teil eines Managementinformationssystems (MIS) Informationen liefern, mit deren Hilfe das Unternehmen auf der Meta-Ebene gelenkt bzw. das Controlling betrieben werden kann. Auch und gerade im Zusammenhang mit Business Transformation-Prozessen ist es wichtig, zu Beginn den Ist-Zustand, also den aktuellen Unternehmenswert, zu bestimmen, um Vergleiche zu Wettbewerbern anstellen und vor allem im Vergleich mit der Zielvorgabe den Erfolg der eigenen Business Transformation im Zeitverlauf messen zu können.

Hier werden wir kurz auf traditionelle Methoden zur Feststellung eines Unternehmenswertes eingehen. Im Mittelpunkt stehen dabei die traditionell bekannten Methoden wie Substanzwert und Ertragswert bzw. Discounted Cash Flow, wobei wir auch auf die Schwächen dieser Methoden eingehen werden. Es fehlt diesen Methoden eine klare Bewertung der tatsächlichen Leistungsfähigkeit eines Unternehmens sowie seiner strategischen Positionierung.

Dabei soll nicht verkannt werden, dass der Unternehmenswert nicht nur von inner- und außerbetrieblichen, sondern auch von gesamtwirtschaftlichen Faktoren abhängt. Erstere lassen sich im Unternehmen direkt beeinflussen und steuern, letzteren ist das Unternehmen mehr oder weniger ausgesetzt. Besonders deutlich wird dies anhand der pauschalen vergleichsorientierten Bewertungsverfahren zum Beispiel in Form des für börsennotierte Unternehmen üblichen Kurs-Gewinn-Verhältnisses (KGV) für Aktien (engl. Price-Earnings-Ratio [PER] oder P/E-Ratio) oder der im Bereich von nicht notierten Unternehmen zur überschlägigen Bewertung gebräuchlichen Multiplikatoren, zum Beispiel des EV/EBIT-Multiplikators (engl. Enterprise Value geteilt durch Earnings Before Interest and Tax, übersetzt als Gewinn vor Zinsen und Steuern oder das operative Betriebsergebnis). Beim KGV wird der Kurs der Aktie in ein Verhältnis zu dem für einen Vergleichszeitraum bestimmten oder erwarteten Gewinn nach Steuern je Aktie gesetzt. Beim EBIT-Multiplikator wird der Unternehmenswert (Enterprise Value als Summe von eingesetztem Eigen- und Fremdkapital) ins Verhältnis zum Gewinn vor Zinsen und Steuern gesetzt. Anders herum lässt sich anhand der unternehmenseigenen Daten jeweils mit den Multiplikatoren für vergleichbare Unternehmen ein Korridor für den eigenen Unternehmenswert überschlägig ermitteln. Beide Multiplikatoren können sich im Zeitverlauf nicht den allgemeinen Trends entziehen.

Die P/E-Ratios und EBIT-Multiplikatoren bewegen sich auf und ab, unabhängig vom (innerbetrieblichen) Erfolg des eigenen Unternehmens. Deswegen die pauschalen Methoden oder den so ermittelten eigenen Unternehmenswert als ungenau und unzuverlässig – da dem allgemeinen Trend unterliegend – abzutun und nicht zu verfolgen, wäre aber nicht zielführend, besteht doch die Möglichkeit, bei konstant gehaltenen Ratios/Multiplikatoren den Erfolg der rein internen Business Transformation zu messen – und zwar unabhängig von externen Effekten. Hinzu kommt, dass diese Multiplikatoren aufgrund ihrer einfachen und schnellen ersten überschlägigen Anwendungsmöglichkeit große Akzeptanz in der Finanzwelt genießen und für verschiedene Branchen und Größen von Unternehmen regelmäßig vorgelegt werden. Sie können somit als Zielvorgabe auch dazu dienen, sich innerhalb einer Benchmark-Range von einem Minimum-Wert auf einen Maximum-Wert oder sogar darüber hinaus vorzuarbeiten und gleichzeitig ein Gefühl dafür zu entwickeln, wann – mit aller Vorsicht – ein idealer Zeitpunkt für M&A-Aktivitäten gekommen sein könnte. Zudem verweist auch der Standard S1 des Instituts der Wirtschaftsprüfer auf seine Bedeutung für eine Plausibilitätsbeurteilung.

Im M&A-Kontext sollte auch mitbedacht werden, dass jede Unternehmensbewertung aus der subjektiven Sicht des Verkäufers oder Käufers zu unterschiedlichen Ergebnissen kommen wird, da beide ungleiche Informationen oder Vorstellungen bezüglich des Status Quo und der Entwicklungsperspektive des Unternehmens

Abbildung 8: Multiplikatoren

Das ist Ihr Unternehmen wert! EBIT- und Umsatzmultiplikatoren für den Unternehmenswert, Mai 2018

Branche	Börsen-Multiples EBIT-Multiple	Börsen-Multiples Umsatz-Multiple	Small-Cap* EBIT von	Small-Cap* EBIT bis	Small-Cap* Umsatz von	Small-Cap* Umsatz bis	Mid-Cap* EBIT von	Mid-Cap* EBIT bis	Mid-Cap* Umsatz von	Mid-Cap* Umsatz bis	Large-Cap* EBIT von	Large-Cap* EBIT bis	Large-Cap* Umsatz von	Large-Cap* Umsatz bis
Beratende Dienstleistungen	–	–	6,4	8,5	0,70	1,00	7,0	9,0	0,80	1,10	8,5	10,4	0,90	1,23
Software	14,8	2,85	7,6	9,7	1,00	1,78	8,5	10,7	1,48	2,00	10,0	12,0	1,60	2,30
Telekommunikation	13,5	1,53	7,5	9,5	0,91	1,26	8,7	10,5	1,05	1,48	10,0	11,8	1,20	1,70
Medien	11,1	2,00	6,5	8,6	0,90	1,50	7,6	10,0	1,13	1,69	9,3	11,1	1,20	1,85
Handel und E-Commerce	11,5	0,81	6,5	9,0	0,63	0,92	7,4	9,5	0,65	1,09	9,0	11,0	0,70	1,30
Transport, Logistik und Touristik	13,1	1,12	6,0	8,0	0,50	0,80	6,8	9,0	0,55	0,87	7,7	10,0	0,60	0,96
Elektrotechnik und Elektronik	14,6	0,84	6,5	8,6	0,70	1,00	7,3	9,5	0,75	1,10	9,0	11,2	0,89	1,23
Fahrzeugbau und -zubehör	12,3	1,00	6,0	8,0	0,57	0,83	7,0	9,0	0,65	0,95	7,9	10,0	0,70	1,01
Maschinen- und Anlagenbau	14,9	1,31	7,0	8,8	0,70	1,00	7,7	9,9	0,73	1,04	9,0	11,0	0,85	1,16
Chemie und Kosmetik	13,6	1,50	7,5	9,5	0,90	1,30	7,9	10,4	1,04	1,46	10,0	12,5	1,17	1,75
Pharma	12,9	1,94	8,0	10,0	1,40	1,95	8,9	11,0	1,47	2,10	10,3	12,5	1,75	2,49
Textil und Bekleidung	7,8	1,07	6,2	8,0	0,70	0,95	7,0	8,6	0,75	1,05	8,0	10,0	0,85	1,25
Nahrungs- und Genussmittel	8,1	0,52	7,7	9,7	0,95	1,35	8,6	10,5	1,05	1,48	10,2	12,5	1,20	1,85
Gas, Strom, Wasser	11,9	0,72	6,0	7,5	0,68	1,00	6,5	8,5	0,75	1,10	7,5	9,5	0,85	1,17
Umwelttechnologie und erneuerbare Energien	–	–	6,6	8,5	0,70	1,00	7,6	9,7	0,83	1,19	8,7	10,8	0,90	1,29
Bau und Handwerk	14,5	1,21	5,0	7,1	0,50	0,70	6,5	8,0	0,53	0,78	7,0	9,0	0,60	0,90

* Small-Cap: Unternehmensumsatz unter 50 Mio. Euro; Mid-Cap: 50-250 Mio. Euro; Large-Cap: über 250 Mio. Euro; Pfeile zeigen niedrigeren/gestiegenen Wert gegenüber vorherigem Wert.

Quelle: FINANCE Multiples, FINANCE Mai/Juni 2018.

besitzen. Sie werden daher dessen Chancen und Risiken unterschiedlich einschätzen oder nutzen können.

Aus dieser Informationsasymmetrie heraus haben sich in der Praxis unterschiedliche Methoden zur Unternehmensbewertung herausgebildet, die sich darin unterscheiden, ob interne, detaillierte Daten zur Analyse herangezogen werden können oder nur auf externe, publizierte Daten zurückgegriffen werden kann. Letztere erlauben nur eine pauschale, an vergleichbaren Daten orientierte Unternehmensbewertung wie bereits oben im Fall der Multiplikatoren dargestellt.

Abbildung 9: Methoden der Unternehmensbewertung

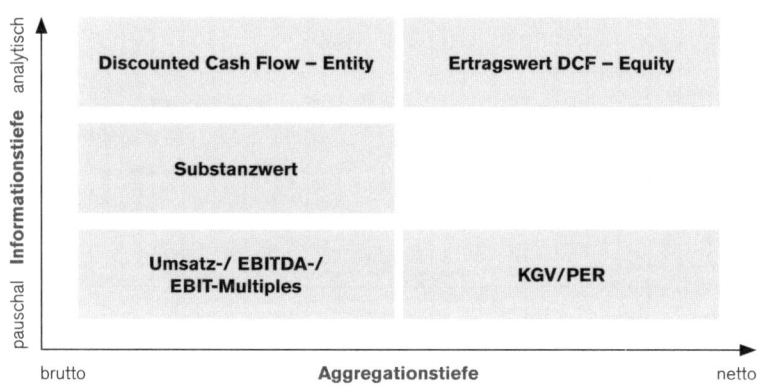

Da sich die Bereitschaft von Fremd- und Eigenkapitalgebern, das unternehmerische Risiko zu tragen, unterscheidet, und da das jeweilig übernommene Risiko adäquat aufgezeigt werden muss, wird – wie in der obigen Abbildung dargestellt – in der Literatur und Praxis zwischen Brutto- und Nettoverfahren differenziert.

Im Folgenden sollen unter der Annahme einer geplanten Business Transformation mit dem Ziel einer nachhaltigen Verbesserung des Leistungsniveaus im gesamten Unternehmen, bei dem sämtliche Daten in jeder gewünschten Tiefe und im Detail zur Verfügung stehen oder erhoben werden können, die analytischen Verfahren zur Unternehmensbewertung vorgestellt werden. Hierzu zählt zunächst das Substanzwertverfahren, das – obwohl in der Vergangenheit stark verbreitet – heute in der Regel nur noch zur Berechnung der Wertuntergrenze für Unternehmen herangezogen wird. Dabei wird der Substanzwert im Wesentlichen als Summe der auf der Aktivseite der Bilanz ausgewiesenen Vermögensgegenstände abzüglich der auf der Passivseite zum Nennwert bewerteten Verbindlichkeiten ermittelt. Üblicherweise wird dabei das betriebsnotwendige Vermögen mit den Wiederbeschaffungskosten und das nicht betriebsnotwendige Vermögen mit den erzielbaren Veräußerungspreisen bewertet. Der mit dieser Methode ermittelte sogenannte Substanzwert stellt demnach den Betrag dar, der aufgewendet werden müsste, wenn das Unternehmen neu auf der „grünen Wiese" errichtet würde. Unterschieden werden kann hierbei noch nach Einbeziehung oder Nichteinbeziehung immaterieller Vermögensgegenstände. Werden diese geschätzt und einbezogen, wie etwa der Goodwill, Patente, Lizenzen oder der Wert des Kundenstammes, so spricht man vom Vollreproduktionswert, ansonsten vom Teilreproduktionswert.

SCHLÜSSELBOTSCHAFT

Diese Bewertungsmethode nimmt als statisches Verfahren keine Rücksicht auf die wirtschaftliche Leistungsfähigkeit oder die wirtschaftliche Unternehmensperspektive. Im Vordergrund der Bewertung steht allein die Ermittlung des vorhandenen Nettovermögens als Wertuntergrenze – allerdings unter der Annahme der Fortführung des Betriebs (engl. „going concern"). Kann hiervon nicht ausgegangen werden, wie im Fall einer solventen Auflösung, Geschäftsaufgabe oder Zerschlagung eines insolventen Unternehmens, müssen in einem Liquidationswertverfahren für die Vermögensgegenstände statt der Wiederbeschaffungswerte die zu erwartenden Verwertungserlöse angesetzt werden. Daneben müssen die Kosten für die Abwicklung der Liquidation und auch die Kosten, die etwa durch die vorzeitige Auflösung von Arbeits- und Darlehensverträgen entstehen, in Abzug gebracht werden. Damit ist in aller Regel der Liquidationswert die absolute

Wertuntergrenze eines Unternehmens. Dieser besagt, dass die Beendigung des Unternehmens rentabler wäre als dessen Fortführung. Sollte der Substanzwert in Ausnahmefällen, wie zum Beispiel aufgrund hoher Grundstückspreise der Betriebsimmobilie in Innenstadtlage, über dem Ertragswert des gesamten Unternehmens liegen oder der Ertragswert sogar negativ sein, müssen bei einem Verkauf Käufer und Verkäufer anderweitig eine Einigung herbeiführen.

Das Substanzwert- und das Liquidationswertverfahren sind Methoden zur Ermittlung der (absoluten) Wertuntergrenze von Unternehmen. Zur Ermittlung des Verkaufswertes eines Unternehmens eignen sie sich nur im oben beschriebenen Rahmen.

Demgegenüber haben sich aufgrund der sich bereits seit den 1970er-Jahren durchsetzenden Überlegung, dass die Orientierung an Sachwerten keine Aussagekraft für den zukünftigen Unternehmenserfolg besitzt, das Ertragswertverfahren und die aus dem angelsächsischen Bereich stammenden Discounted-Cash-Flow-Verfahren als gängige Verfahren der Unternehmenswertermittlung durchgesetzt. Die Grundüberlegung hierbei ist, dass der Wert eines Unternehmens davon abhängt, wie viel Gewinn oder Cash Flow sich künftig damit erwirtschaften lässt. Der Substanzwert von Maschinen und Anlagen ist hier nur ein Mittel zum Zweck. Die Ertragskraft bzw. der Cash Flow des Unternehmens hingegen sind von entscheidender Bedeutung. Hieraus müssen nicht nur Dividenden und die für die Aufrechterhaltung des Betriebs erforderlichen Investitionen, sondern gegebenenfalls auch die Zins- und Tilgungsleistungen aus einem Unternehmenskauf finanziert werden.

Bei Kleinen und mittelständischen Unternehmen (KMU) in Deutschland wird bislang zumeist das Ertragswertverfahren bevorzugt, da dieses auf Ertragsplanungen aus der Gewinn- und Verlustrechnung beruht und keine Planung der Liquiditätsströme in einer Cash-Flow-Rechnung vorgenommen werden muss. Der

Ertragswert ergibt sich aus den auf den Bewertungszeitpunkt abgezinsten künftigen (gegebenenfalls um Hinzurechnungen und Abzüge bereinigten) Gewinnen sowie etwaigen Einnahmeüberschüssen aus dem Verkauf nicht betriebsnotwendigen Vermögens und von Beteiligungen. Die Herausforderung bei dieser Methode besteht in der Ermittlung bzw. Prognose der zukünftigen Gewinne, was gerade in einer globalisierten Welt mit neuen Technologien und Wettbewerbern sowie volatilen Märkten und politischen Unsicherheiten ungleich schwerer fallen wird als in der Vergangenheit. Aus diesem Grund ist in der Praxis nach wie vor das sogenannte vereinfachte Ertragswertverfahren nach §§ 199–203 BewG insbesondere bei KMU anzutreffen. Hierbei werden als Grundlage für die Bewertung die Ist-Zahlen der vergangenen zwei bis drei Jahre herangezogen, anhand derer dann die Gewinne gegebenenfalls sogar in Abweichung zum BewG gewichtet ermittelt und mit dem Kapitalisierungsfaktor zur Berechnung des Ertragswerts multipliziert. Auch wenn dies die Ermittlung einfacher macht, raten die Autoren davon ab, da es fraglich ist, ob unterstellt werden kann, dass diese nachhaltig sind und sich die jüngste Vergangenheit – mit Abstrichen – in der Zukunft fortsetzen wird. Es ist zwar richtig und notwendig, die Ist-Werte aus der Gewinn- und Verlustrechnung auf Vollständigkeit und Angemessenheit einzeln zu analysieren und zu überprüfen, auch um sie in den Kontext der Planwerte zu stellen. Es muss im Wesentlichen geprüft werden, ob der jeweilige Wertansatz plausibel ist, ob er also den realen oder erwarteten Gegebenheiten im Betrachtungszeitraum (noch) entspricht. Ansonsten sind diese Werte zu korrigieren. Darüber hinaus verlangt die Systematik des Instituts der Wirtschaftsprüfer (IDW S1) eigentlich auch eine Unternehmenswertberechnung auf Basis der Planungen und Prognosen der zukünftigen drei bis fünf Jahre.

Neben der Planung der Erträge ist die Höhe des Kapitalisierungszinssatzes entscheidend für die Berechnung des Unternehmenswertes. Der Kapitalisierungszinssatz errechnet sich dabei durch Addition des Basiszinssatzes mit einer Marktrisikoprämie, die um einen unternehmensindividuellen Beta-Faktor adjustiert werden muss. Mit dem Basiszinssatz, der von der Deutschen Bundesbank zu Beginn eines jeden Kalenderjahres veröffentlicht wird und für das jeweilige Kalenderjahr gilt, wird der Zins bezeichnet, der für eine sogenannte risikolose Alternativanlage am Kapitalmarkt in Form von langfristigen Staatsanleihen gezahlt wird. Demgegenüber soll die Marktrisikoprämie das generell höhere Risiko von Investitionen in Unternehmen abbilden. Der Fachausschuss für Unternehmensbewertung und Betriebswirtschaft (FAUB) des IDW veröffentlicht in unregelmäßigen Abständen Empfehlungen zur Bemessung dieser Marktrisikoprämie und des Beta-Faktors. Letzterer kann individuell durch den Bewerter um das spezifische, unternehmenseigene Risiko korrigiert werden, da dieses im Vergleich zum Durchschnitt aller Unternehmen gleich, höher oder niedriger sein kann. Wird dieses beispielsweise mit 1,0 angesetzt, ergibt sich keine Veränderung der Marktrisikoprämie im Vergleich zum durchschnittlichen Unternehmensrisiko.

Nach Meinung der Autoren reicht es nicht aus, im Rahmen einer auf die Zukunft gerichteten Ertragswertrechnung nur die geplanten Erträge und Aufwendungen des Unternehmens für den bestimmten Planungszeitraum gegenüberzustellen, sondern diese Rechnung sollte um eine Liquiditätsplanung und Planbilanz ergänzt werden, wie sie in angelsächsischen Ländern bei DCF-Methoden (engl. Discounted Cash Flow) üblich sind. Letztlich sind diese eigentlich auch ohnehin nötig, um Entwicklungen in den Bilanzpositionen, einschließlich des Eigen-/Fremdkapitalbedarfs, sowie Abschreibungen, das Zinsergebnis und Steuern vom Einkommen und vom Ertrag ableiten zu können. Erweitert man diese um weitere betriebliche Teilpläne (wie für Absatz, Produktion, Beschaffung, Investition, Finanzierung), entsteht so hieraus auch ein integrierter Gesamtplan für das Unternehmen bzw. dessen Business Transformation.

Die Discounted-Cash-Flow-Methode ist eine Abwandlung der Ertragswertmethode. Im Unterschied zu ihr stehen hier nicht die Jahresüberschüsse, sondern die Cash Flows im Zentrum der Betrachtung.

In der Literatur wird eine Vielzahl von DCF-Verfahren beschrieben und in der Praxis zur Anwendung gebracht. Im Wesentlichen sind dabei zwei Verfahren zu nennen:

- der Brutto-Ansatz oder Entity-Approach,
- der Netto-Ansatz oder Equity-Approach.

Beim Entity- bzw. Brutto-Ansatz (oder auch Enterprise-Approach genannt) werden in einem ersten Schritt die sogenannten Free Cash Flows des zu bewertenden Unternehmens geschätzt; diese werden in einem zweiten Schritt kapitalisiert, worauf man im Ergebnis den Wert des Gesamtkapitals des – unverschuldeten – Unternehmens erhält und hiervon in einem dritten Schritt das bewertete Fremdkapital abzieht, um damit den Eigenkapitalwert als Unternehmenswert zu erhalten.

Beim Equity-Approach oder auch Netto-Ansatz genannten Vorgehen werden nur die Einzahlungsüberschüsse für die Bewertung berücksichtigt, die den Eigenkapitalgebern tatsächlich zustehen; die später zu diskontierenden Free Cash Flows werden also um die Fremdkapitalzinsen und gegebenenfalls die Unternehmenssteuerersparnis aus den Fremdkapitalzinsen bereinigt. Die sich damit ergebenden Free Cash Flows werden diskontiert, um damit den Eigenkapitalwert des Unternehmens zu ermitteln. Da ja bereits vorher die Fremdkapitalzinsen abgezogen wurden, ist eine Bereinigung um das Fremdkapital hier nicht mehr erforderlich.

Beurteilung der Ertragswertmethode und der DCF-Verfahren

Die Ertragswertmethode beurteilt – mit Ausnahme des vereinfachten Verfahrens – nicht die vergangenen, sondern die in Zukunft voraussichtlich zu erreichenden Überschüsse oder Gewinne. Diese ergeben abgezinst den Eigenkapitalwert bzw. den Unternehmenswert. Insofern ist diese Methode dazu geeignet, den Fair Value des Unternehmens zu berechnen. Die DCF-Verfahren, die auf die abgezinsten, künftigen Free Cash Flows abstellen, sind international gebräuchlich und auch über die unterschiedlichen, länderspezifischen Jahresabschlussverfahren hinweg vergleichbar. Der IDW S1 Standard lässt sowohl das Ertragswert- als auch die DCF-Verfahren zu, da beide prinzipiell bei gleicher Datenbasis und methodisch konsistenter Anwendung zum selben Bewertungsergebnis führen.

3.3 Strategische Unternehmenswertsteigerung durch eine Business Transformation

Die strategische Planung ist Basis jedes erfolgreichen unternehmerischen Handelns. Unter ihr werden Grundsatzentscheidungen verstanden, die ähnlich wie in den oben dargestellten Wertermittlungsmethoden langfristiger Natur sind, sprich mindestens einen Horizont von drei bis fünf Jahren und länger besitzen. Studien belegen, dass Unternehmen, die eine Strategie verfolgen und diese mit operativen Planungsprozessen konsequent verknüpfen und umsetzen, erfolgreicher am Marktgeschehen teilnehmen. Zu den Fragen, die im Rahmen einer strategischen Planung – gerade in Zusammenhang mit dem Ziel einer strategischen Unternehmenswertsteigerung durch Business Transformation – gestellt werden müssen, gehören insbesondere Fragen nach dem Produkt- und Marktmix des Unternehmens sowie Fragen nach dem Make-or-Buy, nach alternativen Kooperationsmöglichkeiten oder nach M&A-Optionen.

Die Autoren stellen sich hierbei den strategischen Planungsprozess nicht als einmaligen Vorgang vor, sondern als iterativen Prozess, der sich in folgende Schritte unterteilen lässt:

Fundament jeder strategischen Planung ist die Definition der Unternehmenswerte (Core Values), die unternehmensintern und -extern zur Orientierung und als Entscheidungsgrundlage und Verhaltensmaßstab dienen. Vorausgeschickt sei, dass es nicht ausreicht, diese nur einmal zu definieren und dann in einer Schublade griffbereit zu verwahren, sondern sie zu kommunizieren und täglich in der Mitarbeiterführung ausgehend von der Unternehmensspitze ausnahmslos auf allen Ebenen vorzuleben. Nur wenn alle Mitarbeiter diese kennen und im Tagesgeschäft danach handeln, erfüllen sie ihren Zweck, indem sie:

- die Identifikation mit dem Unternehmen stärken, sinnstiftend wirken;
- Vertrauen und Motivation fördern;
- Loyalität, Mitarbeiter- und Kundenbindung erhöhen sowie
- Ruf und Glaubwürdigkeit des Unternehmens steigern, was sich wiederum allgemein förderlich auf die Wettbewerbsfähigkeit auswirkt.

Im Rahmen einer solchen „werteorientierten Unternehmensführung" haben die Unternehmenswerte Einfluss auf die
- Führung und Auswahl der Mitarbeiter,
- Auswahl der Geschäftspartner sowie
- internen Abläufe und Prozesse etc.

Auf Basis dieser Unternehmenswerte werden in einem weiteren Schritt die Unternehmensgrundsätze definiert, die längerfristig Geltung behalten sollen und den Rahmen für eine Unternehmensvision bilden. In den Grundsätzen können beispielsweise Aussagen über das Kerngeschäft oder die Innovationspolitik enthalten sein. Die Vision selbst sollte neben qualitativen auch quantitative Aussagen enthalten, sodass zentrale Steuerungsgrößen mit langfristigen Zielvorgaben klar formuliert werden können.

- Aufbauend hierauf erfolgt die Analyse der strategischen Positionierung des Unternehmens in seinem Umfeld, also in Bezug auf seine Kunden, Wettbewerber und Lieferanten. Die Ergebnisse dieser Auswertung werden in einer SWOT-Analyse (S: Strengths – Stärken, W: Weaknesses – Schwächen, O: Opportunities – Chancen, T: Threats – Risiken) abgebildet, worauf aufbauend verschiedene szenarienbasierte Unternehmensplanungen durchgespielt werden können, um den Fokus auf bestimmte – auch im Zeitablauf – besonders aussichtsreiche Geschäftsfelder zu legen.
- Die dabei gewonnen Erkenntnisse dienen der Entwicklung einer Unternehmensstrategie, also der Festlegung von strategischen Unternehmenszielen und strategischen Maßnahmen zu ihrer Zielerreichung.
- Bei mehreren oder unterschiedlichen strategischen Zielen müssen diese nach ihrer Machbarkeit verglichen und nach ihrer Erfolgswirksamkeit priorisiert werden. Hierbei sind beispielsweise finanzielle Spielräume und Auswirkungen zu untersuchen, bevor auch unter Berücksichtigung der Art und Komplexität der strategischen Maßnahmen ein erster noch grober strategischer Plan als Basis für die Entwicklung weiterer detaillierter operativer Umsetzungspläne festgelegt werden kann.
- Letztere setzen in der Umsetzung eindeutige Entscheidungen und das Zurverfügungstellen erforderlicher Ressourcen voraus sowie die zur späteren Erfolgskontrolle nötigen finanziellen Planungsrechnungen mit entsprechenden Mengen- und Wertgerüsten.

3.3.1 Wertsteigerung im bestehenden Unternehmen durch organisches Wachstum

Organisches Wachstum stellt, wenn man so will, die „einfachste" Form der strategischen Unternehmenswertentwicklung dar. „Einfach" in dem Sinn, dass ein reguläres Business Development eines Unternehmens auf Stand-alone-Basis weniger komplex ist als in einem Szenario, in dem durch Unternehmenskäufe oder Zusammenschlüsse (M&A) zwei oder mehrere bis dato rechtlich und wirtschaftlich selbstständige Unternehmen zusammengeführt werden und zum Beispiel über deren Grad der Post Merger Integration entschieden werden muss. „Einfach" soll auch nicht heißen, dass diese Strategie ein automatischer Selbstläufer ist. Auch dafür sind Voraussetzungen notwendig oder zu schaffen, die die Autoren im Weiteren skizzieren werden. Ziel muss auch bei diesem Thema sein, sich möglichst große Wettbewerbsvorteile zu erarbeiten, egal für welche der drei oben beschriebenen Kernstrategien man sich entscheidet: „Kostenführer", „Differenzierer" oder „Konzentration auf eine Nische".

3.3.2 Wertsteigerung durch anorganisches Wachstum (Zukäufe)

Zu Beginn der Überlegungen und weit vor der Suche nach möglichen Targets sind auch grundlegende Überlegungen anzustellen, was die Integration möglicher Targets in das eigene Unternehmen zur Realisierung von Synergien und des angestrebten anorganischen Wachstums angeht. Wie lässt sich das am besten bewerkstelligen? Die folgende Abbildung 10 ist hierzu recht aufschlussreich, gibt sie doch einen Überblick über verschiedene Integrationsansätze von Unternehmen, die von weitgehender Autonomie (Erhaltung) bis zur völligen Absorption reichen.

Bei geringem Bedarf nach strategischer Interdependenz und hohem Bedarf an organischer Autonomie muss die Selbstständigkeit des Partnerunternehmens gewährleistet bleiben. Vorstellbar wäre dieser Ansatz zum Beispiel beim Erwerb eines innovativen Start-ups, dessen Schwung und Effizienz durch Integration in einen Konzern leiden könnte. Gleichwohl könnte man sich durch Erwerb oder Beteiligung einen Zugang zu dessen Technologien und Entwicklungen sichern. Bei der Holding-Variante, zumindest im Fall einer operativen und keiner reinen Finanzholding, würden Zentralbereiche (wie Einkauf, Finanzierung, Organisation und Absatz) geschaffen, die definierte Aufgaben kostensparend für alle Tochtergesellschaften übernähmen. Damit könnte auch eine (Um-)Organisation mit anderen

Abbildung 10: Integrationsansätze nach Haspeslagh/Jemison (1992)

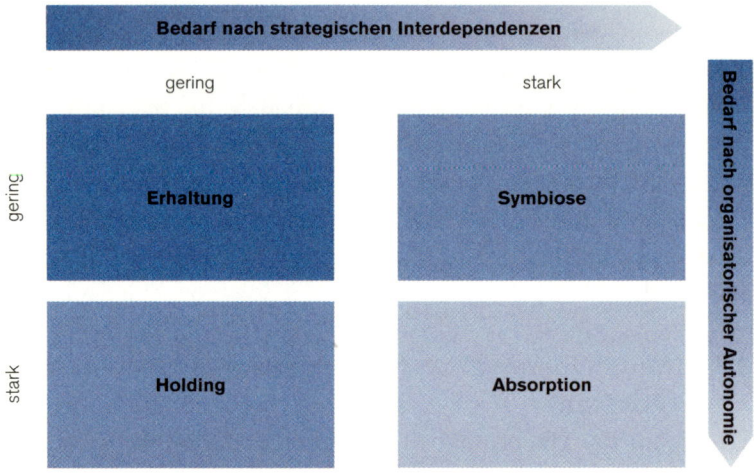

Quelle: Akquisitionsmanagement Wertschöpfung durch strategische Neuausrichtung des Unternehmens, S. 174. Verlag: Campus, 03.1992. (1992); ISBN 10: 3593346028 ISBN 13: 9783593346021.

Gruppengesellschaften, zum Beispiel nach regionalen oder produktbezogenen Gesichtspunkten, einhergehen, ansonsten blieben die Gesellschaften aber zumindest rechtlich weitgehend selbstständig. Bei einer Symbiose, also einer partiellen Integration, würden Unternehmensteile, die in der Gruppe Skaleneffekte generieren, integriert, alle übrigen Teile blieben weitgehend selbstständig oder würden geschlossen oder verkauft. Die Absorption brächte nicht nur eine Verschmelzung im juristischen Sinn mit sich, sondern eine komplette Integration sämtlicher Prozesse innerhalb der zusammengeschlossenen Unternehmen sowie die Entwicklung einer neuen Organisationsstruktur und Unternehmenskultur. Diese Form ist möglicherweise die einzige, die alle Synergieeffekte – soweit vorhanden – voll zur Geltung komme ließe und wohl aus diesem Grund bei vertikalen sowie horizontalen Zusammenschlüssen von Unternehmen derselben Branche häufig anzutreffen ist.

Nach diesen Vorüberlegungen, die auch für die Auswahl möglicher Targets mitentscheidend sind, muss – soweit noch nicht geschehen – basierend auf der Analyse der eigenen Markt- und

Produktpositionierung, die eigene Zielsetzung abgeleitet und das Profil des idealen Übernahme- oder Merger-Kandidaten bestimmt werden.

Zur Bewertung kann Abbildung 11 herangezogen werden. Wie ist die eigene Positionierung und welches Zielunternehmen passt (am besten) dazu? Soll dieses als Wettbewerber auf denselben alten oder neuen Märkten tätig sein? Sollen dessen Produkte im Vergleich zum eigenen Unternehmen alt oder neu sein? Sollte das Zielunternehmen idealerweise die gleiche Strategie verfolgen? Eine der Marktdurchdringung oder der Diversifikation beziehungsweise eine der Produkt- oder der Marktentwicklung? Würde die eigene Strategie durch eine Übernahme oder einen Zusammenschluss befördert oder beeinträchtigt? Wie aufwendig wäre sonst eine strategische Neuausrichtung?

3.3.3 Post Merger Integration

Unter Post Merger Integration (PMI) verstehen die Autoren „die Integration eines durch Kauf oder Fusion erworbenen

Abbildung 11: Produkte und Märkte

	Bestehende Märkte	Neue Märkte
Bestehende Produkte	**Marktdurchdringung** (Marktpotenzial ausschöpfen)	**Marktentwicklung** (Aufdeckung neuer Chancen)
Neue Produkte	**Produktentwicklung** (Erweiterung des Angebots)	**Diversifikation** (Erweiterung des Angebots zur Erschließung neuer Märkte)

Quelle: nach Ansoff, H. I. (1965): Checklist for Competitive and Competence Profiles; Corporate Strategy. New York: McGraw-Hill, S. 98–99.

Unternehmens, sprich den Prozess, bei dem nach einer rechtlichen Zusammenlegung von mindestens zwei Unternehmen deren Prozesse und Strukturen vereinheitlicht und/oder Geschäftsbereiche organisatorisch zusammengelegt werden."[10]

Jede PMI zielt darauf ab, die im Rahmen einer Akquisitionsstrategie mit dem Kauf oder einer Fusion definierten und angestrebten Akquisitionsziele zu verwirklichen, inklusive der damit gegebenenfalls verbundenen Synergie- und Restrukturierungseffekte. Inwieweit das gelingt, hängt unter anderem vom Ansatz und dem angestrebten Grad der Post Merger Integration ab, wie zuvor unter 3.2.2 beschrieben.

Viele Übernahmen scheitern aufgrund eines falschen Integrations- und Synergiemanagements. Bereits vor dem Abschluss einer Übernahmetransaktion sind Vorkehrungen für die Post Merger Integration zu treffen – besser sogar noch vor Beginn einer Übernahmetransaktion, also während deren Planungs- und Vorbereitungsphase.

Dieses sei hier eingedenk der obigen ausführlichen Erläuterungen zum Thema Strategie und strategische Planung angenommen und im Folgenden sei zunächst nur darauf verwiesen, wie allgemein üblich, nach dem Transaktionsabschluss zwischen der Transition und der Transformation zu unterschieden. Die Transition zwischen Signing und Closing bezeichnet die Übergangsphase, die mit dem Change of Control endet. Die Transformation startet hingegen anschließend und bedeutet den Systemwechsel, also die wie auch immer gestaltete, meist langfristigen und andauernden Einsatz erfordernde Integration des übernommenen Unternehmens oder Unternehmensteils.

Unter dem Postulat des oben dargestellten angestrebten Integrationsgrads sind die Einflussgrößen hierfür, um nur einige wesentliche zu nennen, die Größe des übernommenen Unternehmens oder Unternehmensteils, die regionale Ausbreitung, das Wachstumsverhältnis, die Hinzunahme neuer Geschäftsfelder,

---

10 Vgl. SEViX (2017): Carve-outs, Mergers & Acquisitions, Post Merger Integration. Frankfurt am Main: Frankfurter Allgemeine Buch, S. 69.

der Managementüberhang und das Aufeinandertreffen unterschiedlicher Unternehmenskulturen.

Herausforderungen aufgrund der Größe: Ist das aufzunehmende Unternehmen klein, wird wahrscheinlich eine volle Integration stattfinden und das aufnehmende Unternehmen die gewohnten Abläufe und Regeln wie gehabt beibehalten. Sollte das aufzunehmende Unternehmen eine spürbare Größe haben, sind dessen wertschöpfende Bedingungen zu untersuchen, um abzuschätzen, wie sich eine Veränderung in den Prozessen, dem Kennzahlensystem, der Governance etc. auswirken würde. Abhängig vom Ergebnis der Untersuchung wird dann aus der Wahl möglicher Integrationsstrategien diejenige ausgewählt, die für beide Seiten den geringsten Produktivitätsverlust bedeutet.

Herausforderungen aufgrund der regionalen Ausbreitung: Werden mit dem Kauf neue Länder betreten, müssen die dort geltenden Gesetze und Regeln über Produkte, Sicherheit, Steuern, Marktregulierungen etc. „erlernt" und beachtet werden. Das mag für Unternehmen, die zum ersten Mal neues Terrain betreten, Neuland sein und bedarf lokaler Expertise, um sich schnell in die Materie einzuarbeiten und sich dort sicher zu bewegen. Auch eine inländische Ausbreitung mag auf Bundesland- und kommunaler Ebene zumindest untersucht werden, ebenso wie sich Änderungen im vertrieblichen Verhalten abzeichnen können. Neue Geschäftsgebiete können nicht exakt mit etablierten Strukturen und Kennzahlen verglichen werden.

Herausforderungen aufgrund des Wachstums: Die Übernahme eines Unternehmens oder eines Teils dessen stellt ein anorganisches Wachstum dar, das nicht selten einem Umsatz und Mitarbeiterwachstum von 50 % und mehr entspricht. Dabei ist zu beachten, dass vorhandene, das Tagesgeschäft regelnde Prozesse, Verfahren und Strukturen für die neue Unternehmensgröße nicht mehr geeignet sein können. Unter Umständen sind zusätzliche Regelungen notwendig oder es wird umgekehrt die PMI dazu genutzt, im bestehenden Regelwerk aufzuräumen und es zu verschlanken. Bei einer PMI, bei der der übernommene Unternehmensteil größer als das aufnehmende Unternehmen ist, muss darüber nachgedacht werden, wie damit umgegangen werden soll.

Herausforderungen durch neue Geschäftsfelder: Andersartige Geschäftsfelder haben unterschiedliche Charakteristika, die mit bestehenden Schlüsselwerten, ihren Metriken und dem Umgang mit ihnen wenig gemein haben müssen. Beispielsweise ist die Übernahme eines Dienstleistungsunternehmens durch einen Produkthersteller ein völlig neues Geschäftsfeld, für das Projektmessgrößen relevant sind und nicht Stückzahl oder der Produktinnovationsgrad. Genauso hat ein Endkundenvertrieb seine Metrik anzupassen, wenn er ins Distributionsgeschäft einsteigt.

Herausforderungen aufgrund eines Management- und/oder Mitarbeiterüberhangs: Wenn zwei Strukturen aufeinandertreffen, entstehen Überhänge bei gleichen Funktionen, die optimiert werden müssen. Viele Unternehmen nutzen eine Stellenausschreibung für ganze Bereiche des Unternehmens als Lösungsansatz zur Auflösung des Auswahlkonflikts, um einerseits die beste Besetzung auswählen zu können, und sich andererseits vom Geschmack der Entscheidungswillkür zu befreien. Dabei sollten allein Sachargumente gelten: Wie viel Erfahrung bringt der Positionsinhaber mit, wie viel Reputation und Erfolg kann er vorweisen? Sind seine spezifischen Kenntnisse und Erfahrungen für die Aufrechterhaltung des Betriebs, im PMI-Prozess und danach notwendig? Ist er empathiefähig? Wie ist sein Umgang mit Neuem? Besitzt er gestalterische Fähigkeiten und Kreativität, die gerade während des Prozesses notwendig sind?

Herausforderungen aufgrund unterschiedlicher Unternehmenskulturen: Die wohl wichtigste und am meisten unterschätzte Herausforderung ist die des Aufeinanderprallens unterschiedlicher Unternehmenskulturen. Schon im M&A-Prozess demonstrierte Unterschiede werden sich durch die gesamte Phase der Transformation ziehen. Auch wenn sich die Unternehmen im gleichen Geschäftssektor bewegen, mag es im täglichen Betrieb große Unterschiede geben: beim einen stehen die Türen offen, beim anderen sind sie verschlossen; beim einen sind Kritik und Verbesserungsvorschläge erwünscht, beim anderen werden sie moralisch bestraft; das eine Unternehmen hat einen partizipativen Führungsstil, das andere ist autoritär geführt. Das Zusammenwachsen kann nicht durch „das Umlegen eines Schalters" erreicht werden, sondern bedarf eines langen Prozesses, der sorgfältig geplant und verfolgt werden sollte.

3.3.4 Erfolgsdeterminanten einer PMI

Die Post Merger Integration zielt darauf ab, den Erfolg der Übernahme oder Fusion (dt. Zusammenschluss, engl. Merger), zu sichern. Die Chance des Gelingens gibt es nur einmal! Die PMI ist daher von einem interdisziplinären Team mit funktionalem Erfahrungswissen und solider Branchenkenntnis durchzuführen. Die einzelnen Teammitglieder haben Teamfähigkeit, Kommunikationsstärke, mentale Robustheit und das notwendige Maß an Empathie mitzubringen. Vorherige Erfahrungen in unterschiedlichen Unternehmenskulturen und vergleichbaren Situationen sind hierbei sehr hilfreich.

Auf die vorbereitenden Maßnahmen reduziert, bestimmen drei Faktoren eine erfolgreiche Post Merger Integration:

1. Den richtigen Kopf ernennen – PMI braucht Führung.
2. Die richtigen Maßnahmen bestimmen – es geht um nachhaltige Effekte.
3. Den richtigen Ablauf festlegen – das Zusammenspiel aller Hebel erhöht den Wirkungsgrad.

Während der PMI ist eine Reihe von Aktivitäten unter hohem Zeitdruck durchzuführen. Hierzu zählen

- die lückenlose Fortführung des Tagesbetriebes,
- die Festlegung strategischer Prioritäten,
- die Hebung von Synergie- und Restrukturierungseffekten und
- die Kontrolle des Geschäftsrisikos im neu entstehenden Unternehmen.

Hierbei müssen die unterschiedlichen Unternehmenskulturen bisher eigenständiger Unternehmen berücksichtigt und zusammengeführt werden und folgende Fragen geklärt werden:

- Welche Unternehmensfunktionen sind besonders schnell zu integrieren?
- Wie schnell lassen sich Synergien realisieren?
- Wie lässt sich eine neue, einheitliche Kultur schaffen?
- Wie können dabei auftretende Konflikte vermieden werden?
- Wie gelingt es, Mitarbeiter in Schlüsselpositionen zu halten?
- Wie lässt sich sicherstellen, dass sich die Mitarbeiter während des Integrationsprozesses auf das Geschäft und die Kunden konzentrieren?

Eine zentrale Rolle im PMI-Prozess spielt die interne und externe Kommunikation. Die Unternehmenskommunikation hat im Umfeld des Wandels folgende Schwerpunkte:
- ein „positives" Klima unter den Beschäftigten zu schaffen, das zum Erfolg der Integration beiträgt;
- für eine regelmäßige, konsistente und möglichst zeitnahe Kommunikation mit den Stakeholdern über Projekt und Status zu sorgen;
- die Führungskräfte zu Multiplikatoren und Kommunikatoren für die Integration befähigen sowie
- Verständnis für die Gründe für die Akquisition bei allen relevanten Zielgruppen durch verständliche Aussagen zu schaffen.

Eine entsprechende Kommunikationsstrategie ist frühzeitig und proaktiv noch vor dem Signing zu entwickeln, auf die jeweiligen Zielgruppen auszurichten, und die entsprechenden Kommunikationsinhalte sind zu bestimmen. Mit Tag eins der PMI sollte ein konstanter Kommunikationsprozess erfolgen. Zielgruppen der Kommunikation sind insbesondere:
- unternehmensintern: Aufsichtsrat, Geschäftsführung, leitende Angestellte, Betriebsräte und andere Interessenvertreter, Mitarbeiter;
- unternehmensextern: Stakeholder wie Kapitaleigner, Banken, Kunden, Lieferanten, Behörden, Kartellamt, Presse etc.

Die wichtigsten Kommunikationsinhalte sind insbesondere:

- die Gründe des Mergers,
- Auswirkungen auf Organisation und Mitarbeiter,
- Standortpolitik,
- Personalentwicklung und Entgelt,
- Synergieeffekte,
- schnelle Erfolge sowie
- Ergebnisse der M&A-Projekte.

PMI-Projektmanagement

Ein professionelles Projektmanagement mit externer Unterstützung ist in jedem PMI-Prozess unabdingbar. Wenn erwartete Erfolge verspätet oder nicht umfassend eintreten, ist zuvor an Ressourcen für ein Projektmanagement an der falschen Ecke gespart worden.

So hat es sich als wirksam herausgestellt, die Transition als eigenes Projekt mit dem festen Stichtag des Change of Control abzuwickeln. Darin sind dann alle Workstreams der unterschiedlichen Unternehmensfunktionen projekthaft gebündelt. Nach dem Change of Control, also in der Business Transformation, wird den einzelnen

Abbildung 12: PMI-Programmorganisation

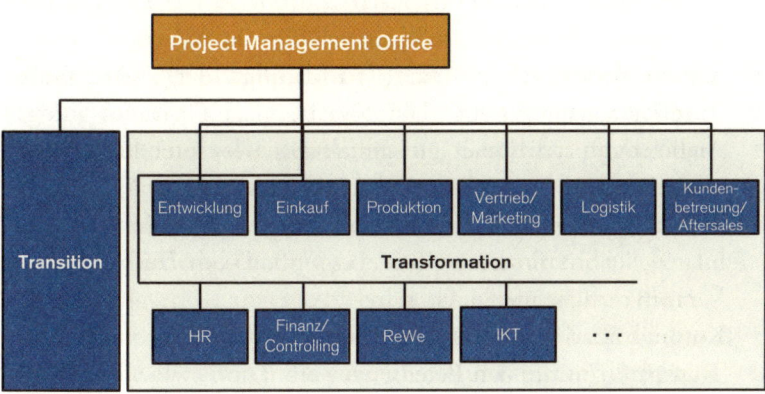

Quelle: SEViX (2017): Carve-outs, Merger & Acquisitions, Post Merger Integration. Frankfurt am Main: Frankfurter Allgemeine Buch, S. 68.

Unternehmensfunktionen die Projektverantwortung für ihren Teil übergeben und über ein Programm zusammengehalten.

Das aufnehmende Unternehmen muss sich über den durch die PMI entstehenden Aufwand im Klaren sein und damit in Kauf nehmen, dass für eine gewisse Zeit Projekte aus dem Tagesbetrieb zurückgestuft werden müssen. Erfahrungsgemäß werden nach etwa zwei Drittel der zurückgelegten PMI-Zeit die PMI-Projekte mit den üblichen Projekten aus dem Tagesgeschäft zusammengelegt und damit die PMI für abgeschlossen erklärt. Ob dieser Zeitpunkt früher oder später eintritt, ist nebensächlich. Hauptsache ist und bleibt, die PMI einmal von vorne bis hinten betrachtet und durchgeplant zu haben.

Eine solche PMI-Strategie in ihren drei Phasen muss sorgfältig konzipiert, nachhaltig umgesetzt und der Fortschritt muss kontinuierlich überwacht werden:

Phase 1 – Konzeption

- Suche nach Synergie- und Umstrukturierungsansätzen
- Entwurf eines passenden und schlüssigen Konzepts mit Aussagen zu Personalauswahl und Integrationsplan[11]
- Aufgaben- und Kompetenzverteilung zwischen den verschiedenen Ebenen und Bereichen
- Auswahl der Führungsmannschaft sowie der nachgeordneten Ebenen
- Mitarbeiterschulungen und Anpassung der betrieblichen Anreizsysteme
- Angleichung und/oder Neugestaltung der internen Prozesse unter Beachtung der beiderseitigen Interessen
- Ableitung konkreter organisatorischer, GuV-wirksamer oder bilanzieller Maßnahmen mit Festlegung von Terminen und Verantwortlichen
- Kommunikation der Maßnahmen zur Vertrauensbildung und Transparenz unter den Beteiligten

---

11 Vgl. Gabler Wirtschaftslexikon, „Post Merger Integration", siehe auch: http://wirtschaftslexikon. gabler.de/Archiv/14594/post-merger-integration-v6.html, letzter Zugriff am 08.06.2018.

Abbildung 13: PMI-Programm fordert Aufwand

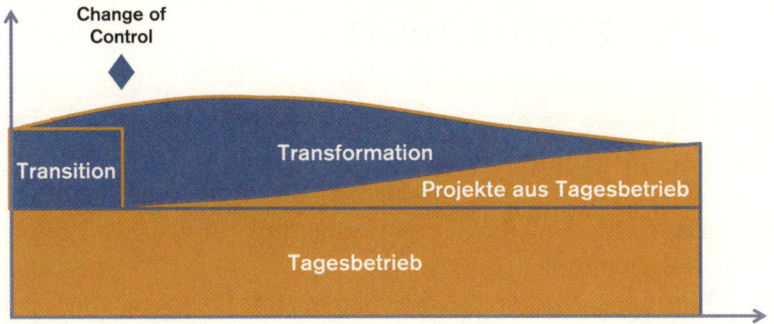

Phase 2 – Umsetzung

- Abarbeiten der PMI-Maßnahmen unter Einhaltung von Qualität und Terminen
- begleitende regelmäßige Kommunikation

Phase 3 – Controlling

- PMI-Abschluss und Überführung in das Linienmanagement
- Maßnahmen- und Erfolgscontrolling
- abschließende Kommunikation

4 Business Transformation: Reorganisation

Erste Voraussetzung einer erfolgreichen Reorganisation ist zunächst die klare **Erkenntnis** des jeweiligen Managements oder der Eigentümer, dass das Unternehmen sich wirklich in der Krise befindet und somit erforderliche Veränderungsprozesse zwingend eingeleitet werden müssen.

Die Ausprägung einer **Krise** kann unterschiedlich sein. Von Krise kann nicht nur dann gesprochen werden, wenn eine unmittelbare Zahlungsunfähigkeit droht; vielmehr dürfte sich ein Unternehmen bereits in einer kritischen Situation befinden, wenn über zwei aufeinander folgende Perioden negative Ergebnisse geschrieben wurden, wenn jahrelang keine Produktivitätsfortschritte erzielt wurden oder wenn sich beispielsweise Umsätze ständig rückläufig entwickeln. Eine Unternehmenskrise liegt auch dann vor, wenn im Management unterschiedliche Auffassungen diskutiert werden, mit welcher Strategie die Organisation weiterentwickelt werden soll. Auch das Fehlen jeglicher Strategie kann durchaus als Unternehmenskrise verstanden werden.

Ebenso kann ein Wettbewerbsvergleich mit der Analyse jeweiliger Benchmark-Zahlen bei Eigentümern und Management zur korrekten Erkenntnis führen, dass das Unternehmen in einer Krise steckt und eine Business Transformation eingeleitet werden muss.

Je früher ein solcher Prozess startet, umso weniger wird das Unternehmen dem unausweichlichen Druck ausgesetzt sein, meist einschneidende Sofortmaßnahmen aufgrund fehlender Liquidität verabschieden zu müssen.

In der Praxis geben jeweils unterschiedliche Unternehmenssituationen Anlass für den Start von Veränderungsprozessen. In der Regel ist meist die durch Liquiditätsengpässe entstandene Krise der häufigste zum Handeln zwingende Anlass. Allerdings haben auch Konflikte auf der Managementebene und kurzfristige Ergebnisverluste bei Entscheidungsträgern zum Einsatz eines

Business Transformation-Managers geführt. Trotz noch ausreichender Liquiditätsreserven waren sich beispielsweise die Eigentümer eines Familienunternehmens nur aufgrund steigenden Preisdrucks und gleichzeitig jahrelang fehlender Produktivitätsfortschritte bewusst, in der Krise zu sein und mit Veränderungsprozessen eine grundsätzliche Effizienzsteigerung über alle Prozesse herbeiführen zu wollen. Durch den Start einer „frühzeitigen Transformation" wollte man eine sich abzeichnende Krise nicht noch stärker zum Ausbruch kommen lassen. Das Vorbeugen einer Unternehmenskrise durch den Start eines möglichen präventiven Veränderungsprozesses bleibt allerdings leider die Ausnahme in der gelebten Unternehmenspraxis.

Für Management und Eigentümer ist nicht nur das Erkennen einer Krise erforderlich, vielmehr ein gemeinsames Commitment für eine notwendige Business Transformation als logische Konsequenz zwingend notwendig.

Unternehmenskulturen werden von oben gemacht und bestimmt. Nur ein eindeutiges Commitment von Eigentümern oder der obersten Führungsebene zu notwendigen Veränderungsprozessen wird dazu führen, dass sich auch ein gleiches Commitment im mittleren Management oder auf der Abteilungsleiterebene und bei anderen Multiplikatoren im Unternehmen zu einem gleichen Bewusstsein zur Veränderung entwickeln wird. Fehlende Unterstützung und unterschiedliche Auffassungen zum Veränderungsprozess führen zum Scheitern einer jeden Business Transformation. Nachdem sich Eigentümer und Management für einen Veränderungsprozess entschieden haben, muss der für das Unternehmen am besten geeignete Kandidat als der „richtige" Business Transformation-Manager gefunden und bestellt werden, der einen Veränderungsprozess professionell umsetzen kann.

Der Business Transformation-Manager, der von außen kommend bestellt wird, kann das Unternehmen von einem neutralen Standpunkt aus analysieren und verändern. Er ist unabhängig und in keinem unternehmensinternen Netzwerk verankert.

Natürlich sind Transformationsprozesse von einem Unternehmen auch aus eigener Kraft mit Inhouse-Ressourcen zu leisten.

Allerdings stehen dazu in Unternehmen in der Regel kaum geeignete Manager zur Verfügung, die über die notwendige konzeptionelle und operative Stärke verfügen, um das Unternehmen aus der Krise zu leiten. Es ist auch schwer vorstellbar, dass diejenigen, die oft verantwortlich für Krisensituationen sind, gleichzeitig die Lösungen für die Bewältigung dieser Krise sein sollen. Der bestellte Business Transformation-Manager muss mit allen möglichen Verantwortlichkeiten und **Durchgriffsrechten** ausgestattet sein. Er braucht volle disziplinarische Weisungsbefugnis, Autorität unmittelbar auf der Leitungsebene, um Veränderungsmaßnahmen umzusetzen und auf Wirkung zu kontrollieren.

Bei seinem Durchgriffsrecht dürfen keine Unternehmensbereiche ausgenommen werden. Ein Veränderungsprozess geht über die gesamte Wertschöpfungskette im Unternehmen. Das Herausnehmen oder Schützen bestimmter Bereiche wie Vertrieb oder Produktion, wo man glaubt, gut aufgestellt zu sein, stellt den ganzen Prozess infrage.

Auch muss im Vorfeld festgelegt werden, wer in Konfliktfällen auf der Managementebene das Sagen hat. Will man ernsthaft einen Transformationsprozess umsetzen, muss das eindeutige Sagen beim Transformation-Manager liegen. Bei einem bestellten CRO (Chief Restructing Officer) achten beispielsweise ganz speziell die Gläubiger – oder Bankenrunden – darauf, dass er auch in der Praxis nicht durch Eigentümer in seinem Durchgriff oder seiner Autorität behindert werden kann.

In vielen Projekten der Praxis wird der Business Transformation-Manager oft zum **CEO ad interim** bestellt, der in dieser Position, meist in offizieller Organfunktion, nicht nur den Business Transformation-Prozess verantwortlich leitet, sondern auch gleichzeitig das operative Tagesgeschäft managt. Diese Verknüpfung ist sinnvoll. Ein Veränderungsprozess kann nicht losgelöst vom Tagtäglichen umgesetzt werden, in der Regel handeln die gleichen Mitarbeiter und Akteure. Der Veränderungsprozess darf im Unternehmen nicht als Besonderheit im luftleeren Raum abgehandelt werden, vielmehr muss er beispielsweise an den Notwendigkeiten des täglichen Geschäfts, an Problemen bei Kunden oder in der Produktionsplanung orientiert werden.

Auch die Bezeichnung Interim-Manager für den Business Transformation-Manager ergibt Sinn. Veränderungsprozesse sind nie zu Ende. Dennoch sollte er nur solange im Unternehmen bleiben, bis die Grundstruktur des Prozesses erste signifikante Ergebnisse aufzeigt und er sichergestellt hat, dass seine Aufgabe an das Management, Multiplikatoren oder KVP-Teams (Kontinuierlicher Verbesserungsprozess) übertragen werden kann.

Bei Auswahl und Entscheidung für den „richtigen" Business Transformation-Manager sollten Kriterien wie das Vorhandensein geeigneter Instrumente zum Managen eines Veränderungsprozesses, das Mitbringen der Erfahrungen in Best-in-Class-Branchen und vor allem der Nachweis über die erforderlichen sozialen Fähigkeiten, um sich schnell in die Unternehmenskultur einzuleben, zu einer schnellen Entscheidung führen. Der jeweilige Tagessatz des Managers sollte unter dem Blickfeld „notwendige Investition" keine entscheidende Rolle spielen.

Die eigentliche Aufgabe des Business Transformation-Managers beginnt mit der Unternehmensanalyse.

4.1 SEViX® Corporate Scan als Tool zur Unternehmensanalyse und Generierung eines Wertsteigerungsprogramms

Am Beginn jeder Sanierung steht zunächst die **Analyse der drei Kernbereiche: Finanzielle Situation – Strategische Ausrichtung – Leistungsreserven.**

Der Transformation-Manager wird sich zur kurzfristigen Analyse zunächst auf unterschiedliche Informationsquellen im Unternehmen stützen. Er wird neben Bilanzen, GuV, Veröffentlichungen, Protokollen oder Unternehmensplänen vor allem viele Gespräche mit Führungskräften und mit Unternehmensmitarbeitern in möglichst allen Bereichen und auf allen Hierarchieebenen führen. Dabei kann er sich nicht nur auf das Briefing und die Erkenntnisse seiner

Auftraggeber wie Eigentümer oder Management verlassen. Sein Ziel muss es sein, sich innerhalb von möglichst 10–15 Arbeitstagen ein eigenes Bild vom Unternehmen zu verschaffen. Ein erfahrener Manager wird sich mit dem Kennenlernen des Unternehmens, der Produkte und der Menschen auf die wesentlichen Themen beschränken können, der für ihn neu und zunächst zu erlernen sein dürften. Aufgrund seines Erfahrungsschatzes sollte er dann bereits sofort im Unternehmen effektiv wirken können.

Nach dieser relativ kurzen Einführung kann der Business Transformation-Manager auf ein entscheidendes Analysetool, den Corporate Scan, zurückgreifen.

Der von SEViX entwickelte, praxiserprobte **SEViX Corporate Scan** ist ein einzigartiges Instrument, um die interne und externe Leistungsfähigkeit aufschlussreich zu analysieren. Er zwingt zu einem konsequenten Vorgehen und unterstützt bei der Identifikation von Schwachstellen im Unternehmen. Nur die Optimierung und Lösung dieser Schwachstellen wird zu Unternehmenswertsteigerungen führen können.

Der Corporate Scan ist im praktischen Sinne ein Fragebogenkatalog, der zu allen Unternehmensbereichen ganz konkrete, bereichs- und abteilungsspezifische Fragen aufweist. In Summe werden 14 Bereiche, vor allem Kernbereiche wie Produktion, Vertrieb oder Führung, abgedeckt. Der Corporate Scan ist branchenunabhängig anwendbar. Das Analysetool entspricht durch Beantwortung der gestellten Fragen anhand von Ankreuzen über Skalen von eins bis fünf einem SWOT-Ansatz (siehe Kapitel 3.3) und kommt zu einer **Stärken- und Schwächenanalyse.** Im Ergebnis wird gleichzeitig eine Positionierung des Unternehmens gegenüber einem relativen Best-in-Class-Unternehmen der Branche ermittelt. Ziel eines jeden Veränderungsprozesses sollte es letztendlich sein, das Unternehmen auf ein **Best-in-Class-Level** zu heben, indem man sich an einem relativen „Klassenbesten" misst.

Der Fragebogen beinhaltet zu jedem Unternehmensbereich bis zu mehr als 30 Fragenkomplexe, die jeweils wiederum zwei bis drei Detailfragen aufweisen können. Die Fragen werden anhand

Abbildung 14: SEViX Corporate Scan

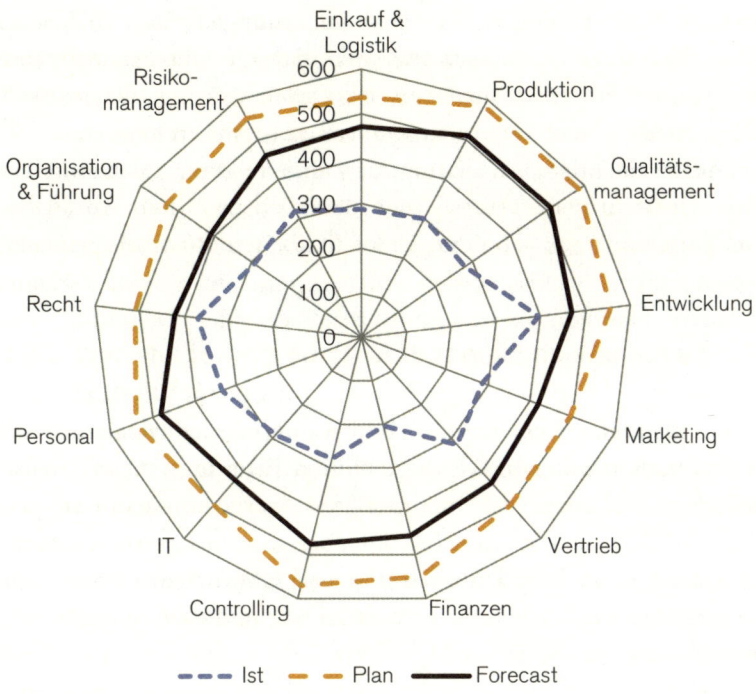

der erwähnten Bewertungsskala von eins bis fünf beantwortet. Die höchste Bewertung fünf steht für den Best-in-Class – sie wird vergeben, wenn eine Frage gemessen an einem möglichen Best-in-Class – branchenunabhängig – positiv beantwortet werden kann.

Die Addition der Punkte aller Antworten ergibt einen Gesamtwert für das Unternehmen, der eine mögliche **Positionierung** gegenüber einem Unternehmen auf Best-in-Class-Level, also einen Vergleich, ermöglicht. Auch kann aus dem ermittelten Gesamtwert geschlossen werden, wie hoch der notwendige Aufwand der Business Transformation sein kann. Ein Mittelwert ergibt entsprechend einen möglicherweise mittleren Veränderungsaufwand. Allerdings kann dies in der Praxis auch bedeuten, dass das Unternehmen eine Vielzahl möglicher kleinerer Schwachstellen aufweist, die dennoch einen relativ hohen Veränderungsaufwand darstellen können.

Entscheidender als die Ermittlung einer relativen Positionierung des Gesamtunternehmens gegenüber einem Best Performer ist allerdings das konkrete Herausarbeiten von eindeutigen, wesentlichen Schwachstellen im Unternehmen, die unmittelbaren Handlungsbedarf aufweisen oder die Definition von Unternehmensprojekten erfordern.

Für den Produktionsbereich wird beispielsweise nach dem Vorhandensein von möglichen Produktionskennzahlen, nach KVP, Produktionsorganisation, Planung, Investitionen oder selbst nach der Arbeitssicherheit gefragt. Stellt man dann etwa fest, dass die Allokationen der Investitionen über einen längeren Zeitraum zu keinen Produktivitätsverbesserungen geführt haben oder keine Kennzahlen zur Messung der Produktivität vorliegen, ergeben sich Handlungsmöglichkeiten.

Beim Vertrieb stehen Fragen nach der Vertriebsstrategie, der Vertriebsorganisation oder dem Ausbildungs- und Erfahrungsstand der Mitarbeiter im Mittelpunkt. Liegt keine unmittelbare Vertriebsstrategie mit einem entsprechenden Marketingmix vor, sind zielgerichtete Projekte und Sofortmaßnahmen für den Veränderungsprozess erforderlich. Bei einer ermittelten mangelhaften Vertriebsleistung ergibt sich möglicherweise die praktische Konsequenz nach dem Aufbau einer effektiveren Innendienstorganisation.

Alle Fragen in allen Bereichen haben einen starken **strategischen Hintergrund.** Der wichtigste Fragenkomplex sind die Fragen zur Führung, Strategie und Organisation. Hier geht es um die Unternehmensführung, deren Kernaufgabe Strategie und Strategieentwicklung sowie Unternehmensorganisation heißen muss.

Bei Fragen nach einer Vision oder einem Zielsystem, nach Leitvorstellungen oder wie das Unternehmen konkret im Markt positioniert ist, haben viele Unternehmensführer in konkreten Fragesituationen nur mit den Achseln gezuckt und hatten meist keine konkreten Antworten parat.

Der Einsatz des Corporate Scans folgt einem klaren Prozess, der je nach Unternehmensgröße und Komplexität des Unternehmens mindestens 30 Manntage **erfordern** dürfte.

Zunächst ist durch den Business Transformation-Manager eine grundsätzliche Information an alle Bereichsverantwortlichen **wichtig.** In erster Linie richtet sich die Veranstaltung an alle diejenigen, die den Corporate Scan für ihren Bereich ausarbeiten und beantworten sollen. Bei einer oder mehreren dieser Informationsveranstaltungen werden der Corporate Scan, seine Ziele und Inhalte vorgestellt.

Bereits bei dieser ersten Kommunikation ist es **notwendig,** das Tool überzeugend und motivierend darzustellen. Die Teilnehmer sollten erkennen, dass eine ausführliche, neutrale und selbstkritische Beantwortung der Fragen im Sinne des Unternehmens und einer zielgerichteten Veränderung notwendig ist.

Die Praxis hat gezeigt, dass es vor allem Probleme bereitet, Eigentümer und Management von der Sinnhaftigkeit des Corporate Scans bereits im Vorfeld zu überzeugen. Hier gibt es oft Vorbehalte, weil man fürchtet, dass durch den Corporate Scan Managementfehler aufgedeckt werden, die zu persönlichen Konsequenzen führen könnten. Im nächsten Schritt wird der Transformation-Manager den Corporate Scan seinem Verständnis des Unternehmens gemäß bearbeiten und eine eigene Positionierung vornehmen.

Nachdem der jeweilige Fragenkomplex an die zuständigen Manager verteilt wurde und diese die sie betreffenden Fragen beantwortet haben, kommt es zum entscheidenden Prozessabschnitt: Der Transformation-Manager und der für einen Bereich zuständige Manager des Unternehmens müssen zu einer gemeinsam abgestimmten Antwort, also einer Bewertung, kommen.

Alle Fragen werden dabei von dem Transformation-Manager und dem jeweiligen Bereichsverantwortlichen gemeinsam bearbeitet.

Dabei gilt es, das **Fremdbild** des Transformation-Managers mit dem **Eigenbild** der Befragten in eine kritische und verbindliche Antwort zu den erforderlichen Maßnahmen einzubinden.

In der Praxis ist in der Regel das Selbstbild der Befragten über die Unternehmenssituation und besonders über ihren eigenen Bereich mehr als positiv. Allerdings gibt es auch Verantwortliche, die ihren jeweiligen Bereich durchaus kritisch beurteilen. Diese Führungskräfte wollen den Corporate Scan als Möglichkeit zur Veränderung offen und ehrlich nutzen.

Das abschließende Ergebnis für die jeweiligen Bereiche und das Gesamtergebnis werden allen Beteiligten in einer weiteren Infoveranstaltung durch den Business Transformation-Manager vorgetragen.

Bei dieser Veranstaltung kann es durchaus vorkommen, dass bestimmte Sichtweisen nicht immer akzeptiert oder gar kritisch kommentiert werden. Eindeutige Schwächen wie beispielsweise das ermittelte Fehlen spezifischer Daten zur Messung einer Operational Excellence oder das Fehlen von Zielsystemen zur Mitarbeiterführung werden nach dem Motto „Das haben wir doch …" bezweifelt. Andererseits werden die Ergebnisse und Erkenntnisse dennoch in Summe bestätigt: „Das haben wir auch immer wieder kritisiert."

Das Ziel bei der Ergebnispräsentation des Corporate Scans muss es sein, ein **gemeinsames Verständnis** für die Stärken und Schwächen des Unternehmens bei allen Beteiligten, also den Multiplikatoren, zu erzielen und somit die Motivation zu generieren, Veränderungsmaßnahmen und Projekte zur Gestaltung des Veränderungsprozesses umzusetzen.

Bei einem mittelständischen Unternehmen aus der Lebensmittelindustrie kam es zu folgenden generellen, nicht vollständigen Erkenntnissen durch die Anwendung des Corporate Scans:

- Es fehlte eine übergeordnete Unternehmensstrategie, die dringend zu erarbeiten war – klassische Bausteine einer Unternehmensstrategie wie Vision, Mission, Leitvorstellungen oder Definition eines Geschäftsmodells; Positionierung im

Wettbewerb, Wettbewerbsvorteile und USPs waren nicht herausgearbeitet. Strategische Maßnahmen, Meilensteine und das dazu erforderliche Controlling waren ebenfalls nicht vorhanden – kurz gefasst: Ein Businessplan über die nächsten Jahre existierte nicht.

- Eine Zielmatrix über das ganze Unternehmen – Bereichsziele und Ziele für jede Abteilung lagen nicht vor. Das Unternehmen gab offen zu, mehr über das Bauchgefühl als über konkrete Kennzahlen das Unternehmen zu leiten.
- Als wesentliche Erkenntnis stellte sich heraus, dass die Entwicklung der eigenen Kostenposition jahrelang nur wenig im Fokus stand und den Führungskräften ein Best-in-Class-Ansatz nahezu fremd war. Potenziale für Produktivitätsfortschritte oder Einsparungspotenziale konnten kaum genannt werden, was aufgrund der vorher genannten Ergebnisse nicht überraschen dürfte.
- Festgestellt wurde das nahezu vollständige Fehlen einer Projektmanagement- und Maßnahmenkultur.
- Es herrschte ein absolutes Bereichsdenken – Kundenorientierung war nur wenig auszumachen. Nicht verwunderlich waren deshalb größere Schnittstellenprobleme zwischen Kernbereichen sowie eine mangelnde interne und externe Kommunikation.
- Auch ein grundsätzliches Personalkonzept mit einer aussagekräftigen Qualifikationsmatrix, Ansätzen für Leistungsanreize oder Nachfolgeregelungen waren nicht auszumachen.

Zusammenfassend gab es in allen untersuchten Bereichen Stärken und Schwächen. Es war kein Bereich auszumachen, der einem Best-in-Class-Ansatz Stand gehalten hätte. Dies war die grundsätzliche Botschaft an die Führungskräfte, die dann zur gemeinsamen Bereitschaft führte, den Veränderungsprozess mit dem Ziel, das Unternehmen auf eine höhere Leistungsebene zu heben, sofort und konsequent umzusetzen.

Entscheidend für Ergebnisse aus dem Corporate Scan und die Ableitung von Maßnahmen sowie die Definition von Projekten sind folgende Faktoren, die sich aus der Praxis ergeben haben:

- Verständnis und Commitment zum Corporate Scan bei allen am Prozess Beteiligten – dies ist nur durch zielgruppenspezifische Kommunikation zu leisten.
- Offenheit, Ehrlichkeit und Neutralität bei der Beantwortung des Corporate Scans, ansonsten ergeben sich keine Ergebnisse und Ansatzpunkte zur Veränderung – Verantwortung des Interviewers, Dinge zu hinterfragen und zu überprüfen.
- Der Interviewer und Sanierer braucht fundierte Erfahrungen in Best-Practice-Branchen, muss Sanierungen erfolgreich gestaltet haben, muss über eigene Benchmarks aus unterschiedlichen Unternehmen und über langjährige Führungserfahrung verfügen, ansonsten wird er den Corporate Scan nicht kompetent anwenden können.
- Der Interviewer und Sanierer muss über hohe strategische und operative, generalistische Kompetenzen in unterschiedlichen Unternehmensbereichen verfügen – Kernkompetenzen in Vertrieb und Produktion können hilfreich sind.
- Hohe persönliche Akzeptanz des Interviewers, die Vertrauen schafft, um möglicherweise bei den Interviewten ungeliebte Wahrheiten hervorzurufen.
- Bei den Ergebnissen des Corporate Scans ist es nicht entscheidend, welche Rechenergebnisse erreicht werden und wie das hinterlegte Rechenmodell funktioniert – wesentlicher ist die Identifikation von Schwachstellen und die Definition geeigneter Maßnahmen und Projekte, die dann auch bei den Beteiligten ebenfalls als relevant erachtet werden.
- Ergebnisse müssen von allen Beteiligten akzeptiert und geteilt werden, nur dann finden abgeleitete Maßnahmen und Projekte die zur Umsetzung erforderliche Akzeptanz.

4.2 Entscheidungsrelevante Daten: KPIs

Jeder Business Transformation-Prozess erfordert entscheidungsrelevante Daten. Für das Funktionieren eines Veränderungsprozesses werden wichtige **Kennzahlen,** diese werden oft als **Key Performance**

Abbildung 15: Beispiel Produktion – Ein Auszug aus dem SEViX Corporate Scan (1. Produktionskennzahlen)

1. Steuern Sie Ihre Produktion mittels eines definierten Kennzahlensystems?
2. Werden Produktivität, Qualitätserfüllung und Termintreue gemessen?
3. Gibt es Ziele zur Produktivitäts-, Termin- und Qualitätserfüllung?
4. Sind die Kennzahlen Leistungstreiber und Bestandteil der variablen Entgeltkomponente?
5. Wird die Zielerreichung täglich/wöchentlich visualisiert?

SEViX Corporate Scan: Produktion

Krite-rium	Kernfragen zum Corporate Scan	G	Bewertung 0 1 2 3 4 5 6 Σ	Anmerkungen/Ergänzungen zu den Basisfragen	Ist-Zustand: TOP 5-Punkte mit Handlungsbedarf	Wertsteigerungspotenziale: TOP 5-Lösungsansätze
Produktionskennzahlen	Steuern Sie Ihre Produktion mittels eines definierten Kennzahlensystems?		60 1			
	Werden Produktivität, Qualitätserfüllung und Termintreue gemessen?	10	0:1 2			
	Gibt es Ziele zur Produktivitäts-, Termin- und Qualitätserfüllung?		3			
	Sind die Kennzahlen Leistungstreiber und Bestandteil der variablen Entgeltkomponente?		4			
1	Wird die Zielerreichung täglich/wöchentlich visualisiert?		0:020 0: 0: 0:020 5			

Indicators (KPIs) bezeichnet, zur Analyse der Ist-Situation und zur Messung der Ergebnisse der eingeleiteten Maßnahmen benötigt. Ideal wäre es, wenn im Unternehmen für jeden Prozess entsprechende Kennzahlen zur Messung der jeweiligen Effizienz vorliegen würden. Dies ist allerdings selten der Fall, sollte allerdings für jedes Unternehmen ein Ziel sein.

Kennzahlen und Unternehmensdaten spiegeln nicht nur den Stand der Leistungsfähigkeit eines Unternehmens wider. Aus strategischer Sicht sollten sie gleichzeitig einen Zielkorridor markieren, wohin das Unternehmen mit welchen Maßnahmen in seinem jeweiligen Wettbewerbsumfeld entwickelt werden sollte. Zieldefinitionen und Zielkennzahlen sind eine Kernaufgabe eines jeden Business Transformation-Prozesses.

In der Regel müssen sich allerdings Transformation Prozesse bei der Analyse der Leistungsfähigkeit eines Unternehmens meist zunächst auf vorhandene Daten aus Gewinn- und Verlustrechnungen, auf Bilanzen und vorliegende Daten aus dem Rechnungswesen und Controlling beschränken. Weitgehend wird man sich deshalb zum Start des Veränderungsprozesses auf diese klassischen Daten und Relativziffern wie Umsätze, Material- und Personaldaten und Quoten oder Fixkosten konzentrieren.

Diese Konzentration auf wenige aussagekräftige Kennzahlen kann zunächst durchaus Sinn ergeben. Dies gilt besonders unter der Prämisse, dass für diese klassischen Kennziffern entsprechende Benchmark-Zahlen zur Verfügung stehen. Benchmark-Zahlen bedeuten, dass Vergleichszahlen aus der Branche vorliegen, an denen man sich messen und das Unternehmen im Vergleich zu möglichen Wettbewerbern positionieren kann. Im Mittelpunkt dieser ersten Analysen müssten beispielsweise Fragen stehen, ob bei einer Personalkostenquote von 25 % und gleichzeitiger Materialkostenquote von nahezu 50 % bei einer Metallfertigung in der Automobilzulieferindustrie das betroffene Unternehmen einem Wettbewerbsvergleich standhalten kann und ob Perspektiven für positive Ergebnisse über dem Branchendurchschnitt vorhanden sind.

Eine grundlegende Analyse im Veränderungsprozess beinhaltet neben der **Umsatz- und Deckungsbeitragsentwicklung** die eigentliche **Kostenposition** des Unternehmens. In nahezu allen Branchen erhöht sich die Wettbewerbsintensität, der Preis- und Margendruck nimmt zu. In der Vergangenheit waren häufig Umsatzsteigerungen verbunden mit einem besseren Ergebnis. Wollen Unternehmen profitabel wachsen, müssen sie sich nun unter anderem ständig mit einer jährlichen Verbesserung ihrer Kostenposition auseinandersetzen.

Grundlegend wird sich das Business Transformation-Management zunächst mit einer strategischen Kostenanalyse auseinandersetzen. Dabei wird die Frage im Mittelpunkt stehen, welchen **Schlüsselaktivitäten** im Unternehmen welche Kosten zuzuordnen sind. Ist das Unternehmen stark produktionsorientiert, entstehen im Vertrieb relativ hohe Kosten – bei dieser Analyse sind vor allem Benchmark-Zahlen von Interesse. Wie ist die relative Kostenposition zum jeweiligen Wettbewerb zu beurteilen? Dazu sind in der Regel keine Antworten vorhanden. Mit gutem Beurteilungsvermögen sollten dazu allerdings klare Annahmen möglich sein.

In der Produktion werden vor allem Kostentreiber im Fokus stehen, die durch die **Produktanzahl,** Fertigungskomplexität oder den Automatisierungsgrad bestimmt sind.

Natürlich werden dabei, wie oben beschrieben, zunächst die **Personalkosten** mit der **Mitarbeiteranzahl,** Kopfzahlen je Bereich und die **Materialkosten** im Fokus stehen. Auch wird man sich die realisierten Deckungsbeiträge und deren Entwicklung überaus genau ansehen, sind diese doch ein Indikator für einen möglichen Preisdruck.

Bei der Analyse der Kostenposition kommt allerdings der jeweiligen Entwicklung der **Produktivität** als dem entscheidenden Indikator ganz besondere Bedeutung zu. Nur mit einer sich jährlich verbessernden Produktivität wird man den jährlichen Margendruck und die ständigen Kostenverteuerungen kompensieren können. Neben kontinuierlichen Verbesserungsprozessen bei der Produktivität sollten auch kontinuierliche Lerneffekte bei der Herstellung der gleichen Produkte dazu führen, dass immer weniger Produktionsfaktoren zur Herstellung der gleichen Menge benötigt werden – Input zu Output. Dies entspricht der klassischen Definition von Produktivität.

In vielen Branchen, besonders in der Automobilzulieferindustrie, erwarten die Kunden eine Transparenz von jährlichen Produktivitätsfortschritten anhand einer Open-Book-Kalkulation. Wie soll dies möglich sein, wenn man keine geeigneten Kennzahlen zur Messung der Produktivität entwickelt hat? In der Praxis vieler Veränderungsprozesse konnten die Verantwortlichen selten auf eindeutige Kennzahlen zur Messung der Produktivitätsentwicklung verweisen. Eine klar definierte **Messgröße** für die Produktivität ließ sich in den meisten Projekten nicht erkennen. Dabei hatte das Management selten einen klaren Überblick über die eigene Kostenposition – noch weniger im Wettbewerbsvergleich.

In vielen produzierenden Industrieunternehmen, insbesondere in der Elektro- und Automobilzulieferindustrie, wird das Geld hauptsächlich in der Produktion verdient. Gerade dort sollte man deshalb klare Erkenntnisse über die jeweilige **Produktivitätsentwicklung** haben. Wie viele Fertigungsminuten habe ich für ein bestimmtes Produkt gebraucht? Wie hoch war mein stündlicher Output in Kilogramm oder Mengen bzw. Einheiten? Mit wie vielen Mitarbeitern habe ich wie viele Mengen in den Vorjahren zur vergleichbaren Gegenwartsperiode realisiert?

Ein erster grober Indikator für die Produktivität kann beispielsweise die jeweilige **Wertschöpfung pro Mitarbeiter** sein. Diese errechnet sich leicht über den um den Materialeinsatz reduzierten Umsatz, den man durch die Anzahl der Mitarbeiter dividiert.

Die Ergebnisse der Entwicklung der Wertschöpfung pro Mitarbeiter über die letzten Jahre haben zu teilweise großen Überraschungen beim Management geführt. Bei einem Unternehmen der Halbzeugfertigung stellte sich beispielsweise heraus, dass man für die Produktion der gleichen Mengen über die Jahre immer mehr Mitarbeiter einsetzte. Dies warf unmittelbar die Frage nach der Professionalität der Planung sowie nach der Effizienz und Struktur der gesamten Prozesse auf.

Aufgabe des Transformation-Managements ist es, falls keine geeigneten Kennzahlen zur Messung der Produktivität vorliegen sollten, diese gemeinsam mit den verantwortlichen Mitarbeitern herzuleiten. Kennzahlen wie das **OEE (Overall Equipment Effectiveness),** das die jeweilige Anlageneffizienz misst, liegen ganz selten vor. Hier lassen sich klare Aussagen über die Anlagenverfügbarkeit, den geplanten und erreichten Output – Ist-Menge zur Soll-Menge – sowie zur Qualität machen. Der Transformation-Manager kann dabei immer wieder feststellen, dass vor allem die effektive Zeit, in der wirklich produziert wird, das eigentliche Problem ist. Diese Tatsache wird selten realisiert. Kleinmengen, die ständig zum Umrüsten zwingen, oder Maschinenausfälle aufgrund fehlender Wartung verhindern die tatsächliche Produktion.

Die Wertschöpfung pro Mitarbeiter ist in vielen Branchen bei stark schwankenden Materialquoten, besonders bei börsennotierten Einsatzfaktoren, nur ein Näherungswert, der nur bedingt Aussagen zur Produktivitätsentwicklung und Kostenposition allgemein zulässt. Kennzahlen zur Messung der **Operational Excellence** sind ebenfalls von entscheidender Bedeutung.

Aus Kunden- und Marktsicht ist unter Operational Excellence in erster Linie eine hohe messbare Liefertreue sowie eine möglichst hohe Anzahl Nullfehlerlieferungen – Qualität – zu verstehen. Beides sind Indikatoren, die maßgeblich Leistungsfähigkeit und Kundenzufriedenheit bestimmen. Mangelnde Liefertreue und schlechte Qualität, somit also unzufriedene Kunden, sind oft klare Indikatoren für wenig funktionierende und ineffiziente Unternehmensprozesse. Sie sind damit Ursache von Unternehmenskrisen.

Bei der Unternehmensanalyse muss das Business Transformation-Management klare Rückschlüsse zur Operational Excellence machen können, was auch die erwähnte Produktivität des Unternehmens betrifft. Nur auf Basis dieser Analyse sind eindeutige Maßnahmen abzuleiten.

In einem Projekt in der Lebensmittelindustrie fehlten sowohl für die Messung der Liefertreue als auch für die Qualitätsmessung klar definierte Kennzahlen. Es existierte lediglich ein gewisses Bauchgefühl zur jeweiligen Qualitäts- und Logistikleistung. Zumindest war bekannt, dass bereits unzufriedene Kunden aufgrund mangelnder Leistungen nicht mehr bestellt hatten.

Für das Business Transformation-Management war es eine wesentliche Aufgabe, Kennzahlen zur Messung der Operational Excellence herzuleiten. In dazu definierten Projekten wurden mit den verantwortlichen Mitarbeitern Kennziffern erarbeitet, die nach Vorlage in das offizielle Berichtswesen mit monatlichem Controlling übernommen wurden. Sie waren die Voraussetzung, eindeutige Optimierungsmaßnahmen abzuleiten und umsetzen zu können. Das Bauchgefühl der Mitarbeiter über ein mangelndes Leistungsvermögen konnte durch neue Kennzahlen bestätigt werden.

Um die Leistungsfähigkeit eines Vertriebs zu beurteilen, sind vor allem **Umsätze** und **Deckungsbeiträge** entscheidend. Mit wie vielen Kunden habe ich welchen Umsatz gemacht – welche Kunden hat man mit welchem Umsatz verloren und wie sieht der Neuumsatz mit der Neukundenentwicklung aus? Dazu liegen in der Regel meist entsprechende Kennzahlen vor.

In einigen Praxisfällen hat das Business Transformation-Management gemeinsam mit den jeweiligen Vertriebsleitungen eine **ABC-Kundenanalyse** als spezifische Kennzahlen, soweit diese nicht vorlagen, definiert. Dabei entstand eine komplett neue Transparenz über das Kundenportfolio. A-Kunden sowie Kernkunden wurden unmittelbar in ihrer Bedeutung für das Unternehmen wesentlich stärker erkannt. Ursprüngliche Privilegien für C-Kunden, die oft Zusatzkosten verursachten, konnten relativ schnell relativiert werden.

Wesentlicher Faktor für die **Leistungsfähigkeit** eines Vertriebs, worauf in vielen Unternehmen nur wenig geachtet wird, sind allerdings Messgrößen wie die jeweilige **Besuchsfrequenz** und die Anzahl von **Kundenkontakten** pro Monat. Wie will man eine Marktpenetration in engen Märkten realisieren, wenn die Vertriebsmitarbeiter nur selten zum Kunden gehen? Im Business-to-Business (B2B) sollte man von einem guten Vertriebsmitarbeiter erwarten können, dass er am Tag mindestens zwei Kunden besucht. Trotz Informationszeitalter und neuer Bestellmöglichkeiten wird auch in Zukunft im Vertrieb dem persönlichen Kundenkontakt große Bedeutung zukommen. Bei Preisgleichheit und vergleichbarer Produktqualität kommt dem Faktor der persönlichen Betreuung, nennen wir dies die soziale Komponente, oft die entscheidende Bedeutung zu.

In einem Mandat in der Metallhalbzeugindustrie beispielsweise fehlte als ebenfalls entscheidende Kennzahl zur Messung der Vertriebsleistung die Anzahl der Neukunden pro Vertriebsmitarbeiter im Jahr oder generell der zu messende Umsatz mit Neukunden. Eine Messung der verlorenen Kunden wird noch weniger realisiert. Wiederkäufer und Neukunden sind entscheidende Kennzahlen im Vertrieb, die maßgebend für Umsatzverluste oder Umsatzzuwächse sind. Dafür sollten Kennzahlen und Ziele vorliegen, die mit den Mitarbeitern im Vertrieb vereinbart werden.

Das Business Transformation-Management beschränkt sich nicht nur auf Vertrieb und Produktion. Auch für die Verwaltung – Finanzen, Controlling, Personalwesen – sowie für Logistik, Qualität und besonderes für die Entwicklung sollten Kennzahlen zur Messung der Leistungsfähigkeit vorliegen und Zielgrößen definiert werden.

In allen Bereichen gibt es verschiedene Arten von **Verschwendung,** die nicht immer unmittelbar gemessen werden, sei es Ausschuss, Nacharbeit und Wartezeiten auf fehlende Teile in der Produktion oder Mindermengenzuschläge in der Beschaffung, die zu zahlen sind, wenn man zu wenig oder zu spät bestellt. Hier liegen unmittelbare Ansatzpunkte für das Veränderungsmanagement vor. Verschwendungen entlang der Wertschöpfungskette müssen identifiziert und gelöst werden.

Was spricht in der **Verwaltung** dagegen, deren Leistungsfähigkeit anhand der Arbeitstage zu messen, wie lange braucht man, um einen Monatsabschluss vorzulegen? In der Entwicklung könnte man als Messgröße den jährlichen Umsatz aus **neu entwickelten Produkten** heranziehen. In der Qualität kann als Messgröße beispielsweise der Prozentsatz der **berechtigten Reklamationen** zur monatlichen Verkaufsmenge als monatliche Qualitätsmessgröße verwendet werden. Die Messung des Working Capitals, besonders des Lagers von Fertig- und Halbfertigwaren, sollte möglichst über die Kennzahl des **Lagerumschlags** erfolgen.

Ein Unternehmen muss über Kennzahlen geführt werden. Die Aufgabe des Business Transformation-Managements ist es, vorliegende Daten zu analysieren und erste Maßnahmen daraus abzuleiten. Sollte keine ausreichende Datenbasis vorhanden sein, werden die Verantwortlichen des Veränderungsprozesses Kennzahlen gemeinsam entwickeln. Für jede dieser Kennzahlen werden Zielgrößen ermittelt, wobei man dabei zwischen kurzfristigen Zielen – meist über das Budget abgedeckt – und mittelfristigen Zielen über den Zeithorizont von zwei bis drei Jahren sprechen kann.

Wichtig: Hinter jeder Kennzahl steht eine klare Verantwortung – also Führungskräfte und Mitarbeiter, die an dieser gemessen werden müssen.

Ist-Zahlen und **Zieldaten** können in einem **Data Cockpit** zusammengefasst dargestellt werden. Mit diesem **Managementtool** hat man die größte Transparenz über die jeweilige Leistungsfähigkeit des Unternehmens. Monatlich werden diese Kennzahlen mit allen Managern, die für ihre Kennzahlen verantwortlich sind, durchgesprochen und jeweilige **Maßnahmen** unmittelbar vereinbart und kontrolliert. Ein klassisches Data Cockpit enthält nicht nur Kerngrößen wie Umsatz, EBIT, ROCE[12] oder das Working Capital, vielmehr werden auch Produktivitätskennzahlen, Kundenzufriedenheitskennzahlen oder Qualitätskennzahlen dargestellt.

Nur mit entscheidungsrelevanten KPIs lässt sich ein solcher Prozess erfolgreich gestalten.

---

12 ROCE = Return on Capital Employed ist eine betriebswirtschaftliche Kennzahl, die misst, wie effizient und mit welchem Ergebnis das Unternehmen mit seinem gebundenen Kapital umgeht.

Abbildung 16: Business Data Cockpit – Checkliste

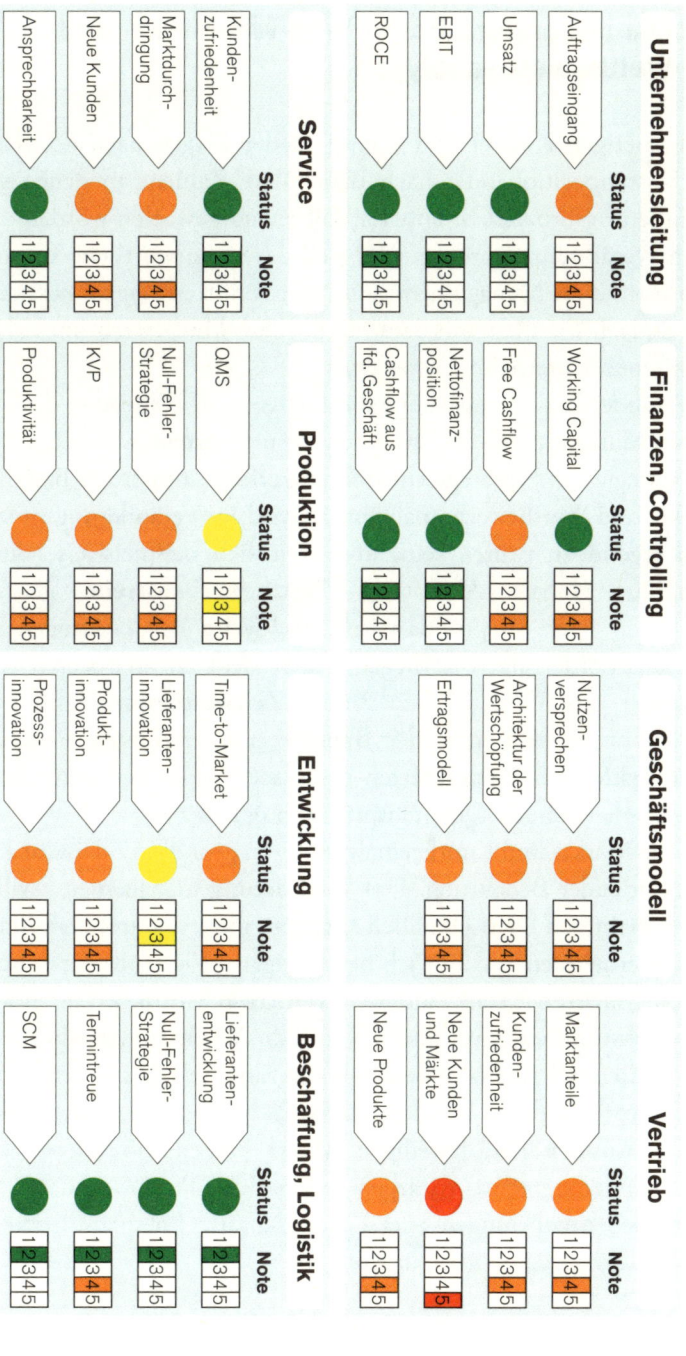

Schulnoten: 1 = sehr gut; 2 = gut; 3 = befriedigend; 4 = ausreichend; 5 = mangelhaft

4.3 Die besondere Bedeutung von Markt- und Wettbewerbsanalysen

Im vorherigen Kapitel sind immer wieder Fragen nach der relativen Kostenposition oder nach Benchmark-Zahlen, an denen sich Veränderungsprozesse orientieren sollten, aufgeworfen worden.

Im Veränderungsprozess wird sich das verantwortliche Business Transformation-Management mit weiteren Kernfragen beschäftigen, die sich vor allem mit dem Markt- und Wettbewerbsumfeld des betroffenen Unternehmens befassen.

Veränderungsprozesse ohne die Analyse und Definition des relevanten Marktumfelds sind zum Scheitern verurteilt.

Strategie- und Strategieentwicklung erfolgt immer auf Basis von Markt- und Wettbewerbsanalysen. Es wird im Veränderungsprozess grundlegend zu prüfen sein, inwieweit sich beispielsweise durch verstärkte globale Aktivitäten **Wettbewerbsvorteile** generieren lassen oder ob grundsätzliche weltweite Angleichungen der Kundenanforderungen vorliegen. Auch wird zu analysieren sein, inwieweit das Unternehmen einem **Zeitwettbewerb** unterworfen ist, ob es sich in seiner Branche mit verkürzten **Produktlebenszyklen** auseinandersetzen muss oder in der Fertigung durch Prozessbeherrschung Quantensprünge möglich sind.

Eine Markt- und Kundenanalyse ist von grundlegender und ganz entscheidender Bedeutung. Das Veränderungsmanagement, will es an den richtigen Drehschrauben ansetzen, muss sich mit dem Markt des Unternehmens ausführlich beschäftigen. Wie groß ist der **bearbeitete Markt,** wie stark ist dessen **Marktwachstum,** wodurch wird das Wachstum bestimmt und was sind die **Wachstumstreiber?**

Märkte sind nichts anderes als die Summe der im definierten Markt vorhandenen Kunden. Deshalb sollte analysiert werden, welche Kunden den jeweiligen Markt prägen, ob unterscheidbare Kundensegmente vorliegen und welche Produkte, dabei vor allem Neuentwicklungen oder Lösungsansätze für quantifizierbare Kundensegmente, definierbar sind.

Bei der Kundenanalyse wird die Frage wichtig sein – vor allem unter strategischen Aspekten –, welche **kaufentscheidenden Faktoren** vorliegen, die dazu führen, dass sich der Kunde für das Produkt des Unternehmens oder für das Wettbewerbsprodukt entscheidet. In diesem Zusammenhang ist es ebenfalls wichtig zu wissen, wer die eigentliche Kaufentscheidung beim Kunden trifft.

Markt- und Wettbewerbsanalysen sind allerdings recht wertlos, wenn keine Transparenz und Informationen über den jeweiligen Wettbewerb im Unternehmen vorliegen. In diesem Zusammenhang geht es vor allem um Kernfragen nach dem **Hauptwettbewerber.** Wer ist der erklärte Gegner des Unternehmens (wenn Wettbewerber als Gegner deklariert werden, schaffen sie ein gemeinsames Zusammengehörigkeitsgefühl)? Welche Strategien verfolgen dieser Hauptwettbewerber und andere Wettbewerber im bearbeiteten Markt? Ist er oder sind die anderen im Vergleich Kosten- und Preisführer? Mit welchen Wettbewerbsvorteilen muss sich das Unternehmen im Wettbewerbsumfeld auseinandersetzen? Welche Stärken und Schwächen hat das Unternehmen im Wettbewerbsvergleich?

4.3.1 Marktanalyse

Eine Marktanalyse ist nichts anderes als die Analyse der dem jeweiligen Unternehmen zur Verfügung stehenden Marktdaten. Gerade im Veränderungsprozess müssen immer mehr Entscheidungen im Hinblick auf sich verändernde Märkte bei größerer Internationalisierung der Wettbewerbslandschaft getroffen werden. Reaktionen auf **Wettbewerberverhalten** sollten unmittelbar erfolgen, dazu benötigt man allerdings entsprechende Markt- und Wettbewerbsinformationen.

Strategische Positionierungen, insbesondere Produktneuentwicklungen, lassen sich nicht ohne entscheidungsrelevante Marktdaten realisieren. Aus Strategien und angestrebten Marktpositionen werden letztlich Ziele und konkrete Maßnahmen abgeleitet.

Häufig trifft man in Projekten auf Produktneuentwicklungen, hinter denen keine profitablen Marktsegmente stehen oder die bereits durch Wettbewerbsprodukte völlig besetzt sind. Signifikante Marktinformationen im Vorfeld hätten Fehlentscheidungen verhindern können. Marktdaten sind nicht nur Zahlen, sondern ebenfalls eine Vielzahl von qualitativen Informationen zum strategischen Hintergrund. Bei den quantitativen Marktdaten geht es in erster Linie um die Ermittlung einer **Marktgröße.**

Als Messgröße wird dabei oft auf eine Geldgröße verwiesen. Der jeweilige Markt entspricht beispielsweise einem Volumen von 1 Mrd. Euro. Bei dieser Sichtweise werden allerdings Preisentwicklungen nicht berücksichtigt. Marktdaten in Form von realen Einheiten wie Tonnen oder Produkteinheiten sind wesentlich aussagekräftiger. Ein erforderliches Verständnis über den eigenen Markt ergibt sich allerdings zunächst durch qualitative Marktinformationen.

Immer wieder müssen Fragen beantwortet werden, nicht nur wie groß der jeweilige Markt ist, sondern auch durch welche Produktmärkte und Produktlebenszyklen er definiert ist und von welchen **Spielregeln** der jeweilige Markt bestimmt wird. Diese **Branchenspielregeln** können von Branche zu Branche unterschiedlich ausfallen. Informationen und Erkenntnisse über diese Spielregeln sind entscheidende Voraussetzungen für den Strategieentwicklungsprozess – einer der wesentlichen Ansätze eines jeden Veränderungsprozesses. Ohne dieses Wissen sind nicht nur Unternehmensentscheidungen kritisch zu beurteilen, sondern mögliche Unternehmensstrategien ohne Marktdaten sind als Basis- und Ausgangspunkt absolut irrelevant und nicht glaubhaft.

Zu den Branchenspielregeln gehört beispielsweise die **Wettbewerbsintensität.** Wird der Markt von vielen Marktteilnehmern bearbeitet und beherrscht oder wird er durch ein Oligopol, also durch zwei große Wettbewerber, dominiert?

Die Wettbewerbsintensität wird auch bestimmt durch mögliche **Konzentrationsprozesse, Überkapazitäten** oder **Austrittsbarrieren** im jeweiligen Marktumfeld. Sind im Markt **Economies-of-Scale-Effekte** realisierbar? Ist der Markt durch eine hohe **Kapitalintensität,** durch hohe **Fixkostenanteile** definiert oder ist der Markt durch andere Märkte mit möglichen **Ersatzprodukten** bedroht? Wie hoch ist die **Substitutionsneigung** der Kunden, wenn ihre eventuellen Umstellungskosten relativ gering sind? Auf diese Fragen liegen nur selten konkrete Antworten des Managements bei Veränderungsprozessen vor. Das Business Transformation-Management muss sich diese grundlegenden Informationen insbesondere für den Strategiefindungsprozess beschaffen.

Die Spielregeln des jeweiligen Markts werden in erster Linie durch die **Kundenmacht** bestimmt: Wie viele mögliche Kunden gibt es im bearbeiteten Markt; wie groß ist deren Einkaufsvolumen und die dadurch begründete Kundenmacht; wie wichtig sind einzelne Kunden für Umsatz- und Ergebnisziele des Unternehmens; warum kaufen diese Kunden bestimmte Produkte des Unternehmens?

Gibt es neue **Vertriebskanäle,** neue Logistik- und Serviceanforderungen, entwickeln sich neue Käuferschichten und haben wir es immer mehr mit differenzierten Kundenwünschen zu tun? Dazu müssen Informationen auch in Form permanenter Marktbeobachtungen vorliegen oder ermittelt werden. Gerade der Kundenwunsch, sich immer mehr zu differenzieren, ist in nahezu allen Branchenmärkten erkennbar und stellt Produktionen und Fertigungen vor ständig neue Herausforderungen.

In diesem Zusammenhang ist die Kenntnis über den Informationsstand der Kunden wichtig. Im heutigen Informationszeitalter sind immer mehr Vertriebsmitarbeiter überrascht, wenn ihnen Kunden bei Verhandlungen mögliche Benchmark-Daten der Branche präsentieren und genaue sowie fundierte Preisvorstellungen für das angebotene Produkt haben. Besonders in den Halbzeugmärkten ist über tagesaktuelle Metallnotierungen an den Börsen und deren Transparenz eine völlig neue Dynamik im Verhältnis zwischen Kunden und Lieferanten entstanden.

Wie **preisempfindlich** ist der Markt, welche Produktunterschiede liegen vor oder wie hoch sind die jeweiligen Umstellungskosten der Kunden? Können die Kunden auf Ersatzprodukte zurückgreifen?

Antworten und Informationen dazu beeinflussen nicht nur jeweilige Unternehmensstrategien, sondern bestimmen auch tägliche Unternehmensentscheidungen, insbesondere bei Preisverhandlungen. Es sollte im Interesse jedes erfolgreichen Vertriebsmitarbeiters sein, sich mit diesen fundamentalen Marktdaten auseinanderzusetzen.

In vielen preissensiblen Märkten, wie beispielsweise im Aluminium-Halbzeug-Markt, können Preiserhöhungen im Cent-Bereich pro Kilo entscheidend über positive Deckungsbeiträge sein. Jede grundsätzliche Marktinformation ist deshalb von Bedeutung.

Marktdaten sind nicht nur auf den Kunden- und Produktmarkt beschränkt. Bei der Marktanalyse sollte deshalb der Analyse der Daten des **Beschaffungsmarkts** Priorität eingeräumt werden. Dieser Markt hat für jedes Unternehmen eine besondere Bedeutung.

Bei unterschiedlichen Projekten, besonders im Bereich der metallischen Halbzeuge, konnten Materialquoten mit über 80 % festgestellt werden. Bei der Höhe solcher Materialquoten muss im Veränderungsprozess ein wichtiger und erster Ansatz die Analyse des Beschaffungsmarktes und dessen Teilnehmer sein.

Oft analysiert und befasst sich das Unternehmen lediglich mit dem Hauptverursacher der Materialquote. Bei einem Projekt der Lebensmittelindustrie war die Kartoffel der größte Einsatzfaktor. Die Konzentration lag deshalb auf dem Beschaffungsmarkt der Kartoffel. Im Veränderungsprozess wurde allerdings festgestellt, dass dieser Einsatzfaktor lediglich mit etwas über 40 % für die Materialquote verantwortlich war. Der fehlende Anteil von etwa 60 %, definiert durch Handelsprodukte, Zutaten oder Verpackungsmaterialen, wurde über andere Beschaffungsmärkte zugekauft. In der Konsequenz hieß das, Beschaffungsmarktdaten dieser anderen Einsatzfaktoren zu erheben, um sich entsprechend auf Einsparpotenziale fokussieren zu können.

Im **Beschaffungsbereich** sollte das Unternehmen wissen, wie bedeutend das jeweilige Auftragsvolumen des Unternehmens für den Lieferanten ist. Auch sollten Informationen über mögliche **Lieferantenkonzentrationen,** über die **Kostentreiber bei den Lieferanten** und über mögliche **Umstellungskosten** der Lieferanten vorliegen. Welches sind die Determinanten, die das Preisverhalten der Lieferanten bestimmen? Grundsätzlich geht es bei der Analyse der aktuellen Beschaffungsmärkte um eine globale

Markt- und Preistransparenz, um erforderliche Marktdaten, die Veränderungsprozesse nachhaltig prägen. Das Informationszeitalter hat in nahezu allen Branchen zu einer veränderten Einkaufspolitik geführt. Neben einem konstanten Preisdruck lastet auf den Unternehmen zusätzlich ein hoher Effizienzdruck.

Aufgrund einer hohen Wettbewerbsintensität, Indikator ist vor allem der Preisdruck, rücken die Materialquote und die dahinterstehenden Beschaffungsmärkte immer mehr in den Fokus von Managemententscheidungen und dem Veränderungsmanagement.

Natürlich wird sich das Business Transformation-Management im Rahmen eines Veränderungsprozesses mit allen relevanten Beschaffungsmärkten beschäftigen, die unmittelbaren Einfluss auf die Wertschöpfungskette des Unternehmens haben.

Im Veränderungsprozess kommt dem Thema **Personal** und insbesondere der **Personalbeschaffung** immer wieder eine essenzielle Bedeutung zu. Neben der Strategie hat das Business Transformation-Management damit einen weiteren Schwerpunkt. Dieser heißt im übertragenen Sinne Unternehmensstruktur, also Schnittstellenmanagement. Für jeden Unternehmenswert stellt das jeweilige Topmanagement einen wichtigen Bestandteil dar. Im Veränderungsprozess muss sich dieses Management kritischen Anforderungen unterziehen, insbesondere der Frage, ob der Veränderungsprozess gefördert oder ob ihm eher kritisch und passiv gegenübergestanden wird.

Bei der Entwicklung von Managementteams, die für wesentliche Bestandteile der Unternehmenswerte durch den Veränderungsprozess verantwortlich sind, muss auch der Markt für Führungskräfte mit geeigneten Managementprofilen analysiert und bearbeitet werden. Aufgabe des Prozesses ist es auch, neue Managementteams, wenn erforderlich, zusammenzustellen.

SCHLÜSSELBOTSCHAFT:
Ein tiefgreifendes Marktverständnis, jedoch nicht nur von Kundenmärkten, ist die Basis für das Business Transformation-Management, um eine neue, Werte schaffende Geschäftspolitik zu etablieren.

Für die Kundenmärkte sind folgende Größen mit jeweiligen Definitionen von Bedeutung: Gesamtmärkte, Marktsegmente, Marktwachstum, Preisentwicklung, regionale Märkte, Vertriebswege.

Die notwenigen **Informationsquellen** sind unterschiedlich und können je nach Unternehmensgröße und Organisationsgrad entscheidend genutzt werden. An erster Stelle soll das Internet genannt werden. Jeder Mitarbeiter im mittleren Management ist heute in der Lage, mithilfe des **Internets** eigene Analysen zur Generierung von Marktdaten zu erstellen. Meist wird dabei unbewusst eine Art Analogieverfahren umgesetzt. Marktinformationen ergeben sich bereits, wenn Websites der jeweiligen Wettbewerber analysiert und Vergleiche mit eigenen Daten unmittelbar umgesetzt werden.

Große Unternehmen, vor allem Konzerne haben **Stabsabteilungen,** die sich mit strategischer Planung und einer dafür notwendigen Marktbeobachtung beschäftigen und dem Management jederzeit tagesaktuelle Markt- und Wettbewerbsdaten zur Verfügung stellen. In der Regel sind diese Abteilungen auch mit Mitarbeitern besetzt, die die ermittelten Daten entsprechend strukturieren und interpretieren können.

In vielen mittelständischen und kleinen Unternehmen gibt es immer mehr **Marketingabteilungen** oder zumindest Mitarbeiter, die sich mit Stabsaufgaben für den Vertrieb beschäftigen. Solche „Quasi-Marketingabteilungen" werden überwiegend zur Verkaufsförderung genutzt, obwohl das „Marketing sich um Werbung, Prospekte oder Messen kümmern soll". Strategische Aspekte, im Sinne der Bereitstellung von strukturierten Marktinformationen, stehen hierbei nicht im Fokus. Dazu fehlt in der Regel jedes Verständnis.

Bei einem Projekt in der Industrie für metallisches Halbzeug wurde die bestehende Marketingabteilung komplett umorganisiert. Einer der drei Mitarbeiter wurde mit Aufgaben eines strategischen Marketings beauftragt, während die anderen weiterhin Verkaufsförderungsmaßnahmen umsetzten. Kernaufgabe des strategischen Marketings war es, einen monatlichen Marketingbericht zu erstellen, der alle Neuigkeiten aus der Presse und den sonstigen Veröffentlichungen über die Hauptwettbewerber enthielt, Konjunkturkennziffern der belieferten Märkte und Branchen darstellte sowie unter anderem Produktions- und Exportzahlen der offiziellen Meldestatistiken der eigenen Branche aufwies. Mit diesen Informationen hatte das Management permanent einen Überblick über die eigene Leistungsfähigkeit im Hinblick auf spezifische Zielbranchen sowie im Hinblick auf die eigene Produktions- und Absatzleistung im Vergleich zum Wettbewerb. Es konnte beispielsweise hinterfragt werden, warum die eigenen Lieferanteile in einer mit guten Konjunkturkennziffern laufenden Elektroindustrie eher abnahmen oder in stagnierenden Branchen, wie der Zielbranche der Bauindustrie, sich eher besser entwickelten.

In diesem Praxisbeispiel wurden bereits weitere Quellen für mögliche Marktdaten genannt. Über **Wirtschaftsverbände,** wie etwa dem ZVEI in der Elektroindustrie, bekommt man relativ gute Branchenkennziffern. Auch über Marktforschungsinstitute lassen sich verlässliche Daten organisieren. Über amtliche Stellen, wie dem Statistischen Bundesamt, sind die jeweiligen Produktionskennzahlen zu Inlandsproduktionen oder dem Export für produzierende Unternehmen zu erhalten.

Letztlich bleiben der eigene Vertrieb und der Key-Account-Manager die wichtigste Informationsquelle. Auch hier gibt es in der Ausrichtung und Qualifikation unterschiedliche Schwerpunkte bei den betroffenen Vertriebsmitarbeitern. In Konzernen sind die Mitarbeiter häufig besser geschult. In ihrem täglichen Geschäft, besonders bei Kundenbesuchen, sind sie erfahrungsgemäß eher in der Lage, marktspezifische und strategische Daten über ein „Kundenfeedback- und Dialogprogramm" abzufragen. Für das

Veränderungsmanagement besteht eine entscheidende Aufgabe darin, den Vertrieb nicht nur operativ, sondern auch strategisch richtig zu briefen. Dazu gehört beispielsweise, beim Kunden und im Markt die richtigen Fragen zu stellen.

4.3.2 Marktabgrenzung

Kernaufgabe des Business Transformation-Managements ist es, eine Unternehmensstrategie zu entwickeln, die den jeweiligen Unternehmenswert signifikant und nachhaltig erhöht sowie eine langfristig profitable Ausrichtung des jeweiligen Unternehmens im Markt sicherstellt.

Zur strategischen Ausrichtung sind Marktdaten erforderlich, wie oben bereits dargestellt wurde. In der Regel können allerdings Märkte viel enger und klarer definiert und abgegrenzt werden bzw. sie bieten bereits durch diese Definitionen, wenn sie angewendet werden, zusätzliche strategische Optionen.

Im Wesentlichen soll deshalb in diesem Zusammenhang von **bedienten und zugänglichen Märkten** gesprochen werden. Als Beispiel kann der Elektromarkt dienen. Der nominal in Geldwert – in Euro auf Kundenpreisniveau aus Herstellersicht – definierte Elektromarkt setzt sich aus Elektrotechnik- und Elektronikprodukten gemäß ZVEI-Definition zusammen. Dieser Markt ist ein sogenannter zugänglicher Markt, wenn man vom Gesamtelektromarkt den nicht zugänglichen Elektromarkt abzieht. Nicht zugängliche Märkte liegen vor, wenn beispielsweise Vertriebsrechte fehlen, ein Staatsmonopol besteht oder eine absolute Eigenversorgung durch überwiegend lokale Fertigungen in einem Ländermarkt vorliegt. In diesem Zusammenhang kann man auch, aus jeweiliger Unternehmenssicht, von geschlossenen Märkten sprechen.

Beim zugänglichen Markt kann aus Unternehmenssicht dann unterschieden werden zwischen bearbeitetem, bedientem sowie nicht bearbeitetem, nicht bedientem Elektromarkt. Der nicht bearbeitete Elektromarkt wäre für das Unternehmen zwar zugänglich, er ist jedoch nicht bearbeitet, weil beispielsweise geeignete Produkte aus Normgründen fehlen, eine Marktbearbeitung aus wirtschaftlichen Gründen keinen Sinn ergibt oder der Wettbewerb aktuell keine Vermarktungschancen bietet. Der bearbeitete und bediente Elektromarkt ist derjenige Markt, für den das Unternehmen Produkte verfügbar hat und mit diesen Produkten aktiv ist.

Für das Veränderungsmanagement stellt sich immer die Frage, wie es mit der Thematik nicht bedienter, nicht bearbeiteter Märkte umgehen muss. Gemäß einer zu entwickelnden Strategie und entsprechender Entscheidungen wäre ein nicht bedienter Markt zu einem bedienten Markt zu machen, wenn:

- fehlende Produkte für die Marktbearbeitung entwickelt und hergestellt werden;
- für vorhandene Produkte notwendige Normen realisiert werden können und
- ein fehlender Marktzugang – fehlende Vertriebswege beispielsweise oder Dominanz durch lokale, nationale Fertigungen – durch entsprechende Maßnahmen erreicht werden kann.

Das Veränderungsmanagement interessiert sich vor allem für Letzteres. Insbesondere bei der erforderlichen Strategieentwicklung im Business Transformation-Prozess müssen Fragen nach dem Aufbau **eigener Vertriebswege** oder **Möglichkeiten einer Akquisition** beantwortet werden, wenn dies aus strategischer und wirtschaftlicher Sicht sinnvoll ist.

In der Vergangenheit war aus Sicht vieler deutscher Elektrounternehmen eine Akquisition in Großbritannien aufgrund fehlender britischer Normierungen oder geeigneter Produkte, die britischer Technik entsprachen, oft die einzige Möglichkeit, diesen nicht bedienten Markt zu einem bedienten Markt zu machen. Viele Marktanalysen stellten große Marktpotenziale dabei im Vorfeld in Aussicht, die mögliche Akquisitionen als profitabel erscheinen ließen.

In diesem Zusammenhang ist es sinnvoll, näher auf die zwei Begriffe **Marktvolumen** und **Marktpotenzial** einzugehen. Im klassischen Sinne spricht man von Marktvolumen als Summe aller Absatzmengen für ein relevantes Produkt. Während das

Marktpotenzial definiert wird als Marktvolumen zusätzlich aller nicht ausgeschöpften Marktvolumina. Alle nicht bedienten Märkte stellen beispielsweise aus Unternehmenssicht quantifizierbare Absatzmöglichkeiten, also Potenziale, dar. Deshalb kann man von Marktpotenzialen sprechen. Es sind die kompletten, maximalen Absatzmöglichkeiten für ein bestimmtes Produkt, wenn dazu keine Restriktionen wie Normierungen oder fehlende Technologien existieren.

Das Veränderungsmanagement muss bereits bei seiner Unternehmensanalyse diese Begriffe hinterfragen und eine Quantifizierung von Marktvolumen und Marktpotenzialen vornehmen. Für den Business Transformation-Prozess muss man wissen, wo neben Optimierungspotenzialen der Unternehmensprozesse ähnliche Potenziale bei den jeweiligen Märkten vorliegen. Das Ausschöpfen von Potenzialen ist ein grundsätzliches Ziel eines jeden Veränderungsprozesses.

4.3.3 Megatrends

Megatrends sind starke transformative und globale Kräfte, die sich weitreichend auf Unternehmen, Wirtschaft, Industrie, Gesellschaften und Einzelpersonen auswirken. In dieser Welt ist die ständig zunehmende Veränderungsbeschleunigung eine der wenigen Konstanten. Wir haben die folgenden sieben Megatrends identifiziert:

1. Die **Demografiedynamik** ist der globale Impulsgeber aufgrund der steigenden Anzahl älterer und urban lebender Menschen.
2. **Globalisierung und Zukunftsmärkte** bringen neue Herausforderungen für die Gesellschaft mit sich.
3. **Ressourcenknappheit** führt zu globalen Herausforderungen.
4. Durch den **Klimawandel** müssen erforderliche Innovationen als Chance genutzt werden.
5. **Technologiedynamik und Innovation** stehen im Mittelpunkt, da es keine Option mehr ist, vom Bestand zu leben. Im Fokus stehen hierbei Innovationskraft, Digitalisierung und die Life Sciences.

6. In einer **weltweiten Wissensgesellschaft** sind qualifizierte Ressourcen ein knappes Gut. Der Krieg um Talente und exzellente Führungskräfte wird intensiver.

7. Werden **Nachhaltigkeit und Verantwortung** gelebt, müssen Gesellschaftssysteme gemeinschaftlich agieren.

4.3.4 Marktfaktoren und aktuelle, maßgebliche Markttrends

In allen Veränderungsprojekten haben die jeweiligen Unternehmen weitgehend mit den gleichen Marktfaktoren und -trends zu kämpfen, worauf das Business Transformation-Management Antworten geben sollte: Grundsätzlich ist eine zunehmende **Branchenkonvergenz** zu beobachten. Dabei gibt es unterschiedliche Ausprägungen in den jeweiligen Strategien, Prozessen und Strukturen. Viele Branchen gleichen sich beispielsweise in einer zunehmenden Erwartung zur Kostentransparenz an. Die Automobilbranche fungierte hier lange als Pilotbranche. Immer mehr Kunden erwarten mittlerweile auch in anderen Industrien bei Preisabschlüssen eine Kalkulationsoffenlegung und ein Verständnis der Kostentreiber in den jeweiligen Unternehmen.

Konvergierende Lösungsmöglichkeiten sind oft im Redesign von Produkten in unterschiedlichen Branchen festzustellen. Produkte werden dabei oft vor allem in ihrem Gewicht reduziert, wobei die jeweilige Leistungsfähigkeit des Produktes bestehen bleibt. Allerdings können teure Materialien durch Redesign-Prozesse möglicherweise eingespart und das Produkt kann insgesamt billiger und somit wettbewerbsfähiger gestaltet werden. Weitere konvergierende Markttrends sind:

- **zunehmend volatile Rohstoffpreise:** Unternehmen betrachten diese oft als wenig beeinflussbar – Risikominderungen können durch ein stärkeres globales Sourcing und spezifische Einkaufsstrategien realisiert werden.

- **zunehmend dominierende Industriekunden** mit großer Kunden- und Marktmacht: Unternehmen können diese zum globalen Geschäftsausbau nutzen, Vernetzungsstrategien und Partnerschaftskonzepte können dabei profitabel umgesetzt werden; Diversifikationsstrategien helfen Abhängigkeiten zu reduzieren.

- **zunehmend hohe Wettbewerbsintensität:** Preis- und Margendruck bei Schlüsselprodukten, Überkapazitäten, Kostenposition im Fokus – Entwicklung und Ausbau von Wettbewerbsvorteilen, offensive Vermarktung von USPs (Unique Selling Proposition), permanente Optimierung der Kostenposition durch Produktivitätsfortschritte, Operational Excellence – Veränderungsmanagement, Kontinuierlicher Verbesserungsprozess.
- **zunehmende Variantenvielfalt:** Zunahme kundenspezifischer Produktkomplexität aufgrund stärkerer Produktindividualisierung – kleiner werdende Verpackungseinheiten – sinkendes durchschnittliches Chargengewicht – Einführung von modularen Produktionskonzepten, schlanke, flexible und reaktive Abläufe, Lean Management-Konzepte zur Beherrschung der Komplexität, Variantenmanagement – Fokus auf Planung und Controlling.
- **zunehmende Markteintrittsbarrieren:** größerer Fokus auf lokale Fertigungen, neue Marktpotenziale in Übersee – selektive Marktbearbeitungen, Entwicklung von dezidierten Marktstrategien, Schwerpunkte auf Fokusthemen setzen.
- **zunehmende Kundenerwartungen** an Leistungsfähigkeit der Unternehmen bei der Operational Excellence sowie von Serviceleistungen: Messbarkeit von Leistungsfähigkeit des Unternehmens sicherstellen, ständige Verbesserungsmaßnahmen zur Leistungssteigerung umsetzen – Ausbau und Neuentwicklung von Serviceleistungen, Mut zur Differenzierung entwickeln.

Beim Strategieentwicklungsprozess muss sich das Management mit den für das jeweilige Unternehmen geltenden Markttrends auseinandersetzen und notwendige Handlungsmaximen erarbeiten. In diesem Zusammenhang sind immer wieder Auf- und Ausbau eindeutiger Wettbewerbsvorteile die entscheidenden Lösungsansätze.

Das Veränderungsmanagement wird bei der **Strategieentwicklung und allen Prozessoptimierungen** im Unternehmen darauf hinarbeiten, dass es in allen Bereichen wettbewerbsfähig bleibt, dem Benchmark entspricht und diesen übertrifft.

Markttrends	Konsequenzen, Maßnahmen, Lösungen
• Volatile Rohstoffpreise, wenig beeinflussbar	• Risikominderung durch stärkeres Global Sourcing • spezifische Einkaufsstrategien
• Dominierende Industriekunden • große Kunden- und Marktmacht	• Nutzung von Industriekunden zum globalen Geschäftsausbau • Partnerschaftskonzepte
• Zunahme der Wettbewerbsintensität • hoher Preisdruck bei Schlüsselprodukten • Überkapazitäten • Kostenpositionen im Fokus	• Entwicklung und Ausbau von Wettbewerbsvorteilen • USPs offensiv vermarkten • permanente Optimierung der Kostenposition durch Produktivitätsfortschritte
• Zunehmende Variantenvielfalt • Zunahme kundenspezifischer Produktkomplexität • kleiner werdende Verpackungseinheiten • sinkendes durchschnittliches Chargengewicht	• Einführung von modularen Produktionskonzepten, schlanke und reaktive Abläufe • Lean Management, Beherrschung Komplexität • Variantenmanagement und -controlling
• Markteintrittsbarrieren in Märkten • lokale Marktbedingungen • Marktpotenziale Übersee	• Selektive Marktbearbeitungen • Entwicklung von Marktstrategien bei relevanten Potenzialen

4.3.5 Wettbewerberprofile

Als Kernaufgabe des Business Transformation-Managements wurde immer wieder auf den Strategieentwicklungsprozess verwiesen. In allen Praxisfällen der letzten Jahre wurde die Unternehmensstrategie in einem unternehmensrelevanten und entscheidenden Projekt erarbeitet.

Neben der **Marktanalyse** – bediente, zugängliche oder nicht bediente Märkte, Marktpotenziale und Marktvolumen – kam der eigentlichen Wettbewerbsanalyse als Basis und Voraussetzung für einen Strategieentwicklungsprozess unerlässliche Bedeutung zu. Eigene Strategien können nur erfolgreich sein, wenn man das **Wettbewerberverhalten** versteht und antizipieren kann, wie sich Wettbewerber zukünftig ausrichten werden.

In vielen Unternehmen gibt es sicherlich viel Wissen über den jeweiligen Wettbewerb oder die aktuelle Wettbewerbssituation. Dieses Wissen ist an unterschiedlichen Stellen im Unternehmen vorhanden, allerdings wenig strukturiert. Das meiste Wissen liegt, wenig verwunderlich, oft im Vertrieb vor. Auffallend ist immer wieder die Tatsache, dass Kenntnisse über den Wettbewerb veraltet sind und grundsätzliche Erkenntnisse, welche Strategien maßgebliche Wettbewerber verfolgen, oft weder verstanden noch klar formuliert werden können.

Mit Fragen, ob der jeweilige Hauptwettbewerber eher ein Kosten- und Preisführer ist oder eher die Strategie eines Differenzierers verfolgt, ist auch das Management in den jeweiligen Unternehmen meist überfordert. Für die eigentliche Aufgabe des Managements, die Entwicklung von Strategien, fehlt in vielen Fällen die Kompetenz und das Interesse.

Mit dem Aufbau von **Wettbewerberprofilen** könnten sowohl Informationen zum Wettbewerb strukturiert, aktualisiert und zum **Wettbewerbsvergleich** entwickelt als auch ein Verständnis über die Wettbewerbsstrategien und das aktuelle und künftige Verhalten der Wettbewerber abgeleitet werden.

Wettbewerberprofile sind nichts weiter als strukturierte Informationen. Dabei gilt es nicht nur den Hauptwettbewerber zu analysieren, sondern auch alle anderen ernst zu nehmenden Konkurrenten, selbst solche, die nur regional auftreten.

Folgende Informationen und Kennzahlen sollten bei keinem Wettbewerberprofil fehlen:

- **Name und Rechtsform** des jeweiligen Wettbewerbsunternehmens – Besitzform, Eigentumsverhältnisse wie Familienunternehmen oder Konzernunternehmen;
- **Umsatz im jeweiligen Geschäftsjahr** – Wareneinsatz im jeweiligen Geschäftsjahr;
- **Mitarbeiterzahl zum Stichtag,** falls vorliegend;
- **Aufzählung des Produktsortiments** – Kennzeichnung von Produktüberschneidungen mit dem eigenen Sortiment;
- **Standorte und Werke;**
- **Stärken- und Schwächenanalyse** des jeweiligen Wettbewerbs aus Unternehmenssicht, wie beispielsweise fehlende Produkte bei einem möglichen Vollsortiment;
- **Strategischer Fokus** des jeweiligen Wettbewerbers aufgrund eigener Einschätzungen wie beispielsweise: auffallend moderne Produktionstechnik mit großen Kapazitäten, Wettbewerber verfolgt also die Strategie einer Kostenführerschaft – oder: Wettbewerber bietet viele Sonderprodukte und Lösungen an und hat sich mit offensichtlich hoher Komplexität in seiner Fertigung auseinanderzusetzen, Wettbewerber verfolgt also offensichtlich den strategischen Ansatz eines Differenzierers, sowie
- **Kennzahlen,** wie beispielsweise: EBIT und Umsatzrendite = EBIT zum Umsatz, Materialquote oder Umsatz pro Mitarbeiter sowie Wertschöpfung pro Mitarbeiter.

Kein Wettbewerberprofil ist in der Praxis vollständig und hat alle relevanten Informationen aufgelistet. Entscheidend ist allerdings, dass zumindest einige strukturierte Daten ermittelt werden und vorliegen, damit Management und Entscheider im Unternehmen in die Lage versetzt werden, **Wettbewerberverhalten** zu verstehen und zu antizipieren. Dabei ist vor allem das Verständnis dafür wichtig, welchen wesentlichen Strategieansatz der jeweilige Wettbewerber verfolgt. Auch **Annahmen** können nützlich sein.

Wichtige Erkenntnisse ergeben sich im Prozess vor allem durch die Analyse weniger Kennzahlen im Wettbewerbsvergleich. Bereits der Vergleich der Kennzahl „Umsatz pro Mitarbeiter" mit jeweiligen

Wettbewerbern führt zu Erkenntnissen zu der jeweiligen eigenen Kostenposition oder einer möglichen höheren Komplexität in der Fertigung.

Bei einem Business Transformation-Prozess in der Lebensmittelindustrie wurde ein Wettbewerbsvergleich mit Wettbewerberprofilen erstellt. Diese Informationen wurden dann dem Führungskreis des Unternehmens vorgestellt. Nachdem ursprünglich unterschiedliche Auffassungen zur eigenen Strategie vorlagen, wurde dem Führungskreis schnell deutlich, dass auf Basis der präsentierten Wettbewerbsinformationen nur ein eigener, eindeutiger Strategieansatz eines Differenzierers Erfolg versprechend sein konnte.

Wettbewerberprofile sollten immer wieder aktualisiert und ergänzt werden. Für diese Aufgaben sollten klare Verantwortlichkeiten definiert werden. Neben einem strategischen Marketing bietet sich der Vertrieb an.

Auf mögliche **Quellen für Wettbewerberinformationen** wurde bereits an anderer Stelle beim Thema Marktanalyse eingegangen. In diesem Zusammenhang sprechen wir von den gleichen Quellen, wie Internet, Marktforschungsinstitute oder eigene Mitarbeiter, meist aus dem Vertrieb, die die richtigen Fragen stellen.

Viele Unternehmen, auch aus dem Mittelstand, veröffentlichen mittlerweile bereits wichtige Kennzahlen wie Umsätze oder ihre Mitarbeiteranzahl auf ihrer **Website.** Spezifische Daten aus Gewinn- und Verlustrechnungen sowie aus Bilanzen finden sich heute im **Bundesanzeiger.** Oft sind diese leider nicht immer aktuell, allerdings lassen sich dennoch aus den vorliegenden Daten Annahmen zum Wettbewerbsverhalten treffen.

Bei den **Banken** liegen Ratings eigener Kunden im Branchenvergleich vor, abgeleitet aus Gewinn- sowie Verlustrechnungen und weiteren Quellen. Hausbanken nehmen oft eigene **Benchmark-Analysen** vor, indem sie bestimmte Kennzahlen – beispielsweise Umsatzrendite eines Kundenunternehmens mit einem Branchendurchschnitt aller ihrer Kunden – errechnen.

Im Business Transformation-Prozess sollten die jeweiligen Hausbanken bereits bei Beginn in den Informationsermittlungsprozess integriert werden. Viele große Banken betreiben ständig fundierte Branchenanalysen mit entsprechenden Benchmark-Kennziffern. Auf Anfrage stellen sie diese Informationen gerne zur Verfügung.

In einem Projekt in der Lebensmittelindustrie lagen **Branchenkennzahlen** vor, wobei diese auf Basis einer geringen Anzahl von Branchenkunden durch die Bank ermittelt wurden. Dabei zeigte sich beispielsweise, dass der Anteil der Verbindlichkeiten des Unternehmens im Branchenvergleich beim Working Capital relativ gering ausfiel. Daraus wurde die Maßnahme abgeleitet, eine Veränderung der Zahlungsbedingungen bei Lieferanten vorzunehmen mit dem Ziel, die Verbindlichkeiten höher ausfallen zu lassen. Die Umsetzung führte relativ schnell zu einer Annäherung an die entsprechende Benchmark-Kennzahl.

Um permanent strukturierte und aktualisierte eigene **Wettbewerberdatenbanken** einzurichten, empfiehlt sich an erster Stelle ein **CRM-System.** Ein CRM ist immer dann sinnvoll, wenn es eine hohe Kundenzahl oder einen mehrstufigen Vertrieb mit unterschiedlichen Marktteilnehmern wie Industriekunden, Handel, Verarbeitern und Endkunden gibt – alle müssen betreut werden. Bei Projekt- und Anlagengeschäften können diese im CRM abgebildet und zeitnah gemanagt werden.

Es gibt noch eine Vielzahl weiterer Gründe für die Einführung eines CRM, insbesondere was die Messung der Leistungsfähigkeit eines Vertriebs angeht. In diesem Zusammenhang sollen nur wenige Kennzahlen wie Besuchsfrequenzen von Vertriebsmitarbeitern, Anzahl und Höhe von Anfrage oder Angeboten sowie die Dauer ihrer Bearbeitung genannt werden. Ein CRM bietet nicht nur die Möglichkeit einer strukturierten Wettbewerberdatenbank, sondern auch die Möglichkeit, ein strukturiertes Kundenprofil anzulegen und dieses kontinuierlich zu aktualisieren.

Neben bekannten Stammdaten und Kennzahlen wie den Umsätzen können in diesem Profil auch qualitative Daten wie Informationen zum Kundenverhalten, deren persönliche

Charakteristika und Entscheiderprofile hinterlegt und gepflegt werden.

4.3.6 Durchführungsgeschwindigkeit des Veränderungsprozesses: radikal versus inkremental

Geschwindigkeit ist nicht nur eine wesentliche Herausforderung, die allein auf den Veränderungsprozess beschränkt ist. Im Wettbewerb ist Geschwindigkeit ein **Wettbewerbsvorteil.**

Auch im täglichen Unternehmensprozess bestimmt die Geschwindigkeit Handlungs- und Entscheidungsprozesse. Grundsätzlich gilt immer noch die Aussage: Langsame Unternehmen werden von den schnelleren aufgefressen.

Wenn bei Produkteinführungen beispielsweise der Wettbewerber schneller ist, kann er die Markteinführung dazu nutzen, durch Abschöpfungspreise zusätzliche Margen- und Ergebnispotenziale zu generieren. Effizienz bzw. Geschwindigkeit bei bestimmten Abläufen heißt immer, dass weniger Aufwendungen nötig sind, mehr Standardisierung in den Prozessen eingeführt werden kann und gleichzeitig bei weniger Kosten mehr Flexibilität und Handlungsfähigkeit entstehen.

Entscheidungen und die Umsetzung von Maßnahmen werden durch schwerfällige Hierarchien und Unternehmensrichtlinien behindert und verzögert. Die Erfüllung von wachsenden Qualitätsnormen trägt nicht immer zu mehr Effizienz und Geschwindigkeit in den Prozessen bei. Bei vielen Unternehmen zeichnet sich zudem eher eine Tendenz ab, eine stärkere Bürokratie aufzubauen.

Konzerne mit einer starken Zentralisierung von Entscheidungen brauchen oft unzählige interne Abstimmrunden, bis es zu Entscheidungen kommt, die in einer Region oder im Ländermarkt vor Ort wesentlich schneller und effizienter getroffen werden könnten. Familienunternehmen sind oft nicht handlungsfähig, bevor der jeweilige Eigentümer eine Entscheidung getroffen und vorher seine mögliche Unsicherheit mit möglichst vielen Informationen gelöst hat. Märkte und Kunden erkennen jedoch schnell, ob sie es mit einer durch Geschwindigkeit und Flexibilität geprägten

Unternehmenskultur zu tun haben oder ob ein Unternehmen auch nach außen nur bedingt handlungsfähig ist.

Höchste Geschwindigkeiten in allen Prozessen bei der Umsetzung von Maßnahmen ist ein essenzieller Wettbewerbsvorteil. Mittlerweile findet man Geschwindigkeit und Flexibilität bereits in vielen Unternehmensleitvorstellungen. In der Unternehmens- und Umsetzungspraxis haben sich viele Ansätze entwickelt – beispielsweise **Lean Management** –, die strukturiert das Thema der höheren Geschwindigkeit mit Konzepten im Unternehmen implementieren. Auch das Business Transformation-Management nutzt diese Ansätze.

Die Geschwindigkeit in Veränderungsprozessen wird nicht nur von der jeweiligen Unternehmenskultur beeinflusst. Der Veränderungsprozess und dessen Geschwindigkeit selbst sind von der jeweiligen **Unternehmenssituation** abhängig. Grundsätzlich sollte ein Veränderungsprozess höchste Geschwindigkeit aufnehmen. In der Regel wird der Prozess durch eine Unternehmenskrise bedingt. Der jeweilige Grad der Unternehmenskrise begründet auch einen Veränderungsprozess und dessen Prioritäten bei der Maßnahmenfestlegung.

Liegt ein unmittelbarer **Liquiditätsengpass** vor, der zu einer schnellen Insolvenz führen kann, muss das Veränderungsmanagement mit höchster Geschwindigkeit Liquidität schaffende Maßnahmen umsetzen. Diese können beispielhaft das Verschieben von fälligen Ausgaben, das verstärkte Einfordern von Außenständen, der Abbau von Lagerbeständen oder der Verzicht auf geplante Investitionen sein.

Ein anderes Beispiel für eine schnelle und radikale Veränderung in einer kritischen Unternehmenssituation ist eine unmittelbare Veränderung auf der Führungsebene. Ein Business Transformation-Prozess kann nur funktionieren, wenn sich das gesamte Management dafür einsetzt. Ein Austausch von Führungspersonen, die nicht hinter dem Veränderungsprozess stehen, muss schnellstens umgesetzt werden, will man diesen nicht völlig gefährden.

Andererseits gibt es Maßnahmen in der Business Transformation, die nur langsam und **sukzessive** umgesetzt werden können. Viele Praxisfälle haben gezeigt, dass fehlende kompetente **Multiplikatoren** den Prozess grundsätzlich erschwerten. In einem Veränderungsprojekt in der Metallbranche waren nur wenige der ausgewählten Führungskräfte mit den Instrumenten eines Projektmanagements oder mit KVP vertraut. Die Mitarbeiter waren nie diesbezüglich geschult worden. Als erste Maßnahme wurde deshalb eine Schulung in Projektmanagement umgesetzt. Veränderungsprojekte waren deshalb nur langsam und zu Beginn wenig effizient. Nach der erfolgreichen Schulung waren unmittelbar eine höhere Umsetzungsgeschwindigkeit und größere Motivation bei allen Beteiligten festzustellen.

Behutsame und sukzessive Umsetzungen nehmen Mitarbeiter mit und holen sie entsprechend ab. Sie sollten nicht überfordert werden, was zu Demotivation führen kann. Auch ein Lean-Projekt in der Fertigungsabteilung während eines Business Transformation-Prozesses in der Lebensmittelindustrie konnte nur sukzessive umgesetzt werden. Bevor eine geplante Mehrmaschinenbedienung realisiert werden konnte, mussten alle Mitarbeiter zeitaufwendig an verschiedenen Maschinen geschult werden.

Grundsätzlich gibt es bei diesen Prozessen im Unternehmen keinen Endzeitpunkt. Dieser wird nur durch den Lebenszyklus des Unternehmens bestimmt. Die Wirksamkeit und der Erfolg von Veränderungsmanagement ist maßgeblich abhängig von schnellen Erfolgen.

Das Engagement für eine Business Transformation aller beteiligten Multiplikatoren und des Unternehmensmanagements wird es nur dauerhaft geben, wenn der Veränderungsprozess Erfolge vorweisen kann. Eine erfolgreiche Business Transformation vermittelt im Unternehmen umgehend den Eindruck von Bewegung und Veränderung, die bis auf die unterste Unternehmensebene meist positiv aufgenommen wird. Ein Veränderungsmanagement, das solche Gefühle, also einen Kulturwandel, nicht unmittelbar generieren kann, wird erfolglos bleiben. Nicht nur deshalb kommt es auf die Geschwindigkeit an: Sie kann radikal sein, sie hängt allerdings immer von der jeweiligen Unternehmenssituation ab.

4.3.7 Grad der Strategiebeeinflussung: strategisch versus operativ

Bei einem aktuellen Business Transformation-Projekt sagte unmittelbar zu Beginn eine der Führungskräfte: „Wir führen unser Unternehmen aus dem Bauch heraus." Diese Aussage war ehrlich und korrekt. **Strategische Unternehmensführung** war hier mehr oder weniger ein Fremdwort.

Es gab keine Strategie. Vision, Leitvorstellungen, Ziele und Businessplan mit konkreten Maßnahmen und Meilensteinen lagen nicht vor. Über die Wege, wie und wohin das Unternehmen zu führen und zu entwickeln sei, herrschten bei den Führungskräften unterschiedliche Auffassungen. Vielmehr ging ein Riss durch das Unternehmen, wobei die eine Partei als Vorgehen den Wettbewerb maßgeblich kopieren wollte und die andere eine gegensätzliche, mehr eigenständige Richtung priorisierte. Die Unternehmensführung selbst vertrat sogar die Meinung, dass die Definition einer offiziellen Unternehmensstrategie nicht notwendig sei. Eine eigene originäre Managementaufgabe, eine Strategie zu entwickeln, sah man nicht. Erst nachdem der Business Transformation-Manager anhand eigener Informationen und Analysen einschließlich einem Wettbewerbsvergleich ein Strategiekonzept vorlegte, waren nahezu alle Führungskräfte von der Notwendigkeit einer Strategie überzeugt, weil man darin Erfolg versprechende Ziele und Maßnahmen zu erkennen glaubte, denen man folgen wollte. Auch unterschiedliche Auffassungen zur Unternehmensentwicklung konnten erfolgreich und endgültig unter gemeinsamen Zielen versammelt werden.

Dies ist ein recht ungewöhnliches Praxisbeispiel, das zumindest eine Lösung für die Entwicklung einer notwendigen Strategie aufzeigt. Dennoch bleibt die Strategieentwicklung eine Managementaufgabe. In den meisten Business Transformation-Projekten gab es keine Strategien, nicht einmal Ansätze einer Strategieentwicklung.

Abbildung 17: Der Business Transformation-Prozess

1. Strategie
- Vision, Mission
- Ziele
- Führungsmodell

2. Struktur
- Governance
- Managementmodell
- Organisation

3. Fähigkeiten
- Stellenanforderungsprofil
- Personalentwicklung

4. Prozesse/Systeme
- Operative Prozesse
- Managementprozesse
- Supportprozesse

5. Führung und Kultur
- Grundwerte
- Unternehmenskultur
- Führungsverhalten

Markt
- Kunden
- Lieferanten
- Wettbewerber
- Personal

Umfeld
- Rechtlich
- Politisch
- Technologisch
- Infrastruktur

Ein Business Transformation-Prozess ist sowohl ein strategischer als auch ein operativer Prozess, der im Prinzip den Aspekt einer **strategischen Unternehmensführung** verfolgt. Bei der Umsetzung des Veränderungsprozesses werden immer wieder strategische und operative Elemente und Bausteine im Wechselspiel konzipiert und umgesetzt.

Am Anfang eines Business Transformation-Prozesses muss nach einer umfassenden Unternehmensanalyse, idealerweise anhand des SEViX Corporate Scans, ein Strategieentwicklungsprozess stehen. Dies bedeutet allerdings nicht, dass notwendige Sofortmaßnahmen erst einer Strategiedefinition bedürfen. Sofortmaßnahmen haben in jeder Krisensituation höchste Priorität und müssen konsequent umgesetzt werden.

Wie hier immer wieder dargestellt wurde, ist die Basis eines erfolgreichen Veränderungsprozesses die Strategieentwicklung, die von allen Führungskräften getragen werden muss.

Wie kommt man im Veränderungsprozess von strategischen hin zu operativen Elementen? Operative Elemente sind zunächst **klare Ziele,** die sich möglichst an Kennzahlen orientieren. Dazu wird aus der Strategie eine **Zielmatrix** abgeleitet. Aus den Strategiezielen werden Bereichsziele, Abteilungsziele und Ziele für alle verantwortlichen Mitarbeiter im jeweiligen Geschäftsjahr entwickelt. Um diese Ziele, die immer messbar sein müssen, zu erreichen, benötigt man entsprechende operative Maßnahmen, die abgeleitet, definiert und umgesetzt werden. In diesem Zusammenhang gelten Ziele auch für Projekte und Maßnahmen zur Realisierung der Projektziele.

Bei einem Business Transformation-Projekt in der Lebensmittelindustrie wurde dieser Prozess über die Strategie – von strategischen Zielen hin zur Definition von **operativen Zielen** und wiederum hin zu Umsetzungsmaßnahmen – stringent umgesetzt.

Bei einem Meeting vor allen Führungskräften des Unternehmens wurden vom Business Transformation-Manager die Strategie mit einem Businessplan über den Verlauf der nächsten drei Jahre, entsprechende strategische Ziele, die Geschäftsergebnisse aus der Gewinn- und Verlustrechnung für das abgelaufene Geschäftsjahr sowie für das Budget des neuen Geschäftsjahres vorgetragen. Das Data Cockpit wurde mit den im abgelaufenen Geschäftsjahr realisierten Kennziffern, also den KPIs wie etwa Umsatz, Produktivität oder Lagerumschlag, präsentiert.

Als wichtige Botschaft wurde vermittelt, dass das Erreichen des Budgets für das neue und bereits laufende Geschäftsjahr nicht unbedingt das Ziel sein kann. Ein Budget kann nur realisiert werden, wenn dafür **Ziele vereinbart** wurden, die mögliche Budgetansätze übertreffen. Anschließend wurden die Bereichsverantwortlichen – teilweise identisch mit den Abteilungsleitern – in einer ersten

Arbeitssession aufgefordert, erste mögliche operative Ziele für ihre Bereiche und Abteilungen mit Kernmaßnahmen zu definieren und ihren Kollegen vorzutragen. Es sollte dadurch im Zielprozess auch Transparenz und Verständnis für andere Bereiche generiert werden.

Der Zielvereinbarungsprozess wurde dann eine Woche später mit dezidierten Zielgesprächen zwischen jeweiligen Führungskräften allein und dem Business Transformation-Management mit der konkreten Vereinbarung von Maßnahmen und deren Dokumentation abgeschlossen. Ein quartalsweises **Controlling** der jeweiligen Ergebnisse wurde zusätzlich vereinbart. Diese **Zielvereinbarungsgespräche** können immer mit finanziellen Anreizen wie Boni verknüpft werden.

Ein Zielprozess ist allerdings nur dann erfolgreich, wenn dieser auch auf der **untersten Arbeitsebene** ankommt. Alle Führungskräfte wurden deshalb dazu aufgefordert, entsprechende Ziele und Maßnahmen, abgeleitet aus den mit ihnen vereinbarten Bereichs- und Abteilungszielen, mit ihren Mitarbeitern auf der Arbeitsebene zu verabreden.

Zusammenfassend gilt im Business Transformation-Prozess immer: Strategische Elemente, Bausteine in Kombination mit operativen Elementen sowie Bausteine wie Ziele und Maßnahmen wirken zusammen. „Strategisch versus operativ" wird im Veränderungsprozess umgestaltet zu „strategisch zusammen mit operativ". Es gibt dabei keine Gegensätze.

4.4 Klassische Restrukturierungsansätze

Eine Ursache auch für klassische Restrukturierungsansätze sind immer Unternehmenskrisen. Hier haben wir eine absolute Übereinstimmung mit der Business Transformation. Beide Ansätze wollen grundsätzlich das jeweilige Unternehmen so profitabel ausrichten, dass es sich nachhaltig in seinem Wettbewerbsumfeld behaupten kann.

Allerdings haben beide Ansätze auch unterschiedliche Ziele. Business Transformation will ein Unternehmen mithilfe von

Abbildung 18: Business Transformation-Pyramide

Veränderungsprozessen auf eine höhere Leistungsebene mit einer Rendite **über den Branchendurchschnitt** hebeln und somit signifikante Ergebnisse erzielen, die eine Unternehmenswertsteigerung schaffen. Beim klassischen Restrukturierungsansatz geht es vor allem darum, ein Unternehmen zu formen, das möglichst eine **branchenübliche Rendite** erwirtschaftet. Eine Unternehmenswertsteigerung steht nicht unbedingt im Fokus. Allerdings sollte man davon ausgehen, dass eine Unternehmenswertsteigerung über einen Zeitraum von drei Jahren – durchschnittlicher Zeitraum für eine klassische Sanierung – erreicht wird.

Während beim Business Transformation-Prozess Strategie- und Strategieentwicklung die entscheidende Basis für alle einzuleitenden Veränderungsmaßnahmen sind, spielen strategische Aspekte bei der klassischen Restrukturierung nur eine untergeordnete Rolle. Diese Elemente werden beim Veränderungsprozess von Eigentümern und Management in eigener Verantwortung umgesetzt. Strategische Analysen und strategische Perspektiven finden sich in der klassischen

Restrukturierung nur selten wieder, und dann nur in Form von wenigen Sätzen im Sanierungsgutachten.

Sanierungsgutachten und -vereinbarung sind eindeutige Instrumente einer klassischen Restrukturierung, die von Gläubigern in Auftrag gegeben werden. Die klassische Restrukturierung ist demnach im Wesentlichen fremdbestimmt.

Der klassische Sanierungsansatz – ein Kostensenkungsprogramm – greift dabei immer wieder auf bekannte und damit klassische Maßnahmen zurück:

Hierzu werden meist die Bereinigung des Kunden- und Produktportfolios, das Abschneiden von Verlustbringern oder die Anpassung der Personalstruktur umgesetzt.

An erster Stelle stehen in der Regel Personalanpassungen, Abbau von Mitarbeitern, die durch jeweilige Umsätze nicht gedeckt werden können. Beim Personalabbau werden zunächst, falls vorhanden, möglichst Leiharbeiter deutlich reduziert. Ein grundsätzlicher Einstellungsstopp wird verhängt.

In einem Unternehmen mit Betriebsrat schließen Betriebsrat und Unternehmensführung einen Interessensausgleich und schreiben die Anzahl der abzubauenden Mitarbeiter sowie die Bereiche, wo der Abbau stattfinden wird, fest. Für den Betriebsrat ist es wichtig, dass der Abbau sozial verträglich ist. Auch im Sanierungsgutachten ist eine entsprechende Anzahl von Soll-Mitarbeitern bei jeweils erreichtem Umsatz festgeschrieben. Der Personalabbau ist nicht unmittelbar liquiditätswirksam, allerdings jedoch mittelfristig gesehen schon – Abfindungen kosten Geld und Liquidität. Bei der Reduktion von Personalkosten gibt es noch eine Vielzahl anderer Maßnahmen wie beispielsweise Abbau von Überstunden, Regelungen zu Urlaubs- und Weihnachtsgeld oder Auszahlungen aus einer Betriebsrente.

Klassische Restrukturierungsansätze verfolgen immer das Ziel, kurzfristig die Liquidität im Unternehmen sicherzustellen. **Quick Wins** sollen möglichst unmittelbar und schnell Liquidität freisetzen. Fokus für Quick Wins ist dabei in der Regel immer das Working Capital. Bestände werden reduziert, Verbindlichkeiten später bezahlt und Forderungen kurzfristig durch ein eingerichtetes

Forderungsmanagement eingetrieben. Dabei kann die Einführung von Factoring förderlich sein. Die Verschiebung von Investitionen verhindert weiteren Abfluss von Liquidität. Auch der Verzicht auf Gehaltsbestandteile beim Management, den Führungskräften und Eigentümern führt zu einer verbesserten Liquidität. Ebenso **bilanzielle Sanierungsmaßnahmen** wie neue Kapitaleinlagen der Eigentümer, Beteiligungen von anderen Kapitalgebern oder ein Forderungsverzicht von Gläubigern sind eher Beispiele für einen klassischen Restrukturierungsansatz. Das Business Transformation-Management kennt all diese vorgenannten Maßnahmen und wird sie je nach Erfordernis der Unternehmenskrise umsetzen.

Wesentlicher Unterschied der zwei Herangehensweisen ist: Business Transformation setzt auf Nachhaltigkeit und eine langfristige profitable Positionierung und Ausrichtung des Unternehmens. Dazu können auch Maßnahmen, die auf **sukzessive Veränderungen** setzen, realisiert werden.

4.5 Business Transformation-Prozess

Business Transformation ist eine mögliche Antwort auf Unternehmenskrisen, wobei eine Krise nicht immer Ausgangspunkt eines Veränderungsprozesses sein muss. Viele Praxisbeispiele haben gezeigt, dass sich Unternehmen mit einer wachsenden Anzahl von Trends und Herausforderungen auseinandersetzen müssen, lassen wir dabei die immer wieder viel zitierte Globalisierung und Digitalisierung einmal außen vor.

Die Business Transformation kann Antworten auf alle durch Markttrends begründete Herausforderungen geben. Sie hat das Ziel, das Unternehmen mithilfe verschiedener Lösungen auf eine höhere Leistungsebene zu heben und gleichzeitig Unternehmenswert zu schaffen und zu steigern, indem das Unternehmen nachhaltig profitabel ausgerichtet wird und durch einmalige Wettbewerbsvorteile einen zusätzlichen strategischen Unternehmenswert generieren kann.

Veränderungsprozesse sowie ständige Verbesserungs- und Optimierungsprozesse erstrecken sich über den **gesamten Lebenszyklus** des Unternehmens und enden nie. Basis des Veränderungsprozesses ist die Strategieentwicklung.

Hier im Folgenden liegen die wesentlichen Abgrenzungspunkte zu einer Sanierung:

- Strategieentwicklung gegenüber operativen Kostensenkungsmaßnahmen ohne dezidierten strategischen Fokus;
- langfristige profitable Ausrichtung durch ständige Verbesserungsmaßnahmen über die gesamte Wertschöpfungskette gegenüber der Sicherstellung einer kurz- und mittelfristigen wirtschaftlichen Überlebensfähigkeit durch einschneidende Kostensenkungen;
- Unternehmenswertsteigerung durch langfristige und nachhaltige Profitabilität gegenüber einer kurzfristigen und mittelfristigen überlebensfähigen Organisationseinheit;
- ganzheitlicher Ansatz gegenüber Einzelmaßnahmen bei der klassischen Sanierung;
- eigene Handlungs- und Gestaltungsmöglichkeiten können noch vorliegen gegenüber einer Sanierung, die im Wesentlichen fremd durch die Gläubiger bestimmt sein kann.

Unternehmen, die sich zunehmenden Herausforderungen stellen müssen und als Konsequenz aufgrund fehlender Lösungen an Profitabilität verlieren, allerdings noch über ausreichend liquide Spielräume verfügen, können den Business Transformation-Prozess als Chance begreifen. Noch hat man das Heft selbst in der Hand.

In einem Veränderungsprojekt in der Lebensmittelindustrie wurden den Führungskräften Ziele und Maßnahmen einer anstehenden Business Transformation vorgestellt. Aus spezifischer Unternehmenssicht wurde auf die mangelnde Wettbewerbsfähigkeit und die daraus resultierenden zunehmenden Liquiditäts- und Ergebnisprobleme ausführlich eingegangen. An die Führungskräfte wurde deshalb appelliert, den Veränderungsprozess offensiv mitzugestalten. Er wurde als Chancen bezeichnet und es wurde deutlich gemacht, dass man ohne Veränderungsmaßnahmen möglicherweise in eine Sanierung mit allen weitgehend fremdbestimmten klassischen Restrukturierungsmaßnahmen geraten könne.

Zu dieser Botschaft einer Eigenverantwortung gab es ein absolut positives Feedback aller Führungskräfte. In den folgenden Wochen war ein eindeutig höheres Engagement der am Veränderungsprozess beteiligten Mitarbeiter zu spüren – die Umsetzungsgeschwindigkeit nahm deutlich zu.

SCHLÜSSELBOTSCHAFT:
Die Strategieentwicklung beim Business Transformation-Prozess hat alle externen und internen Unternehmensbereiche im Fokus. Extern stehen Märkte und Wettbewerb im Blickpunkt. Dabei geht es immer wieder um den Ausbau und die Entwicklung von Wettbewerbsvorteilen durch die Umsetzung geeigneter Vertriebsstrategien.

Neben wettbewerbsfähigen Produkten spielt vor allem die aus der Vertriebsstrategie abgeleitete Vertriebsorganisation die entscheidende Rolle.

Intern wird die gesamte Wertschöpfungskette dem jeweiligen Veränderungsprozess unterworfen. Auch hier geht es um Wettbewerbsfähigkeit. Wettbewerbsvorteile können in jeder Wertschöpfungsstufe generiert und ausgebaut werden. Letztlich werden Optimierung und Effizienzsteigerungen aller Prozesse, insbesondere bei den jeweiligen Schnittstellen, angestrebt. Dabei gilt der Best-Practice-Ansatz, dass alles besser gemacht werden muss als beim Wettbewerb. Eine schonungslose Analyse muss Schwachstellen und Verschwendungen eindeutig identifizieren. Notwendige Maßnahmen oder konkrete Projekte müssen definiert und abgeleitet werden.

Dabei gibt es **keine Tabus.** Das Veränderungsmanagement kann auf persönliche Befindlichkeiten von Prozessverantwortlichen keine Rücksicht nehmen. **Schwachpunkte, Verschwendungen** und **Inkompetenz** können nicht tabuisiert werden. Es darf in keinem Unternehmen „geschützte" oder tabuisierte Bereiche und Prozesse oder Personen geben. Hier liegen wesentliche Ursachen für das mögliche Scheitern von Business Transformation-Prozessen. Ein weiterer Grund für ein solches Scheitern ist dann gegeben, wenn entscheidende Führungskräfte nicht hinter dem Prozess stehen, ihn boykottieren und negative Politik im Unternehmen machen.

Bei einem Praxisfall in der Metallindustrie hatten sich die Eigentümer eines in der Krise befindlichen Unternehmens eindeutig für eine Business Transformation entschieden. Der Business Transformation-Manager wurde interimsweise als CEO berufen und verantwortlich gemacht für den gesamten Veränderungsprozess. Im täglichen Business behielt sich allerdings der Eigentümer den Produktionsbereich faktisch als einen von ihm persönlich geschützten Einflussbereich vor. Konzepte und Veränderungsmaßnahmen, die für die Produktion angedacht waren, wurden als persönlicher Vorwurf von Seiten des Eigentümers aufgefasst. Um nach außen hin von einem umfassenden Optimierungsprozess sprechen zu können, der auch für Veränderung offen ist, blieb es bei Alibimaßnahmen in der Fertigung. Negative Konsequenz war eine unverändert hohe und nicht wettbewerbsfähige Kostenposition. Nach einem offenen Konflikt mit dem Eigentümer trat der Business Transformation-Manager seinen Rückzug an. Das Unternehmen wurde dann nach Monaten weiterer Verluste ohne sinnvolle Perspektive verkauft.

In einem anderen Branchenfall versuchte der Betriebsleiter im Business Transformation-Prozess gezielt Lean-Projekte, die in der Produktion das Ziel von Produktivitätssteigerung zum Ziel hatten, durch wenig Engagement zu sabotieren. Der Business Transformation-Manager ersetzte diesen kurzfristig durch einen Interim-Manager, der es schaffte, die Produktivität mit dem OEE (Overall Equipment Effectiveness, also der Gesamtanlageneffektivität) in kurzer Zeit signifikant zu erhöhen. Auch die notwenige Konsequenz, die für jeden Veränderungsprozess erforderlich ist, wurde offensichtlich.

Business Transformation-Prozesse brauchen Kennzahlen mit klarer Verantwortlichkeit, alle Prozesse im Unternehmen sollen möglichst messbar gemacht werden. Ohne messbare Kennzahlen sind keine Ziele definierbar.

4.5.1 Project Management Office (PMO)

Zur operativen Umsetzung eines Business Transformation-Prozesses wurde bereits ausführlich über die Bedeutung von messbaren Zielen und Maßnahmen gesprochen. Andere wesentliche Umsetzungsbestandteile sind Projekte und eine dazu erforderliche, spezifische **Transformation-Management-Organisation oder Projektorganisation.**

Unter Projekten versteht man nichts anderes als eine für einen bestimmten Zeitraum und ein spezifisches Thema geschaffene Organisationsstruktur, die das Ziel hat, konkrete Aufgaben und Maßnahmen mit vorher gemeinschaftlich festgelegten Ergebnissen zu erarbeiten. **Messbarkeit** und **Quantifizierbarkeit** sind wesentliche Projektanforderungen. Jedes Projekt besteht aus **Projektleiter, Projektteam, Zielen, Maßnahmen** und **Meilensteinen,** zu denen jeweils bestimmte Ergebnisse realisiert werden sollten. In der Regel handelt es sich um komplexe Aufgabenstellungen, die eine Projektstruktur erfordern, womit eine deutliche Abgrenzung zu einzelnen Maßnahmen gegeben ist.

Im Veränderungsprozess kann man beispielsweise zwischen **entscheidenden Projekten,** die die Unternehmensentwicklung maßgeblich befördern, und **unterstützenden Projekten,** die entscheidende Projekte fördern, im Unternehmen differenzieren. Eine Projekthierarchie gemäß der jeweiligen Bedeutung für die Realisierung von zu erwartenden Projektergebnissen und Unternehmensentwicklungen erscheint an einer solchen Stelle sinnvoll.

Im Business Transformation-Prozess wäre beispielsweise die Strategieentwicklung ein typisch maßgebliches, entscheidendes **Kernprojekt,** das in der Projekthierarchie auf der ersten Ebene steht. Projektteammitglieder sollten in diesem Fall die Geschäftsführung und die Vertriebsleitung sein, falls der Vertrieb nicht bereits durch die Geschäftsführung vertreten ist. Die Projektleitung sollte für dieses Kernprojekt beim Business Transformation-Manager liegen. Er muss hierbei eher als Moderator agieren, allerdings alle Werkzeuge für die Umsetzung eines Projektes maßgeblich beherrschen. Das

Strategieprojekt ist nicht unmittelbar, vor allem mit seiner Wirkung auf das EBIT, quantifizierbar. Das Projektziel kann nur lauten: Definition und Vorlage einer Geschäftsstrategie. Alle wesentlichen Bausteine einer Strategie sollten komplett erarbeitet sein und vorliegen, angefangen von der Vision über Leitvorstellungen, Mission, und Ziele einschließlich eines Businessplans. Als Zeithorizont kann man durchaus zwei Monate unterstellen.

Wie oben schon angedeutet, kann man auch zwischen Projekten unterscheiden, die einen **unmittelbaren EBIT-** oder **Ergebniseffekt** haben, und Projekten, die nur einen **mittelbaren EBIT-Effekt** erwarten lassen. Projekte und Maßnahmen, die sich mit dem Umsatzwachstum beschäftigen, haben einen direkten EBIT-Einfluss, den man eindeutig quantifizieren kann. Dies gilt ebenfalls für Projekte, die sich unmittelbar mit der Kosten- und Produktivitätssituation befassen. Die Erneuerung des Internetauftritts oder die Einführung von KVP sind Projekte mit eher mittelbarer EBIT-Wirkung. Sicherlich haben sie auch einen Einfluss auf mögliche Ergebnisverbesserungen, allerdings lassen sich diesen Projekten nicht unmittelbare Beträge zuordnen, um wie viel sie das EBIT jeweils verbessern können.

Ein professioneller Veränderungsprozess wird alle maßgeblichen Projekte und Maßnahmen auf ihre EBIT-Wirksamkeit prüfen und ein Ergebnispotenzial über den gesamten Prozess ermitteln. An der Erreichbarkeit und Realisierung dieser Größe wird sich der Prozess messen lassen müssen. Diesem Prozess stehen für das Unternehmen Aufwendungen wie die Kosten für den Business Transformation-Manager oder externe Berater gegenüber, die durch mögliche Ergebnispotenziale nicht nur gedeckt werden sollten. Für eine professionelle Business Transformation lässt sich durchaus eine **ROI-Betrachtung** (Return on Investment) anstellen.

Die Erarbeitung einer **Projektstruktur** und **Projektorganisation** ist eine grundlegende Voraussetzung für den Erfolg von Unternehmensprojekten. Sie müssen nicht nur eindeutig definiert sein sowie Ziele mit Meilensteinen und Maßnahmen mit Zeitrahmen beinhalten, Projekte müssen auch klar und konsequent geführt und kontrolliert werden. Grundsätzlich empfiehlt sich die Einrichtung eines **PMO** (Project Management Office), unter dem alle Business Transformation-Projekte nach Funktionsbereich wie Vertrieb, Produktion oder Personal angeordnet und strukturiert sein sollten. Vorbild kann dabei ein funktionales Unternehmensorganigramm sein. Der Business Transformation-Prozess verteilt sich über die gesamte Wertschöpfungskette des Unternehmens – Projekte und Maßnahmen sollten sich in allen Funktionsbereichen definieren und diesen zuordnen lassen.

Das PMO ist für die Umsetzung und die Organisation der Projekte verantwortlich und ist in der Regel mit dem Business Transformation-Manager besetzt, der für den Prozess verantwortlich ist. Bei einer Sanierung, die analog mit einem PMO organisiert sein kann, wird diese Rolle vom CRO (Chief Restructuring Officer) wahrgenommen. Ein zusätzliches Gremium – ein **Steering Committee** – ist nicht unbedingt erforderlich. Der Business Transformation-Manager oder der CRO übernimmt diese Funktion.

Allerdings brauchen sowohl der Business Transformation-Manager als auch der CRO in der Sanierung administrative Unterstützung. Beide sind in nahezu allen Projekten mit ihrer Kompetenz, vor allem bei der Konzeption von Projektzielen und Maßnahmen gefragt. In vielen Projektmeetings wird er kritische Situationen moderieren müssen. Der Business Transformation-Manager sollte alle Projekte am Laufen halten und auch mit allen Projektdetails vertraut sein. Für administrative Aufgaben wie das Einladen zu Projektmeetings und zum PMO, Auswertungen, Protokolle oder Erstellung von Präsentationen ist der Business Transformation-Manager mit seiner Zeit und seiner Kompetenz absolut „verschenkt". In jedem professionellen Veränderungsprozess gibt es einen Assistenten, der den Business Transformation-Manager aktiv unterstützt. Geeignet sind dafür besonders Junior Controller oder Junior Adviser aus einer Unternehmensberatung, die gut mit notwendigen Instrumenten wie PowerPoint und Excel umgehen können.

Das PMO bestimmt in Abstimmung mit den Business-Transformation-Beteiligten – Multiplikatoren und Promotoren – die jeweiligen **Projektmitglieder** und den jeweils für bestimmte Projekte verantwortlichen **Projektleiter.** Bei der Auswahl der Projektmitarbeiter gilt die Devise, Betroffene zu Beteiligten zu machen. Projektleiter zu bestimmen, die sich nicht ausdrücklich für einen Veränderungsprozess ausgesprochen haben, ergibt keinen Sinn. Bei der Zusammensetzung von Projektteams kann auch der Aspekt „bereichsübergreifend" sinnvoll sein, stärkt er doch das gegenseitige Verständnis und sorgt für mehr Transparenz im Unternehmen. Oft fehlt es in den Unternehmen an Kenntnissen im Projektmanagement. Themen wie Projektziele oder Meilensteine und deren Kontrolle sind meist unbekannt. Nur über die Praxis oder Schulungen im Projektmanagement kann entsprechendes Know-how vermittelt werden.

Projektfortschritte und vor allem Projekterfolge werden nur erzielt, wenn alle Projektmaßnahmen und deren jeweiliger **Status** möglichst alle 14 Tage beim PMO vorgetragen werden. Nur so entwickelt sich die notwenige Disziplin und auch die Verpflichtung von Projektmitarbeitern, am Projekt mitzuarbeiten. Aus Gründen der Transparenz und Motivation empfiehlt es sich, die in festgelegten Intervallen stattfindenden Projektmeetings öffentlich zugänglich zu machen – Mitglieder anderer Projekte können und sollten sich so über die anderen Projekte informieren. In den Projektmeetings wird der jeweilige Status einzelner Projekte festgestellt und protokolliert. Ein Projekt kann mit seinen Meilensteinen im Projektplan liegen, verspätet sein oder gerade auf Stopp stehen. Die zwei letzteren Punkte bedeuten akuten Handlungsbedarf.

Je nach Unternehmensgröße und der Verfügbarkeit geeigneter Ressourcen empfiehlt es sich, nur eine bestimmte Projektanzahl umzusetzen. Unternehmen mit mehr als 200 Mio. Euro Umsatz können durchaus 30 Projekte gleichzeitig stemmen, was in einem Kleinunternehmen unmöglich erscheint. Dabei hat in der Regel immer das **Tagesgeschäft Priorität** sowie die Kompetenz der Teammitarbeiter des Projekts.

Eine Analyse spezifischer Praxisbeispiele zum Project Office Management aus unterschiedlichen Branchen kommt nicht überraschend zu ähnlichen Ergebnissen. Wesentliche Projekte konnten jeweils übereinstimmend in allen PMOs festgestellt werden. Es gab dabei nur kleine Unterschiede bei der Zuordnung gleicher oder ähnlich lautender Projekte zu anderen Funktionsbereichen.

Zentrale Projekte wie Strategie- und Unternehmensentwicklung oder Wettbewerbsfähigkeit in Form von Lean-Management-Projekten oder Projekten zur Generierung von Produktivitätsfortschritten, IT-Projekte wie ERP-Neueinführung oder Nutzung von Potenzialen bei angestammten IT-Systemen, Projekte beim Materialeinkauf und beim Personal – besonders Projekte zur Personalentwicklung – sowie Projekte zum Working Capital, meist Lagerreduktion, fanden sich überwiegend in allen Praxisbeispielen. Dies spricht dafür, dass es große Übereinstimmungen beim Aufsetzen von Verbesserungsmaßnahmen und nahezu identische Herausforderungen in unterschiedlichen Branchen gibt. Dazu haben wir im Kapitel 4.3.4 auch von konvergierenden Branchen gesprochen.

Allerdings gibt es auch ganz unternehmensspezifische Herausforderungen, für die spezifische Lösungen angestrebt werden. Eine Projektorganisation deckt möglichst eine gesamte Unternehmensgruppe ab. Dieser alle Unternehmenseinheiten integrierende Prozess beginnt bereits bei der Strategieentwicklung. Es erscheint wenig sinnvoll, wenn für eine Unternehmensgruppe, die aus Vertriebsniederlassungen und mehreren Produktionsstandorten besteht, Analysen und Strategie nur auf das Stammhaus oder eine notleidende Unit beschränkt bleiben. In jeder Unternehmensgruppe mit verbundenen Unternehmen gibt es nicht nur Kunden- und Lieferantenbeziehungen, sondern auch gemeinsame Prozesse und Vernetzungen. Synergien zwischen verbundenen Gesellschaften werden selten analysiert und quantifiziert. Das PMO ist nur erfolgreich, wenn **entscheidungsrelevante Ergebnisse** konsequent umgesetzt werden. Ergebnisse und Arbeitsfortschritte eines PMO müssen laufend dokumentiert, kontrolliert und transparent sein. Zur

Dokumentation empfiehlt es sich, eine **Projektsoftware** einzusetzen.

Erfolgreiche PMOs sind transparent: Alle Multiplikatoren, die am Veränderungsprozess beteiligt sind, sollten über Ergebnisse und Arbeitsfortschritte von PMO-Projekten sowie über den laufenden Gesamtprozess permanent informiert werden. Werden Projektmeilensteine nicht eingehalten, muss eine sofortige und umfassende Analyse der jeweiligen Gründe vorgenommen und **Korrekturmaßnahmen** müssen eingeleitet werden, damit die Projektergebnisse termingerecht realisiert werden.

Jedes PMO enthält neben grundsätzlichen Kernprojekten, die sich auch in anderen Praxisfällen finden lassen – Unternehmensstrategie, Kostenposition, Operational Excellence, Innovationen –, eine Vielzahl ganz spezifisch auf die jeweilige Unternehmenssituation zugeschnittener Projekte wie beispielsweise Kalkulation, Einführung von Preisuntergrenzen und Mindermengenzuschlägen. Für die Zusammenlegung von Abteilungen oder das Outsourcen von ganzen Bereichen empfiehlt es sich grundsätzlich, ein jeweiliges Projekt zu definieren. Projekte können, nachdem sie die erforderlichen Ergebnisse geliefert haben, auch weiterhin kontrolliert und offen bleiben.

Nicht immer werden Betroffene zu Beteiligten. Viele Projekte zeigen oft nur langsame Fortschritte. Neben mangelnder Kompetenz im Projektmanagement bei Projektleitern und Teammitgliedern liegen mögliche Ursachen entweder bei fehlender Motivation oder es herrscht sogar der Wille vor, Veränderungsprozesse grundsätzlich zu blockieren, weil man Veränderungen negativ gegenübersteht.

Der Business Transformation-Manager muss bereits bei den ersten Anzeichen solcher Tendenzen reagieren. Zunächst ist eine offene und konsequente Kommunikation mit den Betroffenen angesagt. Möglicherweise hat er bestimmte Projektziele und Erwartungen nicht eindeutig kommuniziert. Andererseits muss er dann konsequent Projektleiter ersetzen oder Projektteams neu zusammenstellen, wenn grundsätzliche Kompetenz- und Motivationsgründe vorliegen.

Abbildung 19: Beispiel für Project Management Office

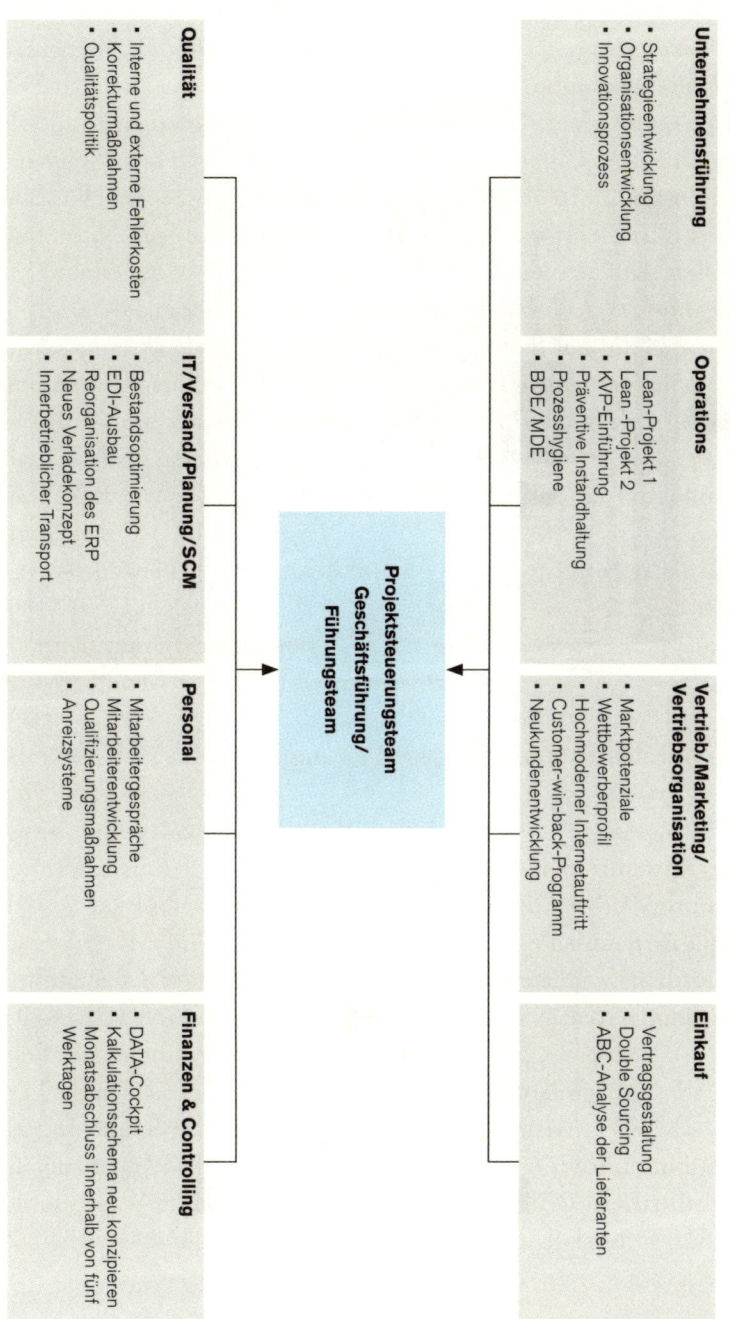

Unternehmensführung
- Strategieentwicklung
- Organisationsentwicklung
- Innovationsprozess

Operations
- Lean-Projekt 1
- Lean-Projekt 2
- KVP-Einführung
- Präventive Instandhaltung
- Prozesshygiene
- BDE/MDE

Vertrieb/Marketing/ Vertriebsorganisation
- Marktpotenziale
- Wettbewerberprofil
- Hochmoderner Internetauftritt
- Customer-win-back-Programm
- Neukundenentwicklung

Einkauf
- Vertragsgestaltung
- Double Sourcing
- ABC-Analyse der Lieferanten

Qualität
- Interne und externe Fehlerkosten
- Korrekturmaßnahmen
- Qualitätspolitik

IT/Versand/Planung/SCM
- Bestandsoptimierung
- EDI-Ausbau
- Reorganisation des ERP
- Neues Verladekonzept
- Innerbetrieblicher Transport

Personal
- Mitarbeitergespräche
- Mitarbeiterentwicklung
- Qualifizierungsmaßnahmen
- Anreizsysteme

Finanzen & Controlling
- DATA-Cockpit
- Kalkulationsschema neu konzipieren
- Monatsabschluss innerhalb von fünf Werktagen

Projektsteuerungsteam Geschäftsführung/ Führungsteam

Abbildung 20: Modularer Aufbau eines professionellen PMO

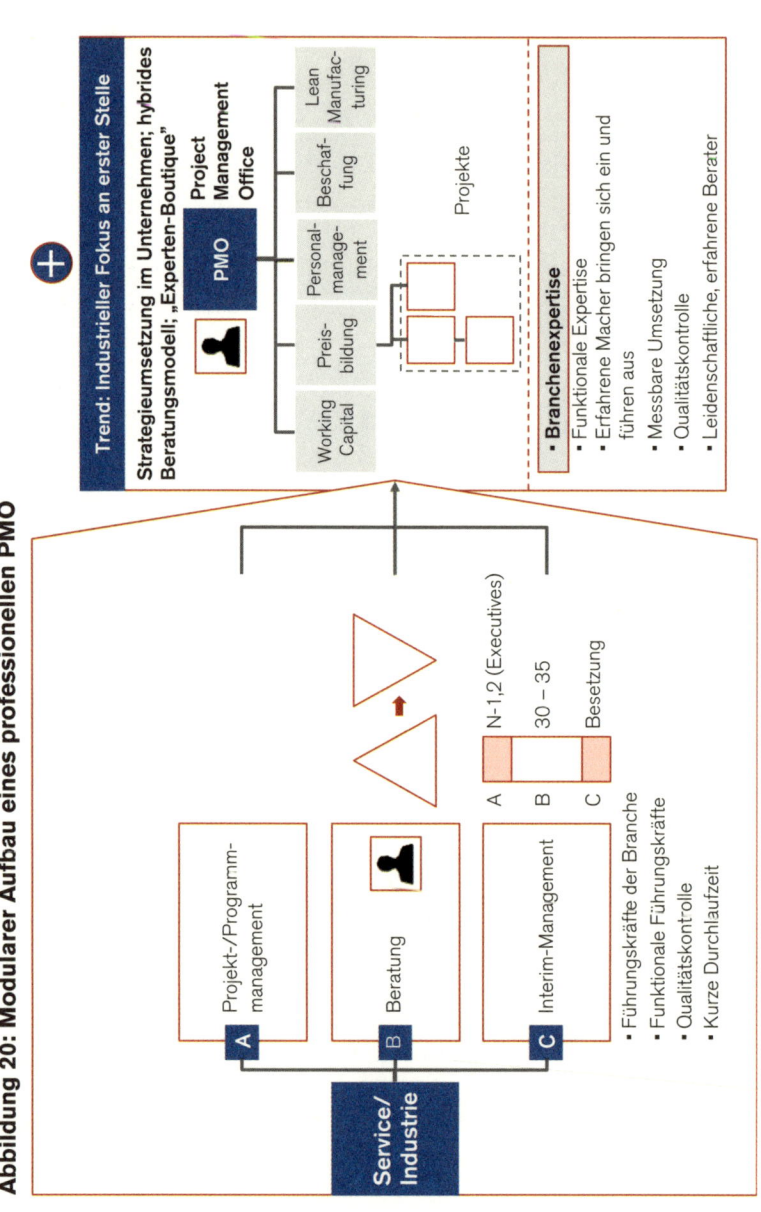

Trend: Industrieller Fokus an erster Stelle

Strategieumsetzung im Unternehmen; hybrides Beratungsmodell; „Experten-Boutique"

PMO — Project Management Office

- Working Capital
- Preisbildung
- Personalmanagement
- Beschaffung
- Lean Manufacturing

Projekte

Branchenexpertise

- Funktionale Expertise
- Erfahrene Macher bringen sich ein und führen aus
- Messbare Umsetzung
- Qualitätskontrolle
- Leidenschaftliche, erfahrene Berater

Service/Industrie

- **A** Projekt-/Programmmanagement
- **B** Beratung
- **C** Interim-Management

	N-1,2 (Executives)	30 – 35	Besetzung
A			
B			
C			

- Führungskräfte der Branche
- Funktionale Führungskräfte
- Qualitätskontrolle
- Kurze Durchlaufzeit

4.5.2 Controlling, Finanz- und Rechnungswesen

Finanz- und Rechnungswesen sowie Controlling sind die Kernfunktionen im Aufgabenbereich eines Chief Financial Officer (CFO). Die klassischen Aufgaben in diesem Bereich liegen darin, Transparenz für externe und interne Stakeholder des Unternehmens zu schaffen und Risiken zu minimieren. Dazu gehören insbesondere die Erstellung von Monats-, Quartals- und Jahresabschlüssen sowie Kennzahlen und die Sicherstellung der Liquidität. In den letzten Jahren haben sich die Aufgaben erweitert. Durch schnellere Datenverfügbarkeit hat der CFO einen größeren Einfluss auf die Budgetierung und die Weiterentwicklung der Unternehmensstrategie gewonnen.

Die Hauptaufgabe des Finanzwesens ist die Sicherstellung und Steuerung der Liquidität des Unternehmens. Die Beziehungen zu Banken und anderen Kapitalgebern werden hier genauso gesteuert wie das Risikomanagement, wie zum Beispiel die Absicherung von Währungsrisiken.

Das Rechnungswesen hat eine zentrale Bedeutung bei der Erstellung von Informationen für externe Stakeholder des Unternehmens (Anteilseigner, Kunden, Lieferanten, Fiskus, Banken etc.), die zeitnah und mindestens den gesetzlichen Bestimmungen entsprechend über das Unternehmen informiert werden möchten.

Aufgabe des Controllings ist es hingegen, die Transparenz der Kennzahlen sicherzustellen und damit eine Grundlage für die Steuerung des Unternehmens bereitzustellen.

Finanz-, Rechnungswesen und Controlling müssen sich im Rahmen ihrer Verantwortung Fragen stellen, um ihre Aufgaben effizient zu erledigen und weiterzuentwickeln. Nachfolgend werden einige Beispiele genannt, die allgemeingültig sind, jedoch im Rahmen einer Business Transformation besondere Bedeutung erlangen:

Rechnungswesen

- Ist die Buchhaltung so organisiert, dass alle gesetzlichen, insbesondere steuerrechtlichen Vorgaben eingehalten werden?
- Werden alle Dokumentations- und Archivierungspflichten eingehalten?

- Ist gewährleistet, dass Neuerungen fristgerecht berücksichtigt werden?
- Welche Möglichkeiten, den Prozess der Abschlusserstellung zu beschleunigen, können umgesetzt werden?
- Können neue Geschäftseinheiten oder sonstige Änderungen in der Unternehmensstruktur gut in der Buchhaltung abgebildet werden?
- Wie werden kaufmännische Funktionen an Schnittstellen zu anderen Funktionsbereichen organisiert, zum Beispiel Auftragsbearbeitung, Rechnungsprüfung, Steuern, Lohnbuchhaltung oder Reisekostenabrechnung?
- Welchen Einfluss haben die Änderungen auf die Unternehmensstruktur und das Personal im Rechnungswesen?

Finanzwesen

- Ist die Liquidität jederzeit gesichert – kurzfristig zur Sicherung des operativen Geschäfts und mittel- und langfristig vor allem zur Schaffung von Investitionsspielräumen?
- Welchen zusätzlichen Finanzbedarf hat das Unternehmen im Falle einer Veränderung?
- Wie hoch ist der finanzielle Puffer des Unternehmens, zum Beispiel in Form von zusätzlich abrufbaren Kreditlinien oder Kontokorrentkrediten?
- In welchem Umfang können Rechnungen unter der Nutzung von Skonto bezahlt werden?
- Wie verändern sich Finanzbeziehungen innerhalb und außerhalb des Unternehmens durch den Veränderungsprozess?
- Sind im Rahmen der Business Transformation Darlehensverträge, einschließlich Avalrahmen und Gesellschafterdarlehen, anzupassen? Sind komplexe Finanzierungen notwendig, zum Beispiel unter Anwendung von Financial Engineering, Mezzanine-Kapital oder Anleihen?
- Welche weiteren Verträge müssen geändert werden, zum Beispiel Konto-, Leasing-, Factoring- oder CashPool-Vereinbarungen?

- Welche Verbesserungsmöglichkeiten bzw. welchen Veränderungsbedarf gibt es im Risikomanagement, zum Beispiel bei der Absicherung von Fremdwährungs- und Zinsrisiken oder der Organisation des internen Kontrollsystems?
- Welchen Einfluss haben die Änderungen auf die Unternehmensstruktur und das Personal im Finanzwesen?

Controlling

- Sind alle notwendigen Informationen und Kennzahlen zur Steuerung und Umsetzung der Strategie vorhanden?
- Wird das Unternehmen mittels eines definierten Kennzahlensystems gesteuert? Wie kann die Steuerung in einem veränderten Umfeld angepasst werden? Welches sind die wesentlichen Key Performance Indicators (KPIs)?
- In welchem Maße müssen Kennzahlen, die im vorherigen Kontext generiert wurden, für das transformierte Umfeld angepasst werden, um auch künftig optimalen Nutzen erbringen zu können? Kann auf Kennzahlen verzichtet werden oder werden weitere Kennzahlen benötigt?
- Wie werden Produktivität, Qualitätserfüllung und Termintreue gemessen, und welche Ziele gibt es diesbezüglich?
- Sind die Kennzahlen Leistungstreiber und Bestandteil der variablen Entgeltkomponente?
- Wird die Zielerreichung visualisiert? Täglich oder wöchentlich?
- Sind Know-how, Daten, Systeme und Ressourcen nach der Business Transformation in ausreichendem Maße vorhanden, um das Controlling effizient durchzuführen? Besteht eine maximale Transparenz?
- Stellen klare Regeln eine hohe Berichts- und Datenqualität sicher, die bestenfalls auch zu höherer Standardisierung und Automatisierung führt?
- Ist gesichert, dass Vergleiche zum Budget und auch zu den Vorperioden möglich sind, gegebenenfalls durch Anpassung der Vorperioden an eine veränderte Unternehmensstruktur?

- Welchen Einfluss haben die Änderungen auf die Unternehmensstruktur und das Personal im Controlling?

In einem Business Transformation-Prozess können die CFO-Funktionen unterstützend wirken, um die Veränderungen in anderen Funktionsbereichen zu begleiten und die zu generierenden Informationen an die neue Situation anzupassen. Für diese Unterstützung sind die oben aufgeführten Fragestellungen im Allgemeinen ausreichend. Die zunehmende Digitalisierung verändert jedoch auch die kaufmännischen Funktionsbereiche. Daten können immer schneller und effizienter verarbeitet werden, und die Datenmenge steigt exponentiell an. Die für den Finanzbereich verantwortlichen Manager sollten sich daher regelmäßig die Frage stellen, inwieweit die vorhandenen Strukturen noch geeignet, zukunftsfähig und hinreichend flexibel sind, um die Aufgaben mit hoher Effizienz und Qualität durchzuführen. Dies kann dann zu der Entscheidung führen, auch die CFO-Funktionsbereiche tiefgreifend zu transformieren. Mithilfe von Daten und Technologie können dann Prozesse im Finanzwesen, Rechnungswesen und Controlling **neu gestaltet** werden. Dies kann auch zur Umformung anderer Prozesse und Geschäftsmodelle und damit zur Schaffung von Unternehmenswerten führen.

In einem Business Transformation-Prozess kommt insbesondere dem Controlling eine zentrale Bedeutung zu, denn hier werden die Daten transparent aufgearbeitet und dem Management empfängerspezifische Informationen zur Verfügung gestellt, um eine Grundlage für die richtige Steuerung des Unternehmens zu schaffen. Zusätzliche Herausforderungen für das Controlling bei einer Business Transformation des Finanzbereichs sind zum Beispiel:

- Wie können aus den verfügbaren großen Datenmengen die richtigen Informationen gewonnen werden? Wie werden diese Informationen verständlich und aussagekräftig aggregiert?
- Wie können die Potenziale von „Big Data" genutzt und die Daten analysiert werden?

- Wie können die Prozesse des Unternehmens transparent gemacht werden, sodass Daten so generiert werden, dass sie aussagekräftig für die Steuerung des Unternehmens sind?
- Können die Daten so aggregiert werden, dass Risiken und Chancen transparent gemacht werden?
- Wie können Prozess- und Personalkosten bei gleichzeitiger Erhöhung der Informationsqualität gesenkt werden?
- Wie kann die Erstellungszeit der Reports und Budgets gesenkt werden – gegebenenfalls bis hin zu einer Verfügbarkeit relevanter Daten in Echtzeit, sofern dies aufgrund von kurzen Entscheidungsfindungsprozessen notwendig ist?
- In welchem Maße ist es möglich, insbesondere standardisierte Prozesse an ein Shared Service Center (SSC) bzw. ein Center of Expertise (CoE) zu übertragen?
- Können Verfahren zur Mustererkennung von Daten, zum Beispiel Predictive Analytics, eingesetzt werden, um eine eher zukunftsgerichtete Entscheidungsgrundlage zu erhalten, statt die Daten der Vergangenheit als primäre Basis für Entscheidungen heranzuziehen?
- Erfüllen die gelieferten Daten die Qualität, dass sie als „Single Point of Truth von den operativen Einheiten anerkannt werden?
- Agieren die Controller als Geschäftspartner, die an der Schnittstelle zwischen Finanzbereich und operativem Geschäft das Management beratend unterstützen?
- Sind Richtlinien und Methoden frühzeitig definiert, um auf der Basis von schlanken Prozessen das Controlling automatisieren zu können?
- Sind Inkonsistenzen zwischen dem Controlling und dem Finanz- und Rechnungswesen aufgelöst?
- Kann aufgrund der vorhandenen Daten zusätzlich zum tradierten Geschäftsmodell ein neues Geschäftsmodell entwickelt werden?
- Haben die Mitarbeiter die Offenheit, um neue Technologien und Methoden zu erlernen und zu nutzen?

Eine Business Transformation des Finanzbereichs, insbesondere des Controllings, erfordert einen starken Fokus auf Prozesse, Strukturen und Menschen. Durch die Neuausrichtung kann das Unternehmen optimal aufgestellt werden, um die Aufgaben effizient und in hoher Qualität erledigen zu können. Als beratender Partner des Managements kann der Controller aktiv einen Wertbeitrag für das operative Geschäft leisten.

4.5.3 Personalmanagement

Für einen erfolgreichen Business Transformation-Prozess muss auch das Personalmanagement auf die Ziele der Business Transformation ausgerichtet werden. Hierzu sollten alle Ebenen des Personalmanagements mitbedacht werden, wobei das Management sich vor allem auf die strategischen Elemente konzentrieren sollte:

- Personalplanung (strategisch),
- Personalkommunikation (strategisch und operativ),
- Personalentwicklung (strategisch und operativ),
- Personalbeschaffung und -betreuung (operativ),
- Entgelt sowie Controlling durch die Personal- und Finanz-abteilungen (operativ) und
- Personalpolitik (v. a. betriebliche Mitbestimmung, strategisch und operativ).

Die operativen Aspekte des Personalmanagements werden in erster Linie bei Mergers & Acquisitions für das Management relevant, um alle Schritte arbeitsrechtlich korrekt und personalpolitisch sauber (zum Beispiel bezüglich eines Interessensausgleichs oder Sozialplans) umzusetzen.

Die strategischen Aspekte des Personalmanagements werden – gerade in kleineren Unternehmen – oftmals vernachlässigt, obwohl das Management proaktiv und strategisch die Mitarbeiter in die Business Transformation und deren Erfolg einbinden sollte. Zu Beginn der Business Transformation sollten folgende Aspekte im Personalmanagement geklärt sein, zunächst im strategischen Bereich des Personalmanagements:

Fragen zu Beginn der Business Transformation

Personalplanung:

- Haben Sie genug Personal oder zu viel/zu wenig? Wie sehen Ihre finanziellen und zeitlichen Ressourcen aus?

- Ist Ihr Personal ausreichend qualifiziert? Falls nein: Sollten Sie externe Expertise einstellen und/oder sollten Sie Ihr bestehendes Personal qualifizieren?

Personalkommunikation:

- Haben Sie eine Vision, klare Ziele und eine Strategie für Ihre Business Transformation?

- Sind die notwendigen Fähigkeiten und Ressourcen identifiziert?

- Wissen Sie, wann Sie die Mitarbeiter informieren?

- Sind Sie ausreichend vorbereitet, um die Verkündung der Business Transformation zu einem Erfolg zu machen?

Personalentwicklung:

- Welche Leistungsträger benötigen Coachings?

- Welche Mitarbeiter benötigen fachliche Schulungen?

- Benötigen Ihre Manager Führungskräftetrainings (z. B. agile Führung, transformationale Führung)?

- Ist der Business Transformation-Prozess noch zu beunruhigend oder unklar und somit eine Teamentwicklung bzw. ein Motivationstraining für alle Mitarbeiter sinnvoll?

- Müssen bislang passive Mitarbeiter im Zuge der Business Transformation lernen, sich arbeitstechnisch selbst zu steuern (z. B. über Selbstmanagementmaßnahmen)?

- Müssen Sie als Mentor für Nachwuchskräfte aktiv werden?

Personalpolitik:

- Wie können Sie die Interessenvertretung für Ihre Business Transformation gewinnen?

Strategische Aspekte des Personalmanagements

Die Fragen zu Personalkommunikation und Personalentwicklung greifen wir in Kapitel 5 vertiefend auf. Für den operativen Bereich des Personalmanagements ist Folgendes auch für das Management relevant:

	Fragen zu Beginn der Business Transformation
Operative Aspekte des Personalmanagements	**Personalbeschaffung und -betreuung:** • Welchen finanziellen und zeitlichen Aufwand müssen Sie einplanen, um notwendige Experten einzustellen bzw. zu qualifizieren? **Entgelt sowie Controlling durch die Personal- und Finanzabteilungen:** • Welche finanziellen und zeitlichen Ressourcen können Sie für den Business Transformation-Prozess einplanen (z. B. Neueinstellungen, Boni)? Können Sie ggf. Kredite dafür einplanen? **Personalpolitik:** • Bei Entlassungen: Welche Sozialpläne müssen Sie beachten?

Vor jeder Verkündung einer Business Transformation sollten folgende Punkte geklärt sein:
1. Vision (und daraus abgeleitet klare, konkrete Ziele),
2. Fähigkeiten: Welche Fähigkeiten der Mitarbeiter sind für eine erfolgreiche Transformation notwendig?
3. Strategie (inkl. Personalkommunikation),
4. Ressourcen (finanziell, zeitlich),
5. Maßnahmen (ROI): Was führen Sie durch und wie merken Sie den Erfolg?

Jede Business Transformation und somit auch der Anteil des Personalmanagements ist anders. Folgend sollen exemplarisch zwei konkrete Praxisbeispiele erfolgreicher Business Transformation-Prozesse dargestellt werden, in denen das Personalmanagement eine maßgebliche Rolle spielte.

Praxisbeispiel 1

Problemstellung: Ein Sicherheitsdienstleister hat im Zuge der Digitalisierung ein ergänzendes Geschäftsfeld für IT-Sicherheit aufgebaut. Die eingestellten IT-Mitarbeiter und das bisherige Sicherheitspersonal haben aufgrund diverser Mentalitätsunterschiede keine Berührungspunkte, jedoch wünschen sich die Kunden immer häufiger verbundene Sicherheitsangebote und -lösungen (klassische und digitale), sodass ein reger Austausch zwischen den Mitarbeitergruppen für das Unternehmen lebenswichtig wird.

Lösung Personalmanagement: Das Unternehmen bereitet eine Business Transformation vor, um verbundene Teams zwischen beiden Mitarbeitergruppen zu schaffen. Als Einstieg wird eine Teamentwicklungsmaßnahme geplant, in der in gemischten Kleingruppen erste Lösungen erarbeitet werden sollen. Da beide Mitarbeitergruppen nur geringe Sprachkompetenzen besitzen, werden für die Teamentwicklung spezielle visuelle Tools (zum Beispiel Lernlandkarten) entwickelt. In der Teamentwicklung werden Regeln der künftigen Zusammenarbeit sowie erste konkrete IT-Lösungen für den Kunden erarbeitet. Zugleich werden konkrete Ziele samt Arbeitsaufgaben geplant und ein regelmäßiges Feedbacktool für die alltägliche Zusammenarbeit etabliert. Die Abteilung des Personalmanagements überwacht die Ergebnisse des Feedbacktools. Nach einigen Monaten ist die Business Transformation erfolgreich abgeschlossen, beide Gruppen arbeiten erfolgreich zusammen.

Praxisbeispiel 2

Problemstellung: Ein bisher eher behördlich geführtes Unternehmen soll einen Dienstleistungscharakter entwickeln. Beginnend mit der umzustrukturierenden Abteilung Human Resources (HR) soll das bisherige Senioritätsprinzip durch ein reines Leistungsprinzip ersetzt werden.

Lösung Personalmanagement: Mit der HR-Leitung werden in einem Coaching zunächst Vision, konkrete Ziele und Strategie erarbeitet. Daraus werden alle notwendigen künftigen Anforderungsprofile für Mitarbeiter der neuen HR-Abteilung abgeleitet. Der Business Transformation-Prozess wird nun an das bestehende Team kommuniziert, inklusive Vision, Ziele, Strategie und künftige Anforderungsprofile. Die Mitarbeiter können nun ihre Wünsche für ihre künftigen Aufgaben äußern, in einem mehrtägigen Management-Audit müssen alle HR-Mitarbeiter ihre Kompetenzen unter Beweis stellen. Die Besetzung der neuen Positionen folgt anhand der Ergebnisse des Management-Audits unter – wenn möglich – Berücksichtigung der Mitarbeiterwünsche. Dies wird mit allen Mitarbeitern, vor allem denen, deren Wunsch unberücksichtigt bleiben muss, in Gesprächen geklärt.

Nach einigen Monaten hat sich die neue Organisation der HR-Abteilung etabliert, die Mitarbeiter arbeiten deutlich effektiver sowie effizienter zusammen. Die erfolgreiche Business Transformation der HR-Abteilung fungiert als Best Practice für die noch folgenden Business Transformation-Prozesse der anderen Abteilungen des Unternehmens.

Personalmanagement 4.0

Die zunehmende Vernetzung der Industrie 4.0 wirkt sich auch auf das Personalmanagement aus. Folgende Änderungen bestehen:

- IT-Kompetenzen werden für (fast) alle Mitarbeitergruppen relevant.
- Die Zusammenarbeit der Mitarbeiter untereinander wird enger sowie ein gewisses Verständnis für die Denk- und Arbeitsweise der anderen Mitarbeitergruppen wird wichtiger.
- Die Personalbeschaffung wird aufgrund von Arbeitgeberbewertungsportalen stark durch den guten bzw. schlechten Ruf des Unternehmens erleichtert bzw. erschwert.
- Die Personalkommunikation wird einfacher, aber in anderen Teilen auch schwieriger umzusetzen (höhere Anforderungen an Datenschutz, höhere Gefahren von Kommunikationsfehlern und -missverständnissen, schnellere Reaktion der Mitarbeiter auf die Botschaften).
- Das Personalmanagement kann dank der Vernetzung noch einfacher als Tool zur Unterstützung der eigenen (Business

Transformation-)Strategie genutzt werden: Ziele, Zwischenziele und Kompetenzen der einzelnen Abteilungen und Mitarbeiter sind transparent sichtbar (Problem ist hier jedoch der Datenschutz).

- Die Personalentwicklung wird zu einer Daueraufgabe im Arbeitsleben für (fast) alle Mitarbeitergruppen.
- Personalentwicklung: Eine (digital gestützte) Umsetzungsbegleitung der Personalentwicklungsmaßnahmen ist einfacher (Kontrolle der Umsetzung der im Training oder Coaching erworbenen Erkenntnisse im Arbeitsalltag durch den Trainer oder Coach in den Folgewochen). Ein Return on Investment der Personalentwicklung ist einfacher zu messen.

Resümee

Die Ausrichtung des Personalmanagements, vor allem der strategischen Aspekte, auf die Ziele der Business Transformation ist zentral für deren Erfolg. Sie erlaubt, die Mitarbeiter als aktive Verbündete des Business Transformation-Prozesses zu gewinnen (siehe auch Kapitel 5). Die Industrie 4.0 stellt hohe Anforderungen an den Datenschutz, bietet aber viele neue Möglichkeiten im Personalmanagement.

4.5.4 Informations- und Kommunikationstechnologie (ITK)

Die Rolle, die die ITK einnimmt, ist neben ihrer Fähigkeit, die Business Transformation zu unterstützen, auch davon abhängig, welchen Stellenwert die ITK während und nach der Business Transformation für das Unternehmen hat.

Für uns stellt sich immer die Frage, ob und wie die ITK den Prozess unterstützen kann und nicht, wie sie ihn unterstützen muss!

Die IT hat im Veränderungsprozess die Aufgabe, Prozesse noch effizienter zu gestalten. Eine kleinere und eher technologisch ausgerichtete IT-Abteilung wird sich in der Regel schwertun, den abstrakten strategischen Zielen zu folgen und hieraus konkrete Handlungen ableiten können. Eine bereits heute sehr applikationsnahe und in

Prozessen sowie Services denkende und handelnde IT-Abteilung wird den Prozess deutlich besser unterstützen können.

Wir empfehlen unseren Kunden, ihre IT frühzeitig in den Prozess einzubinden, da auch sie sich in der Regel im Rahmen der Business Transformation weiterentwickeln bzw. verändern muss.

Auch für die ITK ist die grundsätzliche Unternehmensstrategie mit einem darauf abgestimmten ITK-Konzept von entscheidender Bedeutung. Dabei muss bei der Branchenanalyse bereits die Frage beantwortet werden, ob das verwendete ERP-System den Branchenanforderungen genügt, ob es dafür also das richtige ist. Außerdem sollte man sich entscheiden, ob man möglichst mit einem führenden System, das alle Anforderungen mit höchster Effizienz bei minimalem Aufwand und höchster Fehlervermeidung abdeckt, oder mit unterschiedlichen Systemlösungen arbeiten will. In der Regel ergibt es Sinn, innerhalb des Business Transformation-Prozesses eine grundsätzliche Potenzialanalyse aller bestehenden IT-Systeme durchzuführen.

Im Rahmen der Unternehmensanalyse können bereits oft Schnittstellenprobleme als Schwachpunkte identifiziert werden, für die es keine geeigneten IT-Lösungen gibt. Beispielsweise können Abteilungen nicht über das gleiche System kommunizieren, weil eine Abteilung nicht mit dem führenden System arbeitet, sondern ein Subsystem im Einsatz hat. Subsysteme sind immer mit Aufwand und zusätzlichem Fehlerpotenzial belastet. Für die Kommunikation mit dem führenden System sind Schnittstellen erforderlich. Auch kann im Business Transformation-Prozess bereits bei der Analyse festgestellt werden, dass das Potenzial des führenden ERP-Systems nicht ausgenutzt wird. Es muss dann bewertet werden, ob es sinnvoll ist, diese ungenützten Potenziale zu implementieren, was jedoch zunächst mit Aufwand und Kosten verbunden ist. In der Praxis kann der mögliche Nutzwert dieser Potenziale auch über eine ROI-Betrachtung errechnet werden. Dabei ist dann auch zu bewerten, ob die IT zum Beispiel durch Einsatz von externen Ressourcen für den anstehenden Prozess unterstützt wird. Dies ergibt vor allem Sinn, wenn zusätzliche Potenziale des führenden Systems erschlossen und Subsysteme dadurch ersetzt werden.

Die ITK sollte unternehmerische Geschäftsprozesse anforderungsgerecht unterstützen und deren Effizienz und Effektivität steigern. Um diese Aufgabe optimal zu erfüllen, sind kontinuierliche Adaptionen der IT-Architektur an sich verändernden Geschäftsprozessen notwendig.

Häufig erkennen IT-Strategien neue Geschäftslogiken jedoch nicht in ausreichendem Umfang. Es gilt daher, veränderte Geschäftslogiken in lückenlosen IT-Bebauungsplänen abzubilden. Anhand deskriptiver und prognostischer Analysen des gesamten Wertschöpfungsprozesses eines Unternehmens können entstehende Medienbrüche geschlossen und die Erfolgsaussichten von Einführungs-, Transition- und Change-Projekten signifikant gesteigert werden.

Die Business Transformation sollte mit möglichst wenigen IT-Systemen unterstützt werden, die die Kernanforderungen abdecken. Das Ziel ist es, bei höchster Effizienz und bei minimalem Aufwand sowie optimaler Fehlervermeidung die neuen Geschäftsprozesse zu unterstützen.

Ein übergreifendes IT-Konzept, oder besser: IT-Strategie, sollte generell Basis für die mittel- bis langfristige Ausrichtung der IT sein. Im Rahmen der Business Transformation ist ein übergreifendes IT-Konzept wichtig, um allen Beteiligten eine Vorgabe zu machen. Nur so kann die konsequente Ausrichtung der IT auf den Support der zentralen Geschäftsprozesse sowie die Fokussierung auf die Kernkompetenzen des Unternehmens als Basis für alle folgenden Maßnahmen und Projekte festgeschrieben werden.

Die IT bekommt so einen Handlungsleitfaden für die Business Transformation der IT, der alle Bereiche umfasst: IT-Infrastruktur, Kernanwendungen, IT-Services und Sourcing-Modelle.

Ein höheres Business Alignment der IT ist heute unabdingbar. Im Rahmen einer Business Transformation ist die anforderungsgerechte Unterstützung der Geschäftsprozesse durch die IT ein **wichtiger** Aspekt. Daher ist die Einbindung der IT in die Business Transformation essenziell. Die frühzeitige Einbindung der IT ermöglicht es, häufig längerfristige und komplexe Veränderungsprojekte so vorzubereiten und einzuplanen, dass diese mit dem gesamten Business Transformation-Prozess verzahnt werden können.

Erfolgt dies nicht, so besteht ein Risiko, die Business Transformation am Ende nicht erfolgreich umsetzen zu können, weil veränderte Prozesse nicht ausreichend durch die IT unterstützt werden.

Die Verantwortung für die Business Transformation und Führung liegt bei der Unternehmensleitung. Ihr obliegt es, ein tragfähiges Kompetenzteam auch mit externen Beratern und Managern einzusetzen, dazu gehört auch die IT. Ihre Rolle ist es, den Veränderungsprozess zu unterstützen, mehr nicht, aber auch nicht weniger.

Die Frage: **„Ist bei der Business Transformation eine radikale bzw. komplette Neuausrichtung der IT sinnvoll oder sogar erforderlich?"**, kann pauschal nicht beantwortet werden. Wenn die Business Transformation einen disruptiven Charakter hat und das Unternehmen vom Geschäftsmodell her komplett neu aufgestellt wird, kann dies auch eine Neuausrichtung oder Veränderung der IT und des Sourcing-Modells zur Folge haben.

Normalerweise wird die IT von einer Welle an Veränderungen getroffen. Manche davon sind größer als andere. Teilweise sind es eher kleine Änderungen, wie zum Beispiel der Wechsel des ERP-Systems, manchmal größere, wie die Aufgabe von Teilbereichen der IT mit eventuellem Outsourcing oder die Konsolidierung dezentraler IT-Einheiten eines Konzerns in eine geschlossene IT. Wir raten unseren Kunden also immer, die IT-Ausrichtung und -Neuaufstellung individuell zu bewerten und zu planen.

Die IT-Strategie muss der Business Transformation strikt folgen, dabei ist ein phasenorientiertes Umsetzungsvorgehen erforderlich, um das Unternehmen nicht komplett lahmzulegen, sondern den gesamten Prozess als Supportprozess zu unterstützen.

4.5.5 Produktion

Disruptive Marktbedingungen, kundenspezifische Produkte und diffizile Produktionsprozesse erfordern immer flexiblere, ganzheitlichere Produktionssysteme und -mitarbeiter; also resiliente Geschäftsmodelle. Gleichzeitig gilt es, die Produktivität und die absolute Qualitäts- und Liefertermintreue in allen Prozessketten auf einem Spitzenniveau zu halten bzw. kontinuierlich zu verbessern. Dieser Herausforderung müssen sich die Produktion und die vor- und nachgelagerten internen und externen Prozessketten des produzierenden Gewerbes in Deutschland mit vereinten Kräften stellen.

Neue Technologien und Trends eröffnen neue Horizonte; alles wird digitaler und vernetzter. Es gilt, Menschen, Produkte, Systeme und Maschinen intelligent zu vernetzen und gemeinsam eine wettbewerbs- und zukunftsfähige Produktion mit möglichst geringen Beständen zu gestalten.

Folgende vier Eckpfeiler fundieren hierbei auf der Produktionsstrategie:

- zukunftsfähige Arbeitsstrukturen,
- höhere Effizienz,
- intelligente Prozesse und
- wandlungsfähige Produktionsnetzwerke.

Aus der Praxis: Wirkungsvolle Steigerung der Effektivität und Effizienz

Worin unterscheiden sich die Begriffe?

Effektivität bedeutet: „Die richtigen Dinge tun!" Es geht darum, die Dinge umzusetzen, die das gesetzte Ziel näherbringen. Effektives Arbeiten bedeutet also, nur die Maßnahmen zu ergreifen, die ein Unternehmen auch wirklich nachhaltig weiterbringen. Die Effektivität beschreibt also die langfristige Zielerreichung eines Unternehmens.

Dagegen bedeutet **Effizienz:** „Die Dinge richtig tun!" Es geht darum, die Prozesse auf eine Art zu optimieren, dass das Ziel möglichst schnell, mit möglichst geringem Aufwand und ohne Blindleistung erreicht wird. Effizienz umfasst die Wirtschaftlichkeit der Zielerreichung in Form einer Input-Output-Relation.

Dabei wird weniger Wert auf das Messen von Werten der Vergangenheit gelegt, sondern vielmehr auf das Potenzial einer Unternehmung zur optimalen Zielerreichung.

Ein Beispiel aus der Praxis untermauert die Unterschiede

Der Geschäftsbereich Gerätebau generierte seit mehreren Jahren deutlich rote Zahlen. Das Kernproblem war ein „stark zyklischer Verlauf des Geschäftsjahrs". Im ersten Quartal wurde im Geschäftsbereich ein signifikanter Anstieg der Gemeinkostenart „Wartezeiten wegen …" und im letzten Quartal ein signifikanter Überstundenanstieg ausgewiesen. Dieses wurde durch SEViX erkannt.

Zunächst war es essenziell, eine neue Einstellung in den Köpfen der Mitarbeiter und des Betriebsrates zu schaffen. Der gemeinsame Fokus war nun auf die Verbesserung der Wertschöpfung gerichtet. Wir definierten die Wertschöpfung wie folgt: „Wertschöpfung ist jede Best-Practice-Aktivität, die eine Zahlungsbereitschaft beim Käufer **generiert.**" All dies musste durch Taten konsequent gelebt werden, um Wirkung zu zeigen.

Als Maßnahme zur Effektivitätssteigerung wurde, unter Beteiligung der internen Stakeholder, die Wochenarbeitszeit im ersten Quartal auf 28 Stunden, im zweiten und dritten Quartal auf 38 Stunden und im letzten Quartal auf 48 Stunden festgelegt.

Ein Bündel von effizienzsteigernden Maßnahmen folgten. Einige hiervon waren:

- Verbindliche Leistungsdeterminanten auf allen Prozessebenen: absolute Termin-, Qualitäts- und Produktivitätserfüllung;
- Organisation so flach wie möglich halten;
- Unnötige Overheads (Blindleistung) streichen;
- Springer ausbilden;
- Stellenanforderungprofile in Einklang mit resilientem Geschäftsmodell bringen;
- Personalentwicklung und -anpassungsmaßnahmen;
- Modularer Aufbau der Geräte mit vielen Gleichteilen;

- Gruppenarbeit in Verbund mit Selbstorganisation und -steuerung;
- Mitarbeiter mit mobilen Endgeräten, sogenannten Smart Devices, ausstatten;
- Anstatt „Gestempelte Zeit = bezahlte Zeit" „Wertschöpfungszeit = bezahlte Zeit" einführen. Somit ist die Auftragszeit mit der Wertschöpfungszeit identisch und die Leistungsdeterminanten können erfüllt werden;
- Leistungskennziffer „Wertschöpfung je Anwesenheitsstunde" einführen;
- Tägliche Meetings an den Problemnahtstellen der Produktion mit einer Dauer von max. 15 Minuten führen. Der Fehlerverursacher aus den vorgelagerten Prozessketten muss am gleichen Tag eine Lösung generieren, die auf Wirksamkeit am Folgetag überprüft wird;
- Verbindlichkeit des am Mittwoch verabschiedeten Wochenprogramms.

Nach kurzer Zeit und danach fortlaufend konnten wir Fortschritte in den Leistungskennziffern und den relevanten Positionen der GuV und Bilanz feststellen. Innerhalb von nur acht Monaten konnte der Geschäftsbereich einen Turnaround-Erfolg melden und aus den deutlich roten Zahlen der ersten vier Monate noch eine „schwarze EBIT-Zahl" für das gesamte Geschäftsjahr abliefern.

4.5.6 Industrie 4.0

Digitalisierung und innovative Technologien spielen dabei eine besonders wichtige Rolle, da sie große Potenziale für mehr Effizienz, Vernetzung und Nachhaltigkeit bieten. Industrie 4.0 beschreibt die zunehmende digitale Vernetzung von Maschinen und Anlagen in Produktionsbetrieben, also die Einbindung in ein Datennetz, das weit über die Grenzen des Betriebs hinausreicht und unter anderem auch die Beschaffungs- und Absatzketten einschließt. Man spricht also von einer datentechnischen Verbindung von „Dingen", vom Internet of Things (IoT), und man verspricht sich davon Vorteile wie insbesondere eine deutlich bessere Produktionsflexibilität und eine höhere Geschwindigkeit – Wettbewerbsvorteile also. Ein typisches Beispiel: Ein Werkstück trägt einen kleinen Chip mit sich, der der Bearbeitungsmaschine mitteilt, wie sie sich zu rüsten und einzustellen hat. Dieser Chip bleibt nun an dem fertigen Produkt und beinhaltet seine gesamte Wertschöpfungshistorie – ein unschätzbarer Vorteil bei der Identifizierung und Rückverfolgbarkeit. Hinterlegt man hier eine Optimierungsstrategie, kann das zur autonomen Selbststeuerung von Produktionsbereichen führen. Ein weiteres Beispiel sind die „Service auf Knopfdruck"-Lösungen: Für Maschinenbetreiber neuartige Möglichkeiten der Minimierung von Stillstand und Störung!

Die großen Industrienationen arbeiten branchenweit bereits intensiv an dieser „nächsten Industriellen Revolution"; setzen Förderprogramme auf, forschen, realisieren und nutzen die entstehenden Vorteile und Chancen. Und auch in Deutschland dürfte es Unternehmensführer aller Sparten zuträglich sein, den Zug nicht zu verpassen. Lohn der Bemühungen sind nicht nur höhere Flexibilität und Geschwindigkeit; erfahrungsgemäß ergeben sich auch neuartige Wertschöpfungsketten und überraschende, neue Geschäftsmodelle.

Die Digitalisierung in Unternehmen erfolgt zum einen „vertikal", also über technische und kaufmännische Prozesse hinweg auf allen Hierarchieebenen. Zum anderen erfolgt sie „horizontal", das heißt vom Lieferanten über die eigenen Wertschöpfungsprozesse hinweg bis zum Kunden. Es werden Netzwerke aus Realem und Digitalem gebildet, so genannte Cyber-Physische-Systeme (CPS). Für die Schaffung von CPS benötigt man folgende Technologien:
- Kommunikations- und IT-Technik,
- Sensorik, Aktorik, Mensch-Maschine-Schnittstellen,
- Softwaresystematik und Eingebettete Systeme.

Im klassischen Sinne sind also Kernfelder gefordert, in denen die deutsche Wirtschaft schon lange stark ist. Hierzu gehören Automatisierungstechnik, Maschinen- und Anlagenbau sowie IT-Industrie. Hinzu kommen integrierende Methoden, wie

Prozess- und Transformation-Management. Diese sollen vollständig implementierbare Technologiebausteine entwickeln und anbieten, die den Anforderungen von Industrie 4.0 genügen. Man muss festhalten, dass vieles bereits angeboten wird, die Bemühungen aber keinesfalls aufhören dürfen.

Der Weg zu einer Industrie 4.0 erfolgt in Schritten und er beginnt sinnvollerweise mit der Analyse der eigenen Situation und Wertschöpfungslandschaft. Viele Unternehmen befinden sich in den Anfängen, aber: Sie haben sich des Themas angenommen und damit den wichtigsten Schritt überhaupt getan!

Unsere Handlungsempfehlungen

Erstens: Es geht – wieder einmal – um Business Transformation-, um Änderungsmanagement. Und das heißt vor allem, den Menschen, seine Arbeitswelt, seine Work-Life-Balance mitzunehmen und aktiv einzubeziehen.

Zweitens: Die Politik muss Rahmenbedingungen schaffen und Anwendungshemmnisse abbauen.

Drittens: Grundlagenforschung in den einzelnen Funktionsbereichen der Industrie 4.0 muss vorangetrieben und Kooperationen zwischen Wirtschaft, Anwendungsberatung und Technologielieferanten müssen gesucht werden.

Viertens: Unternehmensführer, die Industrie 4.0 umsetzen wollen, benötigen als allererstes ein auf ihre Bedürfnisse ausgelegtes Konzept, einen Plan, für dessen Erstellung sie sich sinnvollerweise Expertise und Beratung durch Spezialisten holen.

Für den Mittelstand gilt in der Quintessenz: Die Implementierung von Industrie 4.0 ist für das Fortbestehen des Unternehmens mittel- und langfristig unverzichtbar und bietet wesentliche Chancen zur Stärkung der Wettbewerbsfähigkeit sowie für neue Geschäftsmodelle!

INDUSTRIE 4.0 – kurz gefasst

- Direkte Kommunikation Cyber-Physischer-Systeme in durchgängigen Datenwelten mit dezentralen Strukturen.
- Verschmelzung der realen mit der virtuellen Welt.
- Industrie 4.0 ist intelligente Wertschöpfung, in der Menschen, Maschinen und Ressourcen auf der Basis von Cyber-Physischen-Systemen und dem Internet der Dinge (IoT) miteinander kommunizieren wie in einem sozialen Netzwerk.

SCHLÜSSELBOTSCHAFT

„Industrie 4.0 ist, bei einer inkrementellen Vorgehensweise, evolutionär. Aber die Wirkung wird gewaltig sein, sie ist revolutionär."[13]

Ein kritischer Faktor ist die Sicherheit. Cyber Security ist zwar schon seit vielen Jahren von Bedeutung, findet dennoch zu wenig Beachtung. Spätestens in der vollvernetzten Fabrik wird der Schutz von Informationen und Systemen zum neuralgischen Punkt. Industrie 4.0 wird ohne Cyber Security nicht funktionieren. Die Frage ist, ob die Unternehmen dies schon verinnerlicht haben. Gefahr droht durch Hacker mit ideologischen Motiven, der organisierten Kriminalität, aber auch durch die eigenen Mitarbeiter, wenn sie dem Arbeitgeber bewusst schaden wollen.

Wenn diesen Risiken vorgebeugt wird, ist der Zugewinn für Unternehmen, die ihre Produktion auf Industrie 4.0 umstellen, eindeutig. Die Echtzeitdaten, mit denen dann operiert wird, sind ein wahrer Problemlöser: Auftragsbestand und Maschinenauslastung werden in Echtzeit abgeglichen, der Materialbestand konstant geprüft und automatische Bestellungen ausgelöst. Das bedeutet weniger Materialbestands-, Logistik- und Handling-Kosten, kürzere Durchlaufzeiten und weniger Fehlbestände.

---

13 SEViX Präsentation vom 15.10.2014 „Industrie 4.0: was und wie?"

4.5.7 Einkauf und Logistik

In vielen Unternehmen übertrifft die Quote der eingekauften Leistungen die der eigenen Wertschöpfung und nimmt einen bedeutenden Teil der leistungswirtschaftlichen Seite ein.

Somit ist es sowohl strategisch als auch operativ notwendig, diesen Kosten in einem Veränderungsprozess besondere Aufmerksamkeit zu schenken.

Denn die Business Transformation-Prozesse leisten bei der notwendigen Post Merger Integration den entscheidenden Beitrag, um Synergien zu realisieren und zu bewerten, und um dann auch den erhöhten Unternehmenswert messbar zu machen. Dieses gilt bei den Materialkosten und den Logistikkosten umso mehr.

Die Kernelemente einer Einkaufs- und Logistikstrategie im Rahmen eines Business Transformation-Prozesses lassen sich aufgrund vielfältiger Erfahrungswerte in Unternehmen anhand von sechs Kriterien beschreiben. Diese werden im Folgenden vertiefend dargestellt. Dabei werden die Begriffe Einkauf und Beschaffung synonym verwendet.

Die Governance

Sie beschreibt im engeren Sinne die Richtlinienkompetenz, Koordinationsfunktion und die Kontrollpflichten unter wirtschaftlichen Aspekten. Die Governance stellt eine Herausforderung für jede Einkaufsorganisation dar, die das Risiko sowie die Chancenpotenziale im Hinblick auf die Unternehmensstrategie abzuwägen hat. Auf operativer und taktischer Ebene gilt es, die Einkaufsprozesse, die die Leistung und Wertschöpfung des Unternehmens beeinflussen, transparent zu machen. Zu diesen Prozessen gehören unter anderem:

* Spend Management (Einkaufs- bzw. Beschaffungscontrolling), darunter ist die Transparenz über das Beschaffungsvolumen sowie über Preise und Mengen aller Unternehmensbereiche weltweit zu verstehen. Es dient der strukturierten Analyse der Lieferantenausgaben mit dem Ziel, Kostensenkungs- und Optimierungspotenziale zu identifizieren und zu überwachen sowie geeignete Maßnahmen in die Wege zu leiten.

- Fakturierung, auch **Rechnungsstellung** genannt, wird ein Vorgang im Rechnungswesen bezeichnet, bei dem einem Kunden eine Rechnung über erfolgte (in seltenen Fällen auch erst vorgesehene) Lieferungen und/oder Leistungen erstellt wird. Bei der Fakturierung erfolgt auch eine Buchung des Geschäftsvorfalls auf passende Konten, zum Beispiel Forderungen, (Bargeld-)Kasse oder Bank und Umsatzerlöse, evtl. Umsatz- und andere Steuern.
- Zahlungsbedingungen umfassen sämtliche Bedingungen hinsichtlich der Zahlungsverpflichtungen eines Käufers aus einem Kaufvertrag sowie deren Zahlungsmodalitäten.
- Lieferantenmanagement (siehe S. 170)
- Vertragsmanagement bezüglich der Erfüllung von Verträgen bezeichnet alle Tätigkeiten im Rahmen des Projektmanagements, die sich mit der Entwicklung, Verwaltung, Anpassung, Abwicklung und Fortschreibung der Gesamtheit aller Verträge im Rahmen eines Projektes beschäftigen.

Die Gewährleistung von einheitlichen Standards, Compliance-Regeln und Grundsätzen sind in der Transformation ein wesentlicher Baustein, um Doppelarbeiten und Mehraufwendungen zu vermeiden und um letztendlich die notwendige Transparenz der Tätigkeiten im Beschaffungsprozess sicherzustellen sowie Verbesserungsmöglichkeiten zeitnah zu identifizieren. In der Beschaffung und in der Logistik sind wesentliche Ergebnisse der Governance allgemeingültige Richtlinien. Sie regeln, wie beschafft wird, welche Prozesse einzuhalten sind und wie die Funktionsschnittstellen zu anderen Businesspartnern definiert sind. Es werden, übertragen auf den Straßenverkehr, die Verkehrszeichen aufgestellt und die (Vorfahrts-)Regelungen beschrieben, um Unfälle und damit Schäden zu vermeiden.

Sicher ist die Governance in den Augen operativer Stellen ein mehr oder weniger bürokratischer Prozess und stößt bei vielen Mitarbeitern auf Widerstände. Sind die Regeln allerdings einmal festgelegt und verbindlich, werden die Transformation und das Alltagsgeschäft effizienter und risikoärmer abgewickelt. Die vielen

Compliance-Vorfälle der Vergangenheit in Unternehmen haben deutlich gemacht, welche Kosten am Ende entstehen, wenn die Governance nicht sauber gelebt wird. Zu der Governance zählt auch die Definition eines einheitlichen Zielsystems. Beschaffungsziele müssen nach Inhalt, Ausmaß und ihrem zeitlichen Bezug definiert sein. Sie werden üblicherweise aus den Unternehmensstrategien abgeleitet. Bleibt die Frage, wer im Rahmen der Transformation diese Governance-Aufgaben verantwortet: der Chief Procurement Officer (CPO), der Einkaufsleiter oder der Chief Operations Officer (COO)? Die zentralen Stellen in einem Unternehmen erarbeiten und beschreiben zusammen mit den operativen Einheiten die Standards und Prozesse.

Die Zielsteuerungsgrößen

Wie bereits erwähnt, ist es für den Business Transformation-Prozess enorm wichtig, über klare Zielsysteme zu verfügen. Sie stellen für die Beschaffung die Transparenz über Ergebnis- bzw. Wertbeiträge sicher und steuern die jeweiligen Funktionen. Aufeinander abgestimmte Zielsysteme führen das Unternehmen zu den geplanten Erfolgen, wenn auch bei Abweichungen Notfallpläne konsequent Anwendung finden. Die Orientierung an den Zielen für die Beschaffungs- und Logistikprozesse verringert unternehmerische Risiken, die aus dem Business Transformation-Prozess entstehen. Ebenso wird die Identifizierung von Verbesserungspotenzialen transparent. Hier greifen die Aufgaben der Governance und die der Zieldefinition eng ineinander. Typische Einkaufsziele sind dabei Einsparungen in Materialkosten und das Working Capital, Lieferantenperformanceziele sowie Prozess- und Qualitätsziele. Die Zieldefinitionen reichen von Finanzzielen (Savings), über Unternehmensziele (Produktivitätsverbesserungen) zu Compliance-Zielen.

Dabei sollte die Anzahl der Zielgrößen überschaubar sein. In vielen Unternehmen herrscht eine wahre Kennzahlenflut, zum Teil mit widersprüchlichen Auswirkungen. Der Messbarkeit dieser Ziele ist besondere Aufmerksamkeit zu schenken. Nur was messbar ist, hat seinen Wert. Die Implementierung von einheitlichen und durchgängigen IT-Tools und unternehmensweiter standardisierter Reporting-Systeme stabilisieren den Prozess. Wesentliche Ergebnisse daraus sind dann zum Beispiel Scorecards für Beschaffung und Logistik, dokumentierte und kommunizierbare Leistungsergebnisse und Abweichungsanalysen.

Das Lieferantenmanagement

Wirft man einen Blick auf die Vertriebsseite – und die Parallelen zur Beschaffung sind hoch – so hat heute jeder professionelle Salesmanager eine klare Übersicht über seine Kunden und deren Prozesse. Spiegelbildlich ist es in der Beschaffung. Hier gilt es, die besten Lieferanten in Bezug auf Risiko, Compliance, Termintreue, Qualität und Preis in seinem Portfolio zu haben. Der Preis ist dabei eine Größe, auf die oftmals die volle Konzentration liegt. Lieferantenmanagement ist aber weitaus mehr. Es stiftet auch im Business Transformation-Prozess einen besonderen Nutzen, da ein aktives Management der Lieferanten und Logistikpartner die Transparenz hinsichtlich der Leistungen und Qualitäten darlegt, die wiederholt angesprochene Risikominimierung sicherstellt, die Einhaltung von Compliance-Regeln gewährleistet und auch klare Potenziale aufzeigt, wie sich langfristige Geschäftsbeziehungen ausbauen lassen. Im negativen Fall: auf welche Art und Weise Geschäftsbeziehungen beendet werden.

1. In der Praxis gibt es heute dazu eine große Anzahl von prozess-stabilen und integrierten Lieferantenmanagement-Systemen, die auch Schnittstellen zu den Finanz- und Operationsprozessen haben. Allen gemeinsam ist, dass der Lieferantenmanagement-Prozess in vier Phasen abgebildet wird: Zu Beginn steht das Design des zukünftigen Lieferantenportfolios. Welche Lieferanten sind im Rahmen der Business Transformation die richtigen, die mein Unternehmen auf das nächste Wachstumslevel bringen? Bei Anpassungen der Unternehmensstrategie können die bisherigen Lieferanten plötzlich an Wichtigkeit verlieren, zum Beispiel wenn die Digitalisierung die analogen Techniken substituiert.

Dies findet derzeit unter anderem in der Automobilindustrie statt. Oder wenn im Sinne einer Wertschöpfungspartnerschaft die Entwicklungskompetenz und ein globales Servicenetz die essenziellen Determinanten sind. Am Ende der ersten Phase des Lieferantenmanagement-Prozesses stehen die Lieferantenauswahl und das entsprechende Portfolio mit potenziellen Lieferanten.

2. Nun startet die zweite Phase: die Lieferentenbewertung. Diese erfolgt in der Regel auf Basis der bestehenden Lieferprozesse. Die Bewertung sollte gerade im Business Transformation-Prozess klaren Regeln folgen. Es stehen dazu verschieden Bewertungsmethoden zur Verfügung, wie Fragebögen, Scorecards, persönliche Besuche oder eine Bewertungssoftware. Die Bewertungen lassen sich dann in einem Portfolio gut abbilden, in dem nach Wechselkosten und Wechselaufwand unterschieden werden kann. Sind beide Dimensionen stark ausgeprägt, so sind die Risikolieferanten klar zu identifizieren und strategisch in der Business Transformation anzugehen, zum Beispiel als strategische Partner. Auf der anderen Seite des Portfolios stehen die Lieferanten, mit denen vermehrt die Abwicklung automatisiert erfolgt. Meistens werden hier Standardleistungen bezogen.

3. Der dritte Baustein im Lieferantenmanagement sind Entwicklungsprogramme mit Lieferanten, sei es um die Performance zu verbessern oder weitere Potenziale aus der Beziehung zu holen, damit verbunden sind auch Innovationen. Typische Hebel sind das Target Costing, Redesign von Prozessen und Produkten sowie eine gemeinsame Innovationsgenerierung. Dieser Punkt wird heute in der Praxis noch nicht ausreichend angewendet. Lieferanten werden häufig noch als reine Zulieferer gesehen, doch tragen sie ein großes Innovationspotenzial in sich, was für das eigene Unternehmen Vorteile bringen kann. Dieses Potenzial ist nicht nur auf Lieferungen und Leistungen beschränkt, sondern es geht bis in die Transformationsprozesse hinein. Strategische Lieferanten kennen ihre Kunden sehr gut und kennen auch deren Schwachstellen.

4. Ausphasen von Lieferanten: Dieser Aspekt soll an dieser Stelle nur Erwähnung finden. Lieferanten und Dienstleister, die die definierten Zielgrößen über längere Zeit nicht erreichen oder erreichen können bzw. sich einem Wertsteigerungsprogramm verschließen, müssen rechtzeitig abgewickelt werden. Sollte es sich dabei um Risikolieferanten handeln, sind dementsprechend Second-Source Lieferanten frühzeitig aufzubauen, um Anhängigkeiten zu reduzieren.

Das Warengruppenmanagement (WGM)

Stellt man sich die Frage, welche eigentliche Kernaufgabe der Einkauf im Unternehmen hat, so ist die Antwort häufig das Heben von Synergievorteilen. Gerade im Veränderungsprozess ist die frühzeitige Identifizierung und das konsequente Heben von Synergien ein Erfolgshebel. Hier setzt das WGM an. Sein Ziel ist es, vergleichbare Ausgaben auf den verschiedenen Ebenen in einem Unternehmen zu Warengruppen zusammenzufassen. Daraus leiten sich dann Synergieeffekte ab, die sich in den Beschaffungskennzahlen widerspiegeln. Der Nutzen eines professionellen WGM ist es dann, die gebündelte Nachfragemacht am Markt auszuspielen. Aber auch in cross-funktionaler Hinsicht trägt das WGM zum Erfolg bei: Die Experten verschiedener Funktionen im Unternehmen sitzen zusammen, unter anderem Entwicklung, Qualität, Produktion, um für eine Warengruppe die richtigen Strategien abzuleiten. Letztendlich trägt dies ebenso dazu bei – neben den Einsparungen –, eine Minimierung des Risikos von Versorgungsengpässen sicherzustellen.

Das WGM im Business Transformation-Prozess hat als Ausgangspunkt eine detaillierte Analyse von drei wichtigen Größen, die sich in einem dreidimensionalen **Spend Cube** abbilden lassen, der auf Basis unterschiedlicher Rohdaten zu Verbindlichkeiten (wie Lieferanten-, Vertragsdaten, internen Verrechnungssätzen, Hauptbuch) entwickelt wird.

Was wird gekauft (**Kategorie**), wer kauft es ein im Unternehmen (**Nachfrager**), von wem wird gekauft (**Lieferanten**)? An dieser Stelle wird auf die Ausführungen zum Thema Governance im vorherigen

Abbildung 21: Spend Cube bringt die richtigen Daten auf den Tisch

Cube-Datensegmente nach Kategorie, Standort und Lieferant einbringen

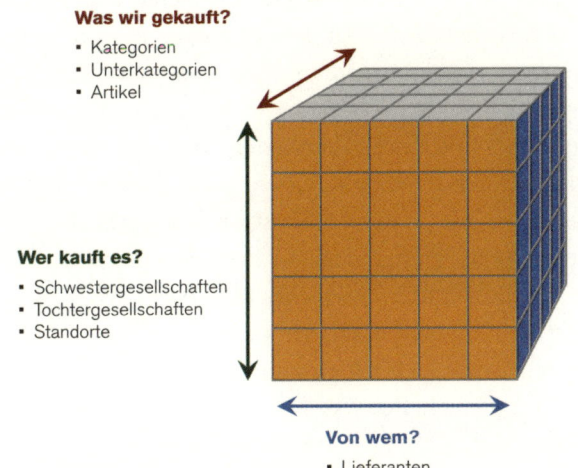

Was wir gekauft?
- Kategorien
- Unterkategorien
- Artikel

Wer kauft es?
- Schwestergesellschaften
- Tochtergesellschaften
- Standorte

Von wem?
- Lieferanten

Wirksames Instrument für die Bewertung von Ausgaben und Identifizierung von Einsparmöglichkeiten

Identifiziert Möglichkeiten, den Einkauf zu hebeln, zum Beispiel:
- Wie fragmentiert ist der Beschaffungsmarkt?
- Sind Skaleneffekte im Einkauf möglich?
- Liefern interne Benchmarks Möglichkeiten für Preisanpassungen?
- Kaufen wir von den richtigen Lieferanten?

Bietet Grundlage, die erforderlichen Prozess- und Gestaltungsmöglichkeiten analytisch zu bewerten, zum Beispiel:
- Wie wirken sich aktuelle Beschaffungsprozesse auf die Gesamtkosten der Beschaffung aus?
- Wie viel Geld wird für nicht wertschöpfende Ausgaben oder Spezifikationen verschwendet?

Unterkapitel verwiesen; die Transparenz des unternehmerischen Handelns ist von extremer Wichtigkeit. Kann zu den drei genannten Größen keine Auskunft gegeben werden, sind die Prozesse nicht transparent und das Handeln unter Umständen nicht fokussiert genug. Hier sei ein Vergleich zu einem Segler zu nennen, der ohne Kompass aufs offene Meer fährt. Sollte er sein Ziel erreichen, hat er viel Glück gehabt, da es spätestens bei schlechter Sicht oder nachts zu einem wahren Glücksspiel wird.

Aufbauend auf dem Spend Cube erfolgt eine Priorisierung der Materialgruppen nach Höhe der Einsparpotenziale und deren Realisierbarkeit. In der Praxis eigene sich in einem ersten Schritt vor allem die Warengruppen aus dem indirekten Material und standardisierte Produktionsmaterialien. Dann können die Komplexitäten der Warengruppen ausgebaut werden. Die dadurch klassifizierten Warengruppen müssen einer tieferen Analyse unterzogen werden, und zwar hinsichtlich des konkreten Bedarfes (was wird beschafft), der relevanten Lieferanten (wer kann liefern, wer liefert) und bei bestehenden Lieferantenbeziehungen nach den vorhandenen Vertragsarten. Aufbauend auf der Vorbereitung und Analyse erfolgt die Strategiedefinition für die Warengruppen. Sie orientiert sich an den Dimensionen der Lieferantenstrategie (siehe Lieferantenmanagement), Technologiestrategie des zu beschaffenden Materials/der zu beschaffenden Leistung, interner Sourcing-Prozesse und der Verhandlungsstrategie. Schließlich erfolgt die Implementierung der WGM-Strategie im Business Transformation-Prozess anhand von Roadmaps sowie Meilensteinen. Wichtig ist, alle Stakeholder einzubeziehen und auch die Strategie klar zu kommunizieren. Es reicht bei Weitem nicht aus, wenn nur der Einkauf und/oder die Logistik von der WGM-Strategie Kenntnis haben. Die Ausführenden sind dabei installierte Lead Buyer, die die Verantwortung für das mandatierte Beschaffungsvolumen des WGM tragen.

Das Kompetenzmanagement

Die Business Transformation ist eine anspruchsvolle unternehmerische Aufgabe, die neben der Mitarbeitermotivation auch deren Qualifizierung sicherstellen muss. Eine Beschaffungsorganisation, die den Prozess aktiv und umsetzungsstark betreiben soll, muss hinsichtlich der verändernden Aufgaben qualifiziert werden. Nur so kann sichergestellt werden, dass die notwendigen Kompetenzen ausgebaut werden und dem Unternehmen erhalten bleiben. Dieser Kompetenzaufbau betrifft aber nicht nur die Beschaffung und Logistik, sondern notwendigerweise alle Funktionen. Und es stellt sich die Frage, ob Unternehmen in dieser Phase nicht spätestens damit beginnen sollten, eine eigene Schulung bzw. Academy aufzubauen, entsprechende Dienstleister zu integrieren oder ein internes E-Learning zu implementieren. Immer häufiger werden in der Praxis auch Weiterbildungsprogramme zusammen mit universitären Lehrstühlen angeboten. Vertiefte Ausbildungsprogramme zu den oben genannten Themen, die Expertenwissen benötigen, sind aufzusetzen. Auch wird es im Rahmen der Umsetzung neue Themenfelder geben (Schlagwort Digitalisierung), die neue Funktionsprofile erfordern. Wenn das WGM noch nicht etabliert ist, so wird das Funktionsprofil eines Warengruppenmanagers bzw. Lead Buyers entstehen. Oder in einem übergeordneten Rahmen die Funktion eines Digital Chief Officers. Innovationen führen zu neuen Prozessen und Strukturen, auch in der Beschaffung und in der Logistik. Die aktive Qualifizierung der Mitarbeiter und Führungskräfte ist ein Muss. Ausbau der Kompetenzen der Mitarbeiter in der Beschaffung leitet zu einem letzten Punkt über, der die Interaktion aller Beteiligten im Business Transformation-Prozess anspricht:

Das Einkaufsnetzwerk

Es steuert alle Aktivitäten des Einkaufs im Unternehmen und entsprechend in der Business Transformation. Dabei gibt es eine Anzahl von praktischen Modellen, wie die Steuerung des Netzwerkes erfolgen kann. In der Praxis hat sich die Installation eines Einkaufsboards als höchste Entscheidungsinstanz erfolgreich etabliert. Gerade in dezentralen Unternehmenseinheiten muss sichergestellt werden, dass die Interessen der Einheiten Berücksichtigung finden. Das Einkaufsboard setzt sich aus den Entscheidungsträgern der jeweiligen dezentralen Units zusammen. Hier werden alle unternehmensrelevanten Entscheidungen getroffen. Das Einkaufsboard gibt sich dazu feste Spielregeln und beschreibt diese im Rahmen eines Geschäftsauftrages. Der Sprecher des Boards berichtet direkt an den Vorstand. Die Entscheidungsdurchführungen liegen dann in den Einheiten und dem WGM. Die Einbindung des Vorstandes garantiert eine ausreichende Aufmerksamkeit vonseiten des Managements.

Der Erfolg des Einkaufsnetzwerkes wird maßgeblich davon abhängen, wie im Rahmen des Business Transformation-Prozesses kommuniziert wird. Dabei muss geklärt werden, ob alle Beteiligten im Prozess den gleichen Informationsstand haben, diese Informationen auch verstanden haben und die Leistungen des Einkaufs „richtig" dargestellt werden können. Oftmals ist es in Business Transformation-Prozessen so, dass die Leistungen einzelner Funktionen – so auch des Einkaufs und der Logistik – nicht ausreichend kommuniziert werden und somit ein gewisses Misstrauen erzeugt wird, was diese jeweilige Funktion leistet. Dies führt dann häufig zu Ineffizienzen im Prozess. Hier gilt es, aktiv Impulse zu setzen, wie mithilfe neuer Medien. Beispiele aus der Praxis sind internationale Einkaufsportale, Newsletter, Booklets, Podcasts oder Einkaufskonferenzen, in denen immer wieder die zukünftigen Trends und Strategien einem größeren Teilnehmerkreis vorgestellt werden. Alle Medien – bereits bestehende oder innovative – sollten dann in einem Kommunikationsplan dargestellt werden.

Zusammenfassend kann festgehalten werden, dass Einkauf und Logistik Funktionen mit komplexen Verantwortungen darstellen, die im Transformation-Prozess aufgrund ihrer unmittelbaren Ergebniswirkung große Verantwortung tragen. Aufbau klarer Strukturen, Prozesse und Regelwerke, messbare Zielgrößen und deren Verfolgung, managen von Lieferantenbeziehungen, strategische Ausrichtung von Materialgruppen und das Etablieren eines Einkaufsnetzwerkes sind wesentliche Bausteine für den Erfolgsbeitrag.

4.5.8 Vertrieb

Unternehmen befinden sich heute in einem extremen, zunehmend globalen Wettbewerb, der dem Kunden als „Homo Digitalis" eine scheinbar unendliche Angebotsanzahl bietet. Bei der Entscheidungsfindung wird massiv auf die digitalen Informationsangebote zurückgegriffen. Für Unternehmen ist es daher lebensnotwendig die richtige Vertriebsstrategie zu finden.

Wie erfolgt der Strategiefindungsprozess des Vertriebs?

Strategieentwicklung ist der Job des CEOs oder des CSOs, der dann die Stakeholder in diesen Prozess integriert. In einer gesunden Unternehmenskultur sehen diese Personen das gesamte Unternehmen mit ihren verschiedenen, voneinander abhängigen Bereichen transparent vor sich liegen. Sie kennen Mitarbeiter und deren Ideen sowie Innovationsquellen. Sie können am besten erkennen, wo spannende Möglichkeiten liegen. Der CEO, CSO oder der Bereichsleiter muss letztlich die Ressourcen der Strategie entsprechend festlegen. Sie müssen den Kopf hinhalten, wenn sie fehlschlägt, aber erhalten auch den Applaus, wenn die Strategie erfolgreich ist.

Mit den folgenden Fragekomplexen kann in fünf Sessions die bisherige Vertriebsstrategie auf den Prüfstand gestellt und damit transparent gemacht werden, ob sie das Unternehmen unter disruptiven Marktbedingungen und im Digitalisierungszeitalter weiterbrachte. Die Strategiefindungsfragen helfen auch dabei zu entscheiden, wie die Strategie zu verbessern ist oder ob sie völlig abgeändert werden muss.

Wie sieht Ihr Geschäftsfeld gerade aus?

- Wer sind Ihre großen und kleinen, alten und neuen Wettbewerber?

- Wer hat weltweit/regional welchen Marktanteil in welchem Markt/
Applikationsfeld?

- Wo steht Ihr Unternehmen?

Wie lässt sich das Geschäftsfeld charakterisieren?

- Handelt es sich bei den einzelnen Produktfeldern um Massenware,
um hochwertige Produkte oder irgendetwas dazwischen?

- Wie lang oder kurz ist der Produktlebenszyklus?

- Wo lässt sich Ihr Angebot auf seiner Wachstumskurve einordnen?

- Wovon hängt die Rentabilität ab?

- Welche Qualität erwarten der Kunde/die Kundengruppen?

- Was ist der Kunde bereit, für das Produkt oder die Dienstleistung zu
bezahlen?

- Welche Kaufkraft steht regional zur Verfügung?

Worin liegen die Stärken und Schwächen eines jeden einzelnen
Wettbewerbers?

- Wie gut sind die Produkte?

- Wie viel geben die einzelnen Wettbewerber für Forschung und
Entwicklung aus?

- Verfolgen die Wettbewerber eine Pionierstrategie (First) oder eine
Folger-Strategie (Follower) und mit welchem Erfolg?

- Wie stark ist der Vertrieb jedes einzelnen Wettbewerbers?

- Wie leistungsorientiert ist die einzelne Unternehmenskultur der
Wettbewerber?

Wer sind Ihre Hauptkunden in diesem Geschäftsfeld, und wie ist
deren Kaufverhalten?

Welche Erfolgsdeterminanten muss der ideale, zukünftige Lieferant
aus strategischer Sicht der Entscheider der Hauptkunden erfüllen?

Es ist immer wieder erstaunlich, wie häufig Diskussionen durch diesen Fragenkomplex ausgelöst werden. Zum Beispiel ist es nicht selten, dass Menschen, die sich gemeinsam ein Büro teilen, völlig unterschiedliche Ansichten über dieselbe Wettbewerbssituation haben. Die Auseinandersetzungsart zu den unterschiedlichen Bewertungen macht es lohnenswert, sich so intensiv mit diesem Fragenkomplex zu beschäftigen, bis er „allen zu den Ohren herauskommt". Eine fruchtbare, intensive Debatte bringt alle Beteiligten auf die gleiche Wellenlänge – was die Grundvoraussetzung ist, um schließlich die entscheidende, zündende Idee zu haben.

Strategie-Session II	**Welche Aktivitäten betreiben die Wettbewerber zur Erhöhung ihrer Marktanteile?**
	• Was haben die einzelnen Wettbewerber im letzten Jahr unternommen, um das Geschäftsfeld zu verändern?
	• Hat jemand neue Produkte, neue Technologien oder einen neuen Vertriebskanal eingeführt und damit das Geschäftsfeld verändert?
	• Gibt es neue Wettbewerber, und was haben sie im letzten Jahr getrieben?

Diese Fragen bringen Leben in die Akteure: „Konkurrent A hat unseren Entwicklungschef des Geschäftsbereichs I abgeworben. Konkurrent B hat drei neue Produkte eingeführt. Die Wettbewerber E und M haben fusioniert und schlagen sich jetzt mit allen möglichen Post-Merger-Integration-Problemen herum." Einige dieser Fragen wurden vielleicht bereits bei der ersten Strategie-Session beantwortet, aber jetzt ist es an der Zeit, sich ausführlich mit dem Konkurrenzverhalten zu beschäftigen. Und zwar bis ins allerletzte Detail.

<table>
<tr><td rowspan="4">Strategie-Session III</td><td>Was hat Ihr Unternehmen im letzten Jahr gemacht?</td></tr>
<tr><td>• Was haben Sie im letzten Jahr getan, um das Geschäftsfeld zu verändern?</td></tr>
<tr><td>• Haben Sie ein Unternehmen gekauft, ein neues Produkt eingeführt, Ihrem Konkurrenten wichtige Mitarbeiter abgeworben oder eine neue Technologie von einem Start-up übernommen?</td></tr>
<tr><td>• Haben Sie Vorteile gegenüber dem Wettbewerb verloren, die Sie früher hatten – gute Mitarbeiter, ein besonderes Produkt, eine geschützte Technologie?</td></tr>
</table>

Den Einzelnen diese Fragen unerbittlich unter die Nase zu reiben, wenn man hintergangen wurde, ist das Beste daran. Der direkte Vergleich zwischen Session II und Session III verrät Ihnen, ob Sie marktführend sind oder der Konkurrenz hinterherhinken. Wichtig dabei ist das Verständnis, dass die Fragen aus Session II und Session III zusammengehören. Diese beiden Fragenkomplexe nehmen einer Strategie alle Statik und bereiten Sie auf die nächsten Fragen vor.

<table>
<tr><td rowspan="5">Strategie-Session IV</td><td>Welche Chancen und Risiken birgt die Zukunft?</td></tr>
<tr><td>• Welche Entwicklung würde Ihnen im nächsten Jahr die meisten Sorgen bereiten?</td></tr>
<tr><td>• Welche ein, zwei Aktionen könnte ein Wettbewerber angehen, um Sie in den Ruin zu treiben?</td></tr>
<tr><td>• Welche neuen Produkte oder Technologien könnten Ihre Wettbewerber auf den Markt bringen, die das Geschäftsfeld grundlegend verändern würden?</td></tr>
<tr><td>• Welche Fusionen und Unternehmenszukäufe würden Sie aus der Bahn werfen?</td></tr>
</table>

Diese Fragen haben es in sich, werden aber häufig nicht intensiv genug diskutiert, weil man die Antworten auf substanziellen Inhalt nicht hartnäckig hinterfragt. Bei der Beantwortung dieser Fragen machen die meisten Manager den Fehler, die Macht und die

Leistungsfähigkeit ihrer Wettbewerber zu unterschätzen. Viel zu oft wird davon ausgegangen, dass der Wettbewerb immer so aussehen wird wie in den gestellten Fragen der Session I – dass er eine statische Größe ist. Um die richtige Strategie zu entwickeln, müssen Sie davon ausgehen, dass Ihre Konkurrenten überaus gut sind oder mindestens so gut wie Sie. Und dass sie genauso schnell agieren wie Sie. Oder sogar schneller. Wenn man in die Zukunft schaut, müssen Sie als Entscheidungsträger eine gesunde Skepsis besitzen.

Strategie-Session V	**Wie setzt sich Ihr Unternehmen nachhaltig vom Wettbewerb ab?** • Was können Sie tun, um das Geschäftsfeld zu verändern – eine Übernahme, die Einführung eines neuen Produkts, Globalisierung, Digitalisierung? • Was können Sie tun, damit die Kunden Ihnen treu bleiben – mehr als je zuvor und treuer als alle Kunden Ihrer Wettbewerber?

Für den Strategieentwicklungsprozess ist ein gutes Team essenziell, das offen, motiviert, voller Leidenschaft für das Geschäft und mutig genug ist, abweichende Meinungen zu vertreten. Die Strategieentwicklung macht Spaß und stimuliert das Team.

Wenn Sie all diese Fragen beantwortet haben, sollte die Wirkung Ihrer Vertriebsstrategie ziemlich klar sein. Ihre Geschäftsidee führt zum Erfolg – oder muss geändert werden. Selbst wenn Sie bisher noch keine Strategie hatten, sollten Sie jetzt, mithilfe dieses Prozesses, eine haben. Und das Spiel hat gerade erst begonnen.

Nun ist der richtige Zeitpunkt gekommen, den Strategiefindungsprozess zu beenden und zur Tat zu schreiten. Sie entscheiden, das neue Produkt auf den Markt zu bringen, die Übernahme zu tätigen, die Vertriebsressourcen zu verdoppeln oder in neue Kapazitäten zu investieren.

Die richtigen Leute für die Strategieumsetzung
Jede Strategie, egal wie schlau, ist leblos, bis sie durch die Mitarbeiter im Unternehmen zum Leben erweckt wird – durch die richtigen

Mitarbeiter. Bloßes Reden bringt das Unternehmen nicht weiter. Das ist heiße Luft. Nur wenn die richtigen Leute den Umsetzungsauftrag erhalten, kann eine neue Strategie richtig durchstarten.

Strategieumsetzung: Führung und Integration der Mitarbeiter, wagemutiges Handeln

Um sich in Zeiten des dynamischen Wandels zu behaupten, bedarf es zweifelsfrei geeigneter Instrumente. Diese können aber ihre volle Wirksamkeit nur entfalten, wenn dazu passende Einstellungen sowohl bei den im Business Transformation-Management[14] verantwortlichen Executive Managern als auch bei den Mitarbeitern zugrunde liegen. Diese müssen von gegenseitiger Wertschätzung, Bereitschaft zu Selbstverantwortung, Zusammenarbeit, Flexibilität und Gestaltungswillen geprägt sein.

Es gilt: Die einzelnen Teile entfalten ihre volle Wirksamkeit erst im Zusammenspiel mit den anderen.

Erfolgreiche Unternehmen setzen auf Risiko- und Lernbereitschaft

In Wirklichkeit bleibt es allerdings oft bei Lippenbekenntnissen. Zwar drängen viele Führungskräfte ihre Mitarbeiter, neue Wege zu gehen und etwas zu wagen, doch wenn es schiefgeht, trägt der Mitarbeiter die Konsequenzen. Und wahr ist auch, dass allzu viele Verantwortliche in ihrer eigenen Welt leben. Alles Neue hat da im Grunde keine Chance, da weiterhin nach dem Credo gearbeitet wird: „Stammt nicht von uns, kann nicht gut sein."

Wenn Sie wirklich wollen, dass Ihre Leute experimentieren und ihren Horizont erweitern, müssen Sie mit gutem Beispiel vorangehen. Nehmen wir den Wagemut. Sie können eine entsprechende Unternehmenskultur etablieren, indem Sie sich offen zu eigenen Fehlern bekennen und gleichzeitig deutlich zeigen, was Sie daraus gelernt haben.

---

14 Business Transformation-Management ist ein Synonym für die Generierung eines resilienten Geschäftsmodells durch einen methodischen Strategiefindungsprozess im Kontext mit einer gelebten Wandelkultur. Diesem folgt ein stetiger operativer Prozess des kreativen Entstehens und Zerstörens.

Denn unsichere Zeiten verlangen unternehmerisches, wagemutiges Handeln. Die Stunde des Business Transformation-Managers hat nun geschlagen. Dieser ist entschlossen, unternehmerisch im Sinne der Strategie zu handeln. Er fragt nicht lange um Erlaubnis, sondern nimmt Einfluss und gestaltet eigenständig. Auch weiß er, dass er anderen auf die Füße treten wird – und scheut davor nicht zurück. Ihm ist klar, dass es immer wieder unterschiedliche, zum Teil auch völlig gegenläufige Interessen geben wird. Es reizt ihn geradezu, sich solchen Auseinandersetzungen zu stellen. Er geht davon aus, dass ihm nichts geschenkt wird. Er weiß, es gibt viele Widerstände und Trägheit zu überwinden – bei den Beteiligten und bei sich selbst. Für ihn sind Widerstände aber kein Stoppschild, er handelt vielmehr nach dem Motto eines guten Verkäufers: „Beim Nein des Kunden fängt der Verkauf erst an."

4.5.9 After Sales Service

Die Zeit des klassischen Kundendienstes ist vorbei! Kunden standen, nach Ablauf der Gewährleistungsfrist, häufig nicht im Mittelpunkt der Originalhersteller. Sie waren Mittel zum Zweck des Verkaufs von neuen Produkten. Servicemitarbeiter, die auf Kundenanrufe warten und anschließend unabhängig von den Kundenprioritäten nach Belieben ihre Servicetour planen, um den Kunden in der Nutzung des Produkts zu unterstützen oder turnusmäßige Wartungen durchzuführen, haben den Kundenfrust nach oben getrieben und somit auch den Wunsch nach unabhängigen Serviceanbietern.

Unzufriedene Kunden klagen über:
- Lange Stillstandzeiten bei teuren Maschinen durch schlechte OEM Service Performance;
- Hohe Kundendienstrechnungen für mehrfache Anfahrten und unzählige Arbeitsstunden, weil Ersatzteile fehlen oder der Servicemonteur unfähig war.

Intelligente Geschäftsmodelle im Service basieren nicht mehr auf der Verrechnung von Stundensätzen, Anfahrtspauschalen oder dem

Abbildung 22: Bausteine der Kundenzufriedenheit

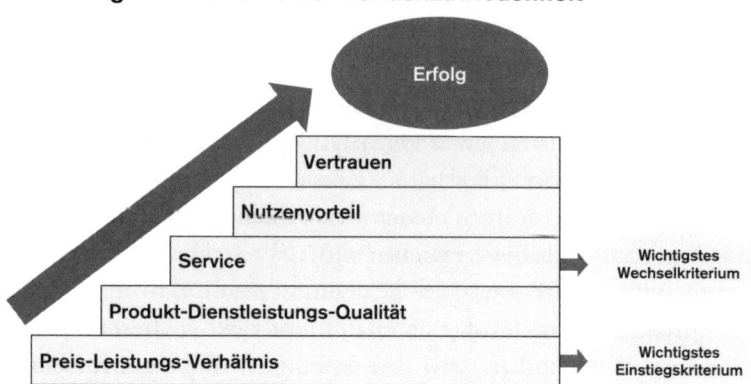

Vertrieb von Ersatzteilen. Kunden sind nicht mehr bereit, sich durch unverständliche Betriebsanleitungen zu quälen, sondern erwarten eine interaktive und intuitive Führung.

Alle Kontaktpunkte mit Händler und Servicecenter müssen den Kunden schnell und kompetent unterstützen, seine Historie kennen und als eine Einheit agieren, Stichwort ist hier „one-face-to-the-customer". Unternehmen, die ihre Kunden- und Betriebsdaten als strategische Ressource verstehen und diese für den Aufbau neuer Dienstleistungen zu nutzen wissen, werden nachhaltig erfolgreich sein.

Abbildung 23: Service sichert Wettbewerbsvorteil in der Zukunft

Nutzen des Services

Bisher als Gewährleistungsaspekt zur Sicherung einer hohen Verfügbarkeit und Betriebsbereitschaft unter marktgerechten und wirtschaftlichen Gesichtspunkten

Zukünftig als wesentlicher Bestandteil des strategischen Marketings zur

- **Kundenbindung:** durch garantierte Verfügbarkeit und Betriebsbereitschaft
- **Kundengewinnung:** durch Differenzierung und Profilierung
- **Marktanteilserweiterung:** durch Imageerweiterung und nach Kundenklassen differenzierte Serviceprodukte

Die im After Sales Service erfolgreichen Unternehmen generieren:
- Umsatzanteil After Sales zu Gesamtumsatz > 30 %
- Bruttomarge im After Sales > 40 %
- Der After Sales Service ist bei erfolgreichen Unternehmen strategisch relevant und gleichberechtigt zu anderen Bereichen. Da die Wettbewerbssituation im After Sales bei vielen Unternehmen eine andere ist als im Neuanlagengeschäft, ist der Markt abgrenzbar. Das ist die Voraussetzung zur Bildung einer agilen Organisation, die zum Beispiel als Profitcenter oder auch als eigenständige Gesellschaft organisiert sein kann.

Der Vertrieb erfolgt eigenständig innerhalb der Serviceorganisation. In vielen Fällen wird auch ein externes Partnerunternehmen einbezogen. Die Ausrichtung des Vertriebs beinhaltet dabei das Heben von latenten Marktpotenzialen, aktuelle Kenntnisse von den Stärken und Schwächen des Wettbewerbs, das Produktportfolio und vor allem frühzeitig die Anforderungen der Kunden in den unterschiedlichen Kundenklassen (Erst-, Zweit-, Drittbesitzer) zu antizipieren.

Im Aktivitätenmittelpunkt stehen bei diesen Unternehmen eindeutig der Kunde und die gemessene Kundenzufriedenheit, also alle Aktivtäten und Produkte, die äquivalente Zahlungsbereitschaft im Käufermarkt generieren. Bei erfolgreichen Unternehmen ist die gemessene Kundenzufriedenheit Bestandteil des Qualitätsmanagements und des variablen Vergütungssystems.

Die Messung der Kundenzufriedenheit erfolgt über KPIs, die die Käuferbedürfnisse reflektieren. Erfolgreiche Unternehmen führen auf breiter Basis die KPI-Ergebnismessung in Marktbearbeitung, Produkt- und Dienstleistungsservice, Fieldservice und Kundenzufriedenheit durch. Wesentliche Erfolgsdeterminante ist hierbei jedoch, dass diese Unternehmen aus den Ergebnissen konkrete Maßnahmen ableiten und umsetzen.

Danach stehen die Ausweitung des Produktportfolios und dessen Marktbearbeitung im Blickfeld. Bei der Marktbeobachtung werden alle kundenrelevanten Parameter und das Wettbewerbsumfeld erfasst. Dabei werden besonders der Bedarf und das Kaufverhalten von Zweit- und Drittbesitzern beachtet. Es wird das komplette Portfolio von Serviceprodukten und -dienstleistungen angeboten, um so den kompletten Lebenszyklus des Produktes abzudecken.

Entwicklung einer Servicestrategie

Best-in-Class-Service erfordert visionäres Denken, eine klare Strategie sowie Commitment und Involvierung des Topmanagements. Zur Entwicklung einer ertragreichen Servicestrategie gilt es einerseits, die technischen Rahmenbedingungen zu schaffen, andererseits muss aber auch ein organisatorisch-kulturelles Umdenken eingeleitet werden.

Neue, auf verschiedene Kundenanforderungen und Kundenklassen, das sind Erst-, Zweit- und Drittbesitzer, zugeschnittene Geschäftsmodelle und Konzepte, müssen entwickelt und mit der technologischen Seite zusammengeführt werden. Diese müssen eine temporäre Koexistenz mit bisherigen Modellen haben. Die Abbildung verdeutlicht die Phasen in der Entwicklung eines Best-in-Class-Service für Unternehmen. Entlang dieses Phasenmodells vom intelligenten Produkt zu einem Spitzen-Service-Unternehmen verbergen sich vier parallele Topaktionsfelder, deren Vernachlässigung ein gravierender Fehler wäre, der eine komplette Anwendung oder einen kompletten Prozess blockiert:

Abbildung 24: Best-in-Class-Service entwickeln

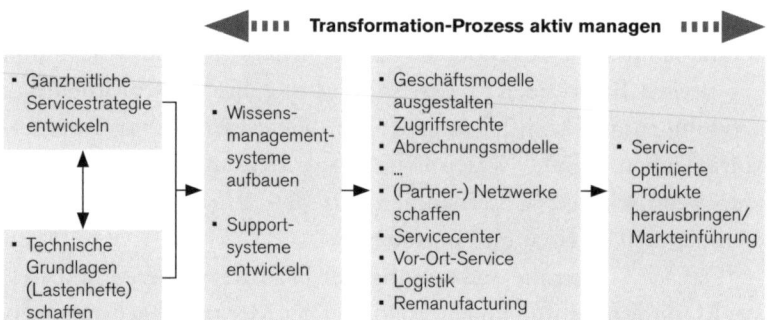

186

Intelligente Lösungen, wie zum Beispiel prädiktive Instand-haltung, E-Commerce, Fieldservice, On Site, Remote Service, Zustandssensorik, Product Lifecycle Management (PLM), E-Learning, Dokumentation, Digitalisierung etc., stehen hierbei im Fokus. All dies kann man unter der großen Überschrift „Service 4.0" subsumieren.

Service 4.0

Service 4.0 setzt verschiedene Bausteine aller Funktionsbereiche der Industrie 4.0 sukzessive zusammen, mit dem Ziel einer vollständigen und zugleich effizienten Fokussierung auf die Kundenbedürfnisse und Individualisierung des Serviceangebots.

Vernetzung und Integration

Die digitale Vernetzung zum Datenaustausch zwischen Menschen, Abteilungen, Unternehmen, Produkten, Maschinen und Anlagen ist ein Kernelement von Industrie 4.0. Cloud-Technologien und das Internet der Dinge sind technologische Treiber.

- „Remote"-Diagnostics, -Reparaturunterstützung (ggf. mit Bildübertragung), -Steuerung und -Softwareupdates;
- Vorausschauende Instandhaltung und frühzeitiges Eingreifen unabhängig von festen Zeitintervallen, Ersatzteile für Reparaturen sind vorab identifizierbar, optimierte Technikereinsatzsteuerung;
- Austausch und integrierte Planung von Bedarfs- und Bestandsdaten über verschiedene Standorte.

Dezentralisierung und Serviceorientierung

Produkte und Prozesse werden modularer und Services rücken zunehmend in den Vordergrund. Je nach Bedarf und Kapazität wer-den einzelne Services als Bausteine bei einem geeigneten Anbieter (intern oder extern) abgerufen und angeboten.

- Auf den Kunden zugeschnittene Serviceverträge wie:
  - Garantieerweiterungen;

- Pay-per-use-Modelle: Anlageinfrastruktur oder Maschine wird von Hersteller dem Kunden gegen ein Serviceentgelt als Dienstleistung (z. B. je Betriebsstunde) zur Verfügung gestellt;
  - Leasing-/Finanzierungskonzepte;
- Auftragspriorisierung und Einsatzplanung unter Berücksichtigung von Servicevereinbarungen, Know-how und Kapazitäten von Mitarbeitern, flexible Einbeziehung von Dienstleistern, Anbieten und Kauf freier Kapazitäten am Markt;
- Management von fremden Ersatzteilbeständen, Bestands-Pooling-Modelle;
- Integriertes, intelligentes Tauschkomponenten-Konzept.

Selbstorganisation und Autonomie

Systeme werten selbst Daten aus und reagieren darauf, das heißt, sie optimieren und organisieren sich über Regelkreise selbst. Im Zentrum stehen Cyber-Physische Systeme, die mit der Umgebung interagieren oder miteinander kommunizieren.

- Reaktion auf Umwelteinflüsse, Erkennen von Fehlern und Abweichungen durch Gerät/Anlage/Maschine im Betrieb;
- Bestellung benötigter Ersatzteile und Servicetechniker basierend auf selbstständiger Zustands- und Fehlerdiagnose;
- Ersatzteilmanagement: automatisiert ausgelöste Bestellvorgänge oder Umlagerungen.

Resümee

Die Erkenntnis der Notwendigkeit einer kundenorientierten Neuausrichtung der Services ist genaugenommen nicht neu und wurde schon in den letzten zehn Jahren immer wieder propagiert. Nun sind aber die Grundlagen für die tatsächliche und umfängliche Umsetzung geschaffen! Für Unternehmen ist es jetzt höchste Zeit, neue Wege einzuschlagen, um sich nicht von oft noch unbekannten Wettbewerbern überholen oder gar abhängen zu lassen.

4.5.10 Recht

Bei einer Business Transformation können sich im Unternehmen und im Umfeld des Unternehmens Änderungen ergeben, die rechtlich relevant sind. Jede vorstellbare Situation zu beschreiben, würde den Rahmen dieses Buches sprengen; nachfolgend sind jedoch einige Beispiele genannt, die im Rahmen einer Business Transformation bedeutsam sein können:

- Änderungen in der Unternehmensstruktur, zum Beispiel durch Verschmelzung oder Neugründungen von Unternehmenseinheiten, müssen juristisch begleitet werden, um die gesellschaftsrechtlich wesentlichen Themen abzudecken.
- Dabei muss auch geprüft werden, wer die Entscheidung zur Änderung treffen kann. Je nach Rechtsform und Governance-Struktur mag die Zustimmung des Aufsichtsorgans oder des Gesellschafters notwendig sein.
- Auch die Form bedarf der Prüfung; in einigen Fällen ist eine notarielle Beurkundung zwingend erforderlich.
- Zusätzlich sind auch personalrechtliche Themen zu berücksichtigen. § 613a BGB regelt den Betriebsübergang und die besonderen Mitarbeiterrechte in einer solchen Situation.
- Möglicherweise sind Mietverhältnisse zu begründen, zu verändern oder zu beenden. Gelegentlich ist ein Verkauf oder Kauf von Immobilien sinnvoll.
- Leistungen im Verwaltungsbereich müssen weiterhin erbracht werden. Hierbei können sich jedoch Änderungen in dem Sinne ergeben, dass diese nunmehr durch einen Dritten geleistet werden, sodass entsprechende Geschäftsbesorgungsverträge abgeschlossen oder verändert werden müssen. Beispiele dafür sind die Buchhaltung (zum Beispiel über Shared Services), Facility Management, Versicherungen, IT, interne Dienstleistungen.
- Im Bereich des Urheberrechts ist zu prüfen, welche Lizenzen (zum Beispiel für Software, Patente) weiterhin genutzt oder übertragen werden können oder neu angeschafft werden müssen. Die Rechte sollten geklärt und gegebenenfalls neu strukturiert werden, um Urheberrechtsverletzungen zu vermeiden.

- Zertifizierungen, zum Beispiel EN ISO 9001, sind meist an die legale Einheit gebunden. Bei einer Änderung der legalen Unternehmensstruktur sind diese anzupassen.
- Im Rahmen einer Business Transformation werden oftmals Kunden- oder Lieferantenbeziehungen überprüft. Dabei werden personenbezogene Daten verarbeitet. Seit dem 25. Mai 2018 gilt die Datenschutz-Grundverordnung (DSGVO) als unmittelbares Recht in allen EU-Mitgliedsstaaten, die erhöhte Anforderungen an den Schutz personenbezogener Daten stellt.
- Eine Business Transformation bedeutet in der heutigen Zeit vielfach auch eine Digitalisierung von Geschäftsprozessen. Klassische Vertriebswege werden dabei oftmals um Vertriebswege im Internet ergänzt. Dafür ist das E-Commerce-Recht von Bedeutung. So gibt es bei Fernabsatzverträgen umfangreiche Vorabinformationspflichten, die zu erfüllen sind. Überdies bringen digitalisierte Geschäftsmodelle häufig eine zusätzliche Komplexität ein, denn es entstehen vertragliche Beziehungen zum Beispiel zu Online-Marktplätzen, App-Entwicklern oder App-Stores.

Um Rechtssicherheit und Rechtskonformität für das transferierte Unternehmen zu schaffen, sollte frühzeitig eine qualifizierte rechtliche Beratung zu den relevanten Themen eingeholt werden.

4.5.11 Steuern

Im Rahmen von Business Transformation-Prozessen kann es zu Änderungen im Unternehmen kommen, die eine steuerliche Relevanz haben. Daher sollten alle geplanten Änderungen, die über eine reine Effizienzsteigerung oder Kostenreduzierung hinausgehen, mit einem steuerlichen Berater vorab besprochen werden. Dadurch kann eine korrekte Abwicklung und Buchung der Geschäftsvorfälle sichergestellt werden. Aus dieser Beratung kann sich ergeben, dass eine geplante Veränderung nicht möglich ist, weil sie zu erheblichen steuerlichen Nachteilen führen würde. Andererseits können jedoch auch Möglichkeiten der Steuergestaltung aktiv genutzt werden und so zum Antrieb einer Veränderung werden. Ein möglicher steuerlicher Einfluss im Business Transformation-Prozess kann aufgrund der Veränderung der Unternehmensstruktur entstehen. Nachfolgend werden dazu einige Beispiele genannt:

- Unternehmen können verschmolzen werden, um zum Beispiel einen Kostenvorteil bei den Gemeinkosten zu erreichen;
- Bestehende Unternehmensteile können in mehrere Teile aufgespalten werden, um zum Beispiel als kleinere Einheit schlagkräftiger zu werden;
- Es kann interne Verkäufe als Asset Deal oder als Share Deal geben, die zu einer Änderung der Unternehmensstruktur führen;
- Auslagerung von Geschäftsprozessen in ein Shared Service Center;
- Änderung der Schnittstellen zu Lieferanten oder Kunden, durch zum Beispiel die Einrichtung von Konsignationslagern oder die Umstellung der Abrechnung auf Gutschriftverfahren;
- Änderung von steuerlichen Organschaften.

Bei all diesen Beispielen sind steuerliche Aspekte zu berücksichtigen. Wesentliche Einflüsse werden im Bereich der Umsatzsteuer sowie der Einkommen- oder Körperschaftsteuer vorliegen. Es können jedoch auch andere Steuerarten betroffen sein, wie die Grunderwerbsteuer, wenn Unternehmensteile veräußert oder verschmolzen werden, die eine Immobilie besitzen. Sofern Geschäftsprozesse der Buchhaltung ins Ausland verlagert werden, kann dies zu Anzeige- oder Genehmigungspflichten gegenüber dem Finanzamt führen.

Im Rahmen einer Business Transformation ist es daher empfehlenswert, frühzeitig einen qualifizierten Steuerberater einzubinden, um steuerliche Risiken zu vermeiden, die sich aus einer Änderung der Abläufe oder der Struktur des Unternehmens ergeben.

4.5.12 Versicherungen

Versicherungen dienen der Risikoreduktion. Dabei geht es nicht darum, alles zu versichern, jedoch sollten Risiken, die kostspielig oder existenzbedrohend für das Unternehmen, den Unternehmer oder die Organe der Gesellschaft sind, abgesichert werden.

Unabhängig von der regelmäßigen Überprüfung des Versicherungsportfolios sollten im Rahmen einer Business Transformation die Versicherungen überprüft werden, da sich aus Veränderungen von Unternehmensstrukturen, Prozessen oder des Geschäftsmodells andere Risikostrukturen ergeben können. Daher sollten die Versicherungsverträge überprüft werden:

- Liegt noch ein adäquater Versicherungsschutz vor?
- Können Verträge bzw. Rahmenverträge geändert werden, weil sich das Risikoprofil geändert hat, zum Beispiel durch eine Veränderung der Unternehmensgröße?
- Lassen sich dadurch neue Konditionen verhandeln?
- Neugegründete oder verschmolzene Unternehmen müssen mitberücksichtigt werden.
- Werden zusätzliche Versicherungen benötigt oder können andere Versicherungen aufgegeben werden? Wenn ja, welche?

Es bietet sich an, auch die Selbstbehalte im Schadenfall zu überprüfen. Höhere Selbstbehalte führen zu einem niedrigeren Beitrag.

4.5.13 Standorte und Immobilien

Eine Business Transformation beeinflusst meist Immobilien und/oder Standorte. Die Einflüsse können vom Umzug einzelner Personen in andere Büros oder Produktionsbereiche bis hin zur kompletten Verlagerung oder Schließung von Standorten führen. Dies hängt von den Maßnahmen ab, die im Rahmen des Veränderungsprozesses umgesetzt werden, wie die

- Standortverlagerung (Offshoring): Der Betrieb oder Betriebsteile werden an einen anderen Ort im In- oder Ausland verlagert.
- Ausgliederung (Outsourcing): Unternehmensteile oder einzelne Aufgaben des Unternehmens werden an andere Anbieter übertragen. Mit diesen Anbietern wird dann ein Dienstleistungsvertrag geschlossen, um die Leistungen für das Unternehmen zu erbringen. Die ausgegliederten Bereiche können sich an externen

Standorten befinden, können jedoch auch auf dem Gelände des transformierenden Unternehmens durch einen Dritten durchgeführt werden.

- Standortoptimierung: Die Unternehmensfunktionen und Abläufe werden anders organisiert, um eine höhere Effizienz zu erreichen. Dies kann an einem bestehenden Standort erfolgen und dort Veränderungen hervorrufen, es kann jedoch auch dazu führen, dass Aufgaben verlagert oder ausgegliedert werden.

Bei allen Maßnahmen ist zu prüfen, welchen Einfluss sie auf die Immobilien und Standorte haben, zum Beispiel:

- Müssen bzw. können Immobilien verkauft werden? – Aufgrund von Flächenreduzierungen oder als Sale-and-Lease-back-Modell zur Stärkung der Liquidität?
- In welchem Umfang müssen Mietverhältnisse geändert werden? – Ist eine Kündigung von Mietflächen notwendig? Müssen Flächen an neue Dienstleister vermietet werden?
- Müssen Umzüge innerhalb des Standortes oder zu anderen Standorten organisiert werden?
- In welchem Umfang sind Änderungen bei Dienstleistungen wie Empfang, Wachdienst, Reinigungsdienste, Kantine, Zutrittskontrollen etc. notwendig?
- Müssen bauliche Veränderungen vorgenommen werden? – Ist dies notwendig, zum Beispiel um Maschinen optimal aufzustellen oder um eine veränderte Unternehmenskultur abzubilden?
- Müssen zusätzliche Immobilien an anderen, eventuell sogar ausländischen Standorten angemietet oder erstellt werden? – Möglicherweise ist vorab eine umfassende Standortanalyse durchzuführen, um einen neuen Standort zu finden.

Die Nutzung von Immobilen und die Auswahl von Standorten ist in hohem Maße abhängig von den Entscheidungen im Rahmen der Business Transformation. Interdependenzen mit Produktion, HR, Finanzen, Steuern etc. sind zu berücksichtigen.

4.6 PMI: Geschäftsmodell zur Unternehmenswertsteigerung

Die Business Transformation in Zusammenhang mit einer Post Merger Integration (PMI) hat gleichzeitig den Aufbau eines leistungsstärkeren Unternehmens im Branchenvergleich als übergeordnetes Ziel. Somit verfolgt sie auch eine Unternehmenswertsteigerung. Die beste Vorgehensweise hierzu ergibt sich aus einem Benchmarking. Hierzu gilt es, die KPIs der Besten dieser Gruppe herauszufinden und somit anhand dieser Best Practice anschließend alle Leistungen, Methoden, Prozesse und Systeme zu messen, zu bewerten sowie durch neue Zielsetzungen und die Umsetzung entsprechender Maßnahmen zu verbessern.

Ganzheitliche Prozesssysteme und Best Practice

- Liegt eine Transparenz in allen internen und externen Prozessen vor?
- Sind die Leistungskennzahlen aus dem monatlichen Reporting generierbar und spiegeln diese die Leistungsfähigkeit eines jeden Produktionsbereiches wider?
- Liegen die Produktions-/Leistungskennziffern der Wettbewerber vor, wie die Durchlaufzeiten, interne/externe Fehlerkosten?
- Wird die Produktivität über die gesamte Wertschöpfungskette gemessen?
- Wie ist – als unabdingbare Voraussetzung für Kundenzufriedenheit – die absolute Terminerfüllung in allen Wertschöpfungsketten sichergestellt?
- Wie wird die absolute Qualitätserfüllung garantiert, die das Kundenvertrauen stärkt und damit die äquivalente Zahlungsbereitschaft?

Der Best-Practice-Ansatz wird in allen Unternehmensstandorten konsequent etabliert. Es gilt nicht nur, diesen Ansatz zu verfolgen, sondern auch, ihn ständig zu verbessern. Begeisterte Kunden, profitables Umsatzwachstum, konsequente Termin-, Qualitäts- und

Abbildung 25: Ganzheitliche Prozesssysteme (GPS) – Sechs Säulen des Geschäftsprozesses

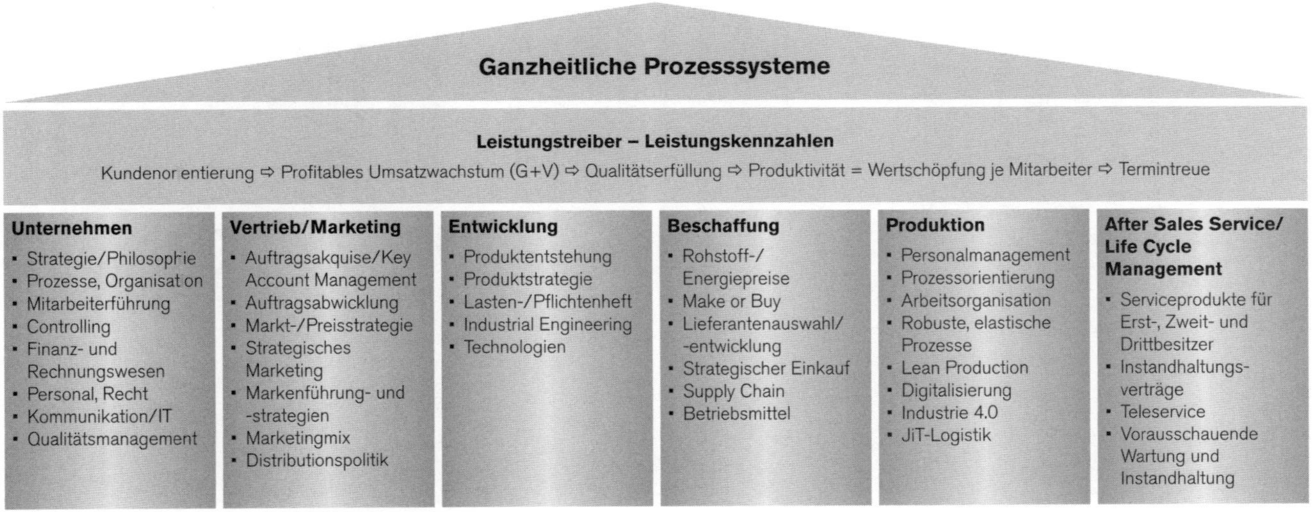

Ganzheitliche Prozesssysteme

Kundenorientierung ⇨ Profitables Umsatzwachstum (G+V) ⇨ Qualitätserfüllung ⇨ Produktivität = Wertschöpfung je Mitarbeiter ⇨ Termintreue

Leistungstreiber – Leistungskennzahlen

Unternehmen
- Strategie/Philosophie
- Prozesse, Organisation
- Mitarbeiterführung
- Controlling
- Finanz- und Rechnungswesen
- Personal, Recht
- Kommunikation/IT
- Qualitätsmanagement

Vertrieb/Marketing
- Auftragsakquise/Key Account Management
- Auftragsabwicklung
- Markt-/Preisstrategie
- Strategisches Marketing
- Markenführung- und -strategien
- Marketingmix
- Distributionspolitik

Entwicklung
- Produktentstehung
- Produktstrategie
- Lasten-/Pflichtenheft
- Industrial Engineering
- Technologien

Beschaffung
- Rohstoff-/Energiepreise
- Make or Buy
- Lieferantenauswahl/-entwicklung
- Strategischer Einkauf
- Supply Chain
- Betriebsmittel

Produktion
- Personalmanagement
- Prozessorientierung
- Arbeitsorganisation
- Robuste, elastische Prozesse
- Lean Production
- Digitalisierung
- Industrie 4.0
- JIT-Logistik

After Sales Service/ Life Cycle Management
- Serviceprodukte für Erst-, Zweit- und Drittbesitzer
- Instandhaltungs- verträge
- Teleservice
- Vorausschauende Wartung und Instandhaltung

Abbildung 26: Stringente Best Practice: Standardisierung der Prozesse und Fortschritte

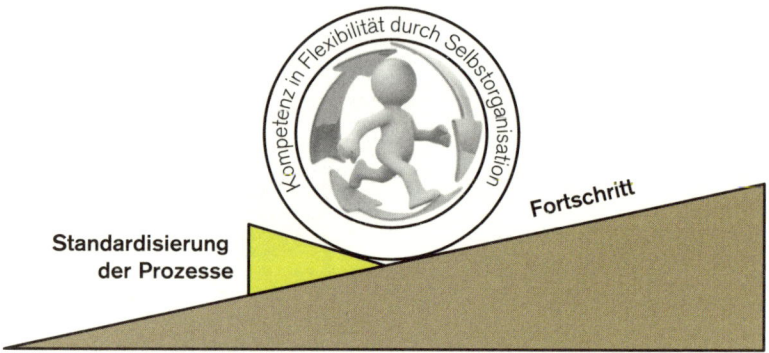

Produktivitätserfüllung müssen die Leistungsdeterminanten des gesamten Unternehmens werden.

Im Folgenden wird dieser Ansatz anhand eines Beispiels aus dem Bereich Produktion dargestellt: Durch die flexible Ausgestaltung können zum Beispiel die Produktionsstandorte durch die Belegung mit Produkten anderer Marken oder Produktbaureihen zu Mehrmarken- und Mehrproduktbaureihen-Werken organisiert werden. Dadurch kann leichter auf wechselnde Marktanforderungen reagiert und es können marken- und produktbaureihenübergreifende Synergieeffekte genutzt, Prozesse verbessert und Investitionen verringert werden.

Mittels modularer Baukästen können die standardisierten Produkte in einer einheitlichen Wertschöpfungsarchitektur mit geringstmöglichem Aufwand produziert werden. Die Nutzung der Baukästen über alle Marken und Produktbaureihen hinweg ermöglicht – verbunden mit der daraus resultierenden Standardisierung und den Synergien im Fertigungsprozess – eine effiziente Produktion von unterschiedlichen Produkten auf einer Fertigungslinie.

Auch die Standardisierung von Betriebsmitteln, Anlagen, Fertigungsbereichen und sogar kompletten Fabriken macht das Unternehmen bei der Belegung der Produktionswerke durch mehrere Marken und Produktbaureihen deutlich flexibler. Dies beschleunigt und sichert die Produktabläufe.

Die Business Transformation liefert einen Anlass, die Gesamtproduktion mit allen Standorten, Anlagen und Maschinen gesamtheitlich zu optimieren. Das kann genutzt werden, die Modularität und die Produktbelegungen neu zu ordnen. Ein großflächiger Umbau der Produktionsphilosophie wie JiT (Just in Time) oder Kanban ist als eigene Initiative zu werten und nicht mit der PMI zu vermengen.

5 Soziokulturelle und emotionale Faktoren: Mitarbeiter in Veränderungsprozessen

5.1 Die Rolle der Kommunikation und Information

Die Kommunikation des Business Transformation-Prozesses an die Mitarbeiter, aber auch von den Mitarbeitern an das Management ist ein wesentlicher Faktor einer erfolgreichen Business Transformation. Der Kommunikation kommt insofern eine besondere Rolle zu, da einmal getroffene, zentrale Aussagen seitens des Managements nur schwer ohne Vertrauensverlust zurückgenommen werden können. Daher müssen alle zentralen Aussagen gut vorbereitet und ohne Störfaktoren kommuniziert werden. Auf der anderen Seite ist eine regelmäßige Kommunikation mit den Mitarbeitern unerlässlich, um ehrliches Feedback über den Stand der Business Transformation zu erhalten.

5.1.1 Die inhärente Kommunikation

Für eine erfolgreiche Kommunikation im Unternehmen sind folgende Aspekte zu beachten:

- Strategische Kommunikationsprozesse im Vorfeld und während des ganzen Business Transformation-Prozesses,
- Umfangreiche Vorbereitung zentraler Aussagen,
- Professionelle Durchführung: Strategie und Sicherheit vermitteln sowie
- Professionelles Einholen von Mitarbeiterfeedback.

Strategische Kommunikationsprozesse im Vorfeld und während des ganzen Business Transformation-Prozesses
Bei der Strategieentwicklung der Business Transformation ist festzulegen, zu welchem Zeitpunkt die Mitarbeiter des Unternehmens über die Veränderungen zu informieren sind. Zugleich ist ein

Abbildung 27: Schematischer Kommunikationsprozess

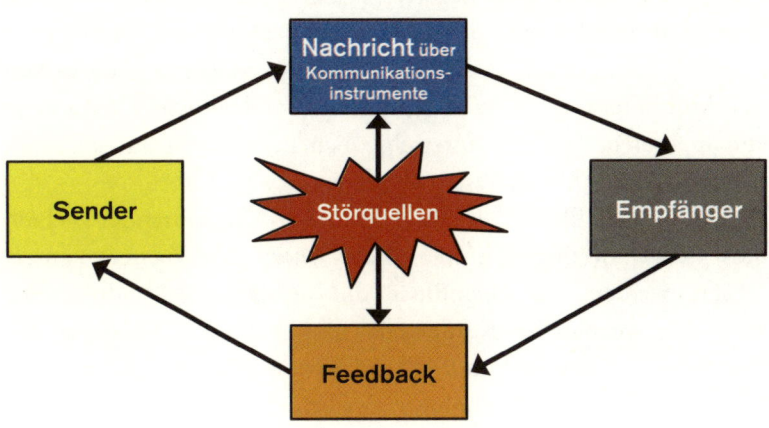

Kommunikationsprozess zu entwickeln, der während des gesamten Prozesses aktiv ist und die Business Transformation unterstützt.

Bei beiden Punkten ist die Vermeidung von Störfaktoren zentral: Sobald die Kommunikation von der obersten Managementebene nicht mehr direkt an die einzelnen Mitarbeiter erfolgt, sondern Führungsebenen dazwischen als Mittler fungieren, erfolgt eine unkalkulierbare Verzerrung der Botschaften im Sinne einer „Stillen Post". Dies hat nicht zwangsläufig mit Eigeninteressen einzelner Akteure, sondern mit den üblichen Kommunikationsmissverständnissen zu tun. Diese treten gehäuft bei negativen Nachrichten auf oder wenn die Akteure unterschiedliche fachliche Hintergründe, Positionen im Unternehmen, kulturelle Prägungen etc. haben.

Es ist daher essenziell, mit allen Mitarbeitern direkt zu kommunizieren und dabei mehrere sich ergänzende Kommunikationsinstrumente zu nutzen (Gespräche, E-Mails, Briefe, Präsentationen, siehe Kapitel 5.1.2).

Umfangreiche Vorbereitung zentraler Aussagen

Nachdem in der Strategieentwicklung festgehalten wurde, was wann an die Mitarbeiter kommuniziert wird, ist die Vermittlung dieser

Informationen bei zentralen Aussagen umfangreich vorzubereiten. Gerade **schwierige** und negative Nachrichten müssen persönlich überbracht werden, um die eigene Autorität vor den Empfängern nicht zu untergraben. Persönliche Auftritte sollten vor **kritischen** und **kompetenten** Personen geprobt sowie schriftliche Dokumente von mehreren, fachlich unterschiedlichen Akteuren auf jedwedes Missverständnis hin analysiert werden.

Es ist ein klassischer und immer wiederkehrender Fehler, dass die Erfahrungshintergründe der Mitarbeiter unterschätzt werden. So beeinflusst die fachliche Ausbildung wie auch die sprachliche Kompetenz und kulturelle **Prägung** das Kommunikationsverständnis. Beispielsweise wird die „Kompetenz der Mitarbeiter" von Psychologen fachlich als die generelle Fähigkeit der Mitarbeiter verstanden, Juristen verstehen fachlich darunter die Zuständigkeiten und Pflichten der Mitarbeiter. In einem anderen Fall hatte die englischsprachig äußerst kompetente Marketingabteilung eines Parfumherstellers den Werbeslogan „Come in and find out" – „Kommen Sie herein und finden Sie (das Richtige)" – kreiert. Dieser wurde von den meisten Kunden mit geringeren Englischkenntnissen aber als „Kommen Sie herein und finden Sie wieder heraus" verstanden. In einer großen Werbeaktion wurde in einem arabischen Land ein neues Waschmittel eines westlichen Herstellers eingeführt. Auf den Plakaten sah man von links nach rechts erst schmutzige Wäsche, dann das Waschmittel und anschließend saubere Wäsche. In dem betroffenen Land liest man aber von rechts nach links. Und kein Kunde wollte Waschmittel kaufen, welches saubere Wäsche schmutzig macht.

Daher muss ein Business Transformation-Prozess in der Ausdrucksweise der jeweiligen Empfänger kommuniziert werden. Hierzu kann man zum Beispiel einzelnen vertrauenswürdigen Mitarbeitern vorab die Aussagen kommunizieren und diese bitten, dazu ein Feedback zu geben, was sie darunter genau verstanden haben.

Professionelle Durchführung: Strategie und Sicherheit vermitteln

Neben der Inhaltsvermittlung, was meist das geringere Problem darstellt, ist bei persönlichen Auftritten vor allem zu Beginn das Auftreten des Business Transformation-Managers zentral: Die Zuhörer müssen das Gefühl haben, dass der Manager eine klare Strategie für den gesamten Prozess hat und dies sowohl verbal als auch nonverbal ausdrückt. Dazu zählt:

- Sicherheit, aber keine Überschätzung der Fähigkeiten in Bezug auf den Business Transformation-Prozess,
- Wertschätzung und Empathie für die Mitarbeiter,
- Offenheit für Mitarbeiterfeedback sowie
- Wunsch nach Mitarbeiterbeteiligung am Business Transformation-Prozess.

Die Mitarbeiter müssen Vertrauen in die Business Transformation und die damit verbundenen Personen im Management und Unternehmen entwickeln. Das Auftreten des Vortragenden ist hierbei gerade bei der Ankündigung des Prozesses vor den Mitarbeitern von entscheidender Bedeutung und beeinflusst den Erfolg des weiteren Business Transformation-Prozesses maßgeblich.

Daneben ist es wichtig, während des gesamten Prozesses regelmäßige, deutliche Informationen zum Stand, zu den Erfolgen und Misserfolgen des Ganzen zu kommunizieren. Hier bietet es sich an, erfolgreiche Maßnahmen von herausragenden Mitarbeitern als Best-Practice-Beispiele aufzunehmen, um die Mitarbeiter vom Erfolg der Business Transformation zu überzeugen.

Professionelles Einholen von Mitarbeiterfeedback

Eine Kommunikation von den unteren Ebenen an das Management findet nur äußerst selten statt und muss vom Management bewusst eingefordert werden. Dabei ist das Vertrauen der Mitarbeiter in die ihm vorgesetzten Personen zentral, um ein ehrliches Feedback zu erhalten. Bei Mitarbeitern mit hohem Karriereehrgeiz und somit Hintergedanken ist dies aber dennoch verzerrt. Eine Möglichkeit, dem zu entgehen, sind ergänzende anonyme Befragungen. Die folgende Tabelle zeigt mögliche Tools:

Feedbacktool	Bewertung
Anonyme Befragung	Ehrlichstes Feedback, jedoch ist die Teilnahmequote gering, wenn nicht vom Management forciert. Auch werden offene Kommentare einzelner Feedbacks schnell überschätzt, obwohl unklar ist, ob diese repräsentativ sind. Die Auswertung der Befragung und Aufbereitung der Ergebnisse muss professionell erfolgen.
Offenes Online-Forum oder Qualitätszirkel (einzelne Workshops der Abteilungen)	Hier hängt ein ehrliches Feedback sehr vom Selbstvertrauen der einzelnen Mitarbeiter ab. Hilfreich ist es, wenn gezielt nach Stärken, Schwächen und Optimierungsmöglichkeiten des Business Transformation-Prozesses gefragt wird. Sofern die Foren bzw. Workshops fachlich heterogen sind, besteht die Gefahr, dass in erster Linie die eigenen Probleme gesehen werden. Bei den Workshops ist eine schriftliche Ergebnissicherung wichtig.
Direkte Ansprache auf Personalversammlung	Kaum direktes und ehrliches Feedback zu erwarten.

Bedeutung der psychologischen Faktoren

Abschließend sei nochmal auf die Bedeutung der Förderung psychologischer Faktoren durch die Mitarbeiterkommunikation für eine gelungene Business Transformation hingewiesen. Wichtig dabei sind die

- **Wertschätzung:** Wertgeschätzte Mitarbeiter fühlen sich der Business Transformation eher verbunden, sind engagierter und agieren proaktiv.
- **Empathie:** Der reguläre Mitarbeiter hat durchschnittlich weitaus größere finanzielle Sorgen bei Unternehmenskrisen. Es ist wichtig, den Mitarbeitern klarzumachen, dass man ihre Sorgen und Nöte versteht sowie alles versucht, diese durch eine für alle erfolgreiche Business Transformation abzumildern.

- **Offenheit:** Ohne Offenheit gibt es kein Vertrauen, ohne Vertrauen keine konstruktive Zusammenarbeit. Dies gilt gerade in schwierigen Phasen.

- **Motivierung:** Die Mitarbeiterbeteiligung am Business Transformation-Prozess dient auch ihrer Motivierung. Man kann die Mitarbeiter extrinsisch über Belohnungen und Sanktionen motivieren. Ergänzend sollten die Mitarbeiter auch intrinsisch motiviert werden, aktiv die Business Transformation mitzugestalten. Dies geht über Autonomie im Prozess, Kompetenzerleben und -aufbau über Personalentwicklung sowie das Zugehörigkeitsgefühl zu einem attraktiven Unternehmen. Im Abschnitt 5.1.3 widmen wir uns detailliert der Mitarbeitermotivation.

5.1.2 Kommunikationsinstrumente

Kommunikation kann über verschiedene Instrumente erfolgen. Sie kann

- persönlich oder distanziert,
- analog oder digital,
- verbal und/oder nonverbal sowie
- mündlich oder schriftlich

erfolgen. Von den Empfängern wird Kommunikation als reichhaltiger empfunden, wenn sie persönlich, analog, verbal und nonverbal sowie mündlich erfolgt.

Negative Nachrichten bzw. Nachrichten, die größere Herausforderungen ankündigen, sollten über reichhaltige Kommunikationsinstrumente durch das Management überbracht werden, da dies den Erfolg der kommenden Herausforderungen erhöht.[15] Reichhaltige Kommunikationsinstrumente bieten die Möglichkeit zu direktem Feedback. Die folgende Liste zeigt in ansteigender Reihenfolge ihre Reichhaltigkeit als Kommunikationsinstrumente im Unternehmen:

---

15 Trevino, L. K., Daft, R. H. & Lengel, R. H. (1990): „Understanding manager's media choices: A symbolic interactionist perspective." In: J. Fulk & C. Steinfield (Hrsg.). Organizations and communication technology. Newbury Park: Sage, S. 71–94.

1. Aushänge oder Formulare,
2. Briefe,
3. E-Mails,
4. Online-Foren,
5. Telefongespräche,
6. Videokonferenz,
7. Präsentation von Angesicht zu Angesicht und
8. persönliches Gespräch von Angesicht zu Angesicht.

Ein Vorteil schriftlicher Kommunikation liegt in den auch später nachvollziehbaren Informationen. Sie eignet sich daher gut für die Präsentation von zum Beispiel Best-Practice-Beispielen gelungener Projekte.

Eine Business Transformation sollte demnach zunächst in persönlichen Gesprächen und/oder Präsentationen von Angesicht zu Angesicht angekündigt werden. Während des Business Transformation-Prozesses können alle Kommunikationsinstrumente genutzt werden, wobei zur Einholung von Feedback sowohl persönliche direkte als auch anonyme Instrumente die bevorzugte Methode darstellen.

5.1.3 Mitarbeitermotivation

Der Erfolg einer Business Transformation ist abhängig von der Motivation der Mitarbeiter des Unternehmens. Hierzu ist es notwendig, nicht nur äußerliche Motive der Mitarbeiter (wie Arbeitsplatzsicherheit, Geld) anzusprechen, sondern auf allen Motivationsebenen anzusetzen. Abbildung 26 zeigt die Motive je Ebene:

Während die unteren beiden Ebenen staatlich abgedeckt sind, können die oberen drei Ebenen der Bedürfnishierarchie in einer Business Transformation zur Motivierung der Mitarbeiter miteinbezogen werden (vgl. nachfolgende Tabelle). Dabei wird gerade die oberste Ebene oftmals übersehen, obwohl sich hier der stärkste Motivationsfaktor befindet und somit eine erfolgreiche Business Transformation möglich ist.

Abbildung 28: Maslow'sche Bedürfnishierarchie der Motivation

Abraham H. Maslow (2017): A theory of human motivation. BN Publishing.

Motivebene	Beispielumsetzung in der Business Transformation
Beziehungsmotive	Einbindung der Mitarbeiter in den Business Transformation-Prozess, Betonung des Teams und dessen Arbeitsleistung für den Erfolg
Eigenmotive	Mitarbeiter, die den Business Transformation-Prozess besonders gut umsetzen, erhalten Gratifikationen (z. B. Lob vor der Gruppe, finanzielle Boni, vorgezogene Karriereschritte).
Selbstverwirk-lichungsmotive	Mitarbeiter werden aktiv in den Business Transformation-Prozess einbezogen. Sie wählen – soweit möglich – die Teilaspekte, die sie in der Business Transformation mitformen möchten, je nachdem, welche ihrer Kompetenzen sie dazu erweitern wollen und welche Boni sie sich für welchen Grad der Umsetzung wünschen. Sie managen die Umsetzung selbstständig, erhalten stetiges Feedback während und nach dem Prozess.

Wenn die Selbstverwirklichungsmotive der Mitarbeiter im Business Transformation-Prozess aktiviert werden, hat man keine Angestellten, sondern Verbündete. Abbildung 29 fasst die Hauptfaktoren der Selbstverwirklichungsmotive und ihrer Auswirkungen zusammen.

Insgesamt kann über die Arbeitsgestaltung die Mitarbeitermotivation deutlich gesteigert werden.[16] Dabei ist darauf zu achten, dass bestimmte Hygienefaktoren gegeben sind. Letztere fördern zwar nicht direkt die Motivation, aber ihr Fehlen kann sie deutlich senken. Insgesamt sollten Sie auf folgende Faktoren achten:

Mitarbeitermotivation: Was müssen Führungskräfte dafür bei ihren Mitarbeitern tun?	Hygienefaktoren: Wie kann ein Unternehmen die Mitarbeitermotivation aufrechterhalten?
• Leistung honorieren	• Wenig Bürokratie
• Anerkennung geben	• Keine fachliche Überwachung
• Gestaltbare Arbeitsinhalte zuweisen	• Keine schlechte Führung
• Verantwortung übertragen	• Keine schlechten Arbeitsbeziehungen (Vorgesetzte, Kollegen, Untergebene)
• Beförderungen vornehmen	• Kein geringer Lohn und geringer Status
• Wachstum ermöglichen (Selbstverwirklichung und Kompetenzen erweitern)	• Kein unsicherer Arbeitsplatz

Das Selbstverwirklichungsmotiv der Mitarbeiter ist massiv mit dem „Wachstum" der Mitarbeiter verknüpft. Das Wachstum kann durch Eigenarbeit während der Arbeit gelingen. Teils muss jedoch auf Personalentwicklungsmaßnahmen zurückgegriffen werden. Im folgenden Abschnitt beschäftigen wir uns mit diesen näher.

---

16 Herzberg, F., Mausner, B. & Snyderman, B. B. (1959): The motivation to work (2. Aufl.). New York: Wiley.

Abbildung 29: Arbeitsgestaltung für Mitarbeiter mit aktivem Selbstverwirklichungsmotiv

Hackman, J. Richard & Oldham, Greg R. (1980): Work Redesign (Prentice Hall Organizational Development Series). Upper Saddle River (New Jersey): Prentice Hall.

5.2 Personalentwicklungsmaßnahmen und die Rolle des Personalmanagements

Personalmanagement umfasst verschiedene strategische und operative Aspekte, wobei die rein operativen Bereiche und die betriebliche Mitbestimmung arbeitsrechtlich vorgegeben sind:

- Personalplanung (strategisch),
- Personalkommunikation (strategisch und operativ),
- Personalentwicklung (strategisch und operativ),
- Personalbeschaffung und -betreuung (operativ),
- Entgelt sowie Controlling durch die Personal- und Finanzabteilungen (operativ),
- Personalpolitik (v. a. betriebliche Mitbestimmung, strategisch und operativ).

Für eine erfolgreiche Business Transformation ist es von zentraler Bedeutung, sich nicht auf das gesetzlich nötige Mindestmaß zu beschränken, sondern Personalplanung, -kommunikation und

-entwicklung im Business Transformation-Prozess frühzeitig proaktiv anzugehen. Nach dem Fokus auf die Personalkommunikation im Kapitel zuvor konzentrieren wir uns im Folgenden auf die Personalentwicklung.

Das Ziel einer professionellen Personalentwicklung im Business Transformation-Prozess liegt in der aktiven Einbindung der Mitarbeiter, aber vor allem der Leistungsträger, da Letztere einerseits den Business Transformation-Prozess maßgeblich fördern können und andererseits nur äußerst schwer kurzfristig zu ersetzen sind. Eine professionelle Personalentwicklung umfasst dabei drei Säulen:

1. die zielgerichtete Einbindung der Personalentwicklung in die Unternehmensstrategie;
2. die Verzahnung des Personalentwicklungsbedarfes mit den Wünschen der Mitarbeiter und
3. eine Erfolgsmessung der externen wie internen Personalentwickler und deren Maßnahmen.

5.2.1 Zielgerichtete Einbindung der Personalentwicklung in die Unternehmensstrategie

Für einen erfolgreichen Business Transformation-Prozess ist es essenziell, die eigene Personalentwicklung mit der Unternehmensstrategie zu verzahnen. Nachdem die Unternehmensstrategie, unter Berücksichtigung des Marktes, in Bezug auf den angestrebten Business Transformation-Prozess angepasst wurde, erfolgt im nächsten Schritt deren Konkretisierung auf allen Ebenen (Produkte, Investitionen, Finanzen, Personal etc.). Die Unternehmensstrategie muss soweit in ihren Zwischenzielen spezifiziert werden, dass diese am Ende „smart" (smart: spezifisch, messbar, attraktiv, realistisch, terminiert) erstellt werden. Bezogen auf die Personalentwicklung bedeutet dies, festzulegen,

• welche Kompetenzen, Motivationen und Gestaltungsmöglichkeiten
• bei wie vielen Personen im Unternehmen
• bis wann vorliegen müssen.

Am Ende dieses Prozesses steht eine klare Liste aller notwendigen personellen Ressourcen, die für den Business Transformation-Prozess notwendig sind. Der Prozess wird durch diesen Ansatz konkreter und ist zielgerichteter strategisch umsetzbar.

Nachdem nun der Soll-Stand notwendiger Mitarbeiterkompetenzen anhand der Unternehmensstrategie im Business Transformation-Prozess konkret festgelegt wurde, erfolgt nun der Vergleich mit dem Ist-Stand des im Unternehmen und auf dem Markt vorhandenen Personals. In Einzelfällen wird man notwendige Kompetenzen kurzfristig extern einkaufen und einstellen können, ein Großteil wird jedoch über das bestehende Personal abgedeckt werden müssen, da diese die notwendigen Unternehmensinterna kennen, um den Business Transformation-Prozess möglichst effektiv umzusetzen. Eine professionelle Personalentwicklung unterstützt diesen Prozess. Sie fokussiert sich in ihren Maßnahmen für Mitarbeiter auf deren

- Kompetenzentwicklung,
- Steigerung der Motivation und
- Möglichkeiten, sich aktiv und wirksam in dem Unternehmen und deren Transformation-Prozess einzubringen.

Diese Maßnahmenkombination fördert nachweislich den organisationalen Erfolg[17] (verbesserte Produktivität, erhöhte Einnahmen, Rückgang freiwilliger Kündigungen im Unternehmen) und ist für einen Business Transformation-Prozess unerlässlich.

Alle Personalentwicklungsmaßnahmen müssen inhaltlich und terminlich so angelegt werden, dass sie für den Arbeitsalltag der Mitarbeiter unmittelbar relevant werden: Die erworbenen Kompetenzen müssen zeitnah im Arbeitsalltag angewendet werden, die Maßnahmen zur Motivationssteigerung müssen zu kritischen Punkten im Business Transformation-Prozess angesetzt werden und deren **Gestaltungsmöglichkeiten** müssen zeitlich und inhaltlich

---

17 Jiang, K., Lepak, D. P., Hu, J. & Baer, J. C. (2012): „How does human resource management influence organizational outcomes? A meta-analytic investigation of mediating mechanisms." In: Academy of Management Journal 55, S. 1264–1294.

so eingerichtet werden, dass sie im Gesamtprozess der Business Transformation passgenau wirksam werden. Die nachfolgende Tabelle zeigt mögliche Personalentwicklungsmaßnahmen in einer Business Transformation:

Personalentwicklungsmaßnahme	Mögliche Inhalte der Maßnahme	Beispiel
Coaching	Bewältigung des Business Transformation-Prozesses: • Entwicklung von Vision, konkreten Zielen und Strategie • Umgang mit Mitarbeitern • Effektives Arbeiten in der „Sandwichposition"	Aufgrund eines Stellenwechsels einer etablierten Führungskraft muss eine neue, interne Führungskraft aufgebaut werden, die anfangs davon etwas überfordert ist.
Fachliche Schulung	• Neue Software • Neue Verfahren • Neue Ansätze	Einführung einer neuen IT im gesamten Unternehmen mit Schulung aller Mitarbeiter
Führungskompetenzen	Optimierung von: • Führungs- und Inspirationskompetenz sowie • Gesprächsführungs-, • Moderations- und • Präsentationskompetenz	Die Leistungsträger des Unternehmens sollen eine proaktive Rolle im Business Transformation-Prozess übernehmen, haben aber noch zu wenig Führungserfahrung.

Personalentwick-lungsmaßnahme	Mögliche Inhalte der Maßnahme	Beispiel
Motivations-maßnahmen/ Teamentwicklung	„Wir schaffen den Business Transformation-Prozess! Was benötigen wir dazu?"	Die Ankündigung der Business Transformation löste v.a. Ängste aus. In Workshops sollen Lösungen erarbeitet und das Team motiviert werden.
Selbstmanagement-maßnahmen	• Zielfindung & -setzung • Zeitmanagement • Agiles Projektmanagement	Bislang eher passiv agierende Mitarbeiter sollen künftig zugewiesene Projekte proaktiv selbst managen.
Zuweisung anspruchsvoller Aufgaben mit Mentoring	• Übertragung des Business Transformation-Prozesses im Bereich X	Der junge IT-Leiter des Unternehmens muss die Business Transformation der IT operativ managen, hat aber noch keine Erfahrung mit diesen Prozessen. Der Business Transformation-Manager fungiert als Mentor.

5.2.2 Verzahnung des Personalentwicklungsbedarfes mit den Wünschen der Mitarbeiter

Wurde bislang der Bedarf an Personalentwicklung anhand der Unternehmensstrategie und -ziele definiert, ist es nun wichtig, den Bedarf an Personalentwicklung anhand der individuellen Mitarbeiterwünsche festzustellen. Letzteres ist kein **„Wünsch Dir was"**, jedoch sollte für die Mitarbeiter und gerade die Leistungsträger unter ihnen eine gewisse Wahlmöglichkeit der Personalentwicklungsmaßnahmen gewährleistet sein, damit diese intrinsisch motiviert werden.

Bestenfalls erfolgt die Auswahl der Personalentwicklungsmaßnahmen durch die Mitarbeiter, wenn der Business
Transformation-Prozess kommuniziert wurde und die Mitarbeiter
über ihre Gestaltungsmöglichkeiten sowie die Chancen und Risiken
des Prozesses informiert sind.

Im Idealfall werden die strategischen Ziele des Unternehmens
mit den dazu passenden Entwicklungswünschen der Mitarbeiter
bzw. Leistungsträger zu systematischen Laufbahnkonzepten fusioniert. Der Mitarbeiter bzw. Leistungsträger wird als Multiplikator in
den Business Transformation-Prozess mit eingebunden, ein Erfolg
des Prozesses dient auch unmittelbar der Karriere des Mitarbeiters.
Dies fördert die intrinsische und extrinsische Mitarbeitermotivation;
ihre Kompetenzentwicklung sowie die Mitgestaltung des Business
Transformation-Prozesses zeigen ihnen Perspektiven auf und dienen
passgenau dem Unternehmen. Des Weiteren bindet dadurch das
Unternehmen seine Leistungsträger an sich.

Bei den angebotenen Karriereoptionen muss das Management darauf achten, eigene Karrierewünsche nicht auf die Angestellten zu pro-
jizieren. Kompetenzaufbau, Motivierung, Gestaltungsmöglichkeiten
und höheres Gehalt reizen fast alle Mitarbeiter, aber nicht jeder
Mitarbeiter möchte Führungskraft werden und/oder häufig den
Standort wechseln.

5.2.3 Erfolgsmessung der externen wie internen Personalentwickler und deren Maßnahmen

Personalentwicklungsmaßnahmen verlieren viel ihres Potenzials
durch eine mangelnde Erfolgsmessung und -kontrolle. Messbar sind
vier Ebenen,[18] wobei deren Messung mit steigendem Level schwieriger wird:

---

18 Kirkpatrick, D. L. (1994): Evaluating training programs: The four levels. San Francisco:
    Berret-Koehler.

Ebene der Messung	Beispiele
1. Bewertung der Maßnahme durch die Teilnehmer	• Zufriedenheit mit dem Personalentwickler • Relevanz des Themas der Maßnahme
2. Lernerfolg der Teilnehmer durch die Maßnahme	• Erhöhte Kompetenzen • Gesteigerte Motivation • Erarbeitete Gestaltungsmöglichkeiten
3. Verhaltensänderung der Teilnehmer durch die Maßnahme in der Folgezeit	• Kompetente Umsetzung • Höheres Engagement • Proaktive, effektive Gestaltung relevanter Teilbereiche der Business Transformation
4. Ergebnisse auf Unternehmensebene	• Umsetzung der Teilbereiche der Business Transformation bis Zeitpunkt X • Erhöhte Produktivitätsindikatoren • Gesteigerte Einnahmen

Eine Erfolgsmessung von Personalentwicklungsmaßnahmen erfolgt in der Regel nur auf der ersten Ebene, die anderen Ebenen werden meist nicht erfasst. Die Leistung der Teilnehmer der Personalentwicklungsmaßnahme im späteren Arbeitsalltag sowie die der durchführenden Personalentwickler während der Maßnahme sollte jedoch mit Indikatoren ihrer leistungsbezogenen Vergütung verwoben sein. Dies fördert die Motivation, die Maßnahme sehr gut durchzuführen (Personalentwickler) sowie die gewonnen Erkenntnisse unmittelbar und effektiv anzuwenden (Teilnehmer).

5.3 Management und Eigentümer als Ursache von Unternehmenskrisen

Die Ausführungen im Folgenden beruhen im Wesentlichen auf Praxiserfahrungen und können sicherlich nicht verallgemeinert werden. Sie beziehen sich auf eine Vielzahl von Einzelfällen, die zumindest Ähnlichkeiten im Verhalten aufweisen.

Managementaufträge für eine Business Transformation können über unterschiedlichste Unternehmer- und Managementgruppen erteilt werden. In der Regel stehen bei Veränderungsprozessen mittelständische Unternehmen oder auch größere Industriegruppen im Fokus. Bei den Unternehmergruppen kann man zunächst differenzieren nach

- Private-Equity-Firmen (PE-Firmen),
- Familienunternehmen,
- Kapitalgesellschaften und
- Kreditgläubigern.

Es kann durchaus sein, dass Unternehmer sich aus dem aktiven Geschäft zurückgezogen haben und aus dem Aufsichtsrat agieren und von dort Initiativen für ein Veränderungsmanagement ergreifen. Zumindest können alle vier genannten Gruppen ein Bewusstsein für die Notwendigkeit einer Veränderung im Unternehmen entwickelt und eine Entscheidung für einen Business Transformation-Prozess getroffen haben.

Dabei kann die Motivation zur Entscheidung für ein Veränderungsmanagement bereits unterschiedlich sein. Bei PE-Firmen steht in der Regel die Entwicklung des Unternehmenswerts im Vordergrund. Diese Eigentümergruppe hat den Zusammenhang eines erfolgreichen und notwendigen Business Transformation-Prozesses für die Entwicklung der Werthaltigkeit von Unternehmen weitaus am besten verinnerlicht.

Viele Unternehmen werden in einer Restrukturierungsphase mit dem Ziel einer Sanierung übernommen. Die Verweildauer eines Portfoliounternehmens einer PE-Firma beträgt aktuell etwa fünf Jahre – mit **steigender** Tendenz. In diesem Zeitraum sollte der Unternehmenswert eines Portfoliounternehmens signifikant **verbessert** werden, wenn man Unternehmen mit Gewinn beim Exit verkaufen möchte.

PE-Firmen sind deshalb eher von einem starken Shareholder-Value-Gedanken hinsichtlich ihres jeweiligen Engagements geprägt. Zahlen und Fakten sind für sie beim Managen eines Unternehmens die Basis von Handlungsmaximen. Der Interpretation von Kennzahlen kommt eine große Bedeutung zu. Weniger von Interesse sind dabei oft Wettbewerbsthemen, Prozesse, Schnittstellenprobleme oder informelle Unternehmensstrukturen. Strategische und industrielle Kompetenz sind ebenfalls nicht immer bei den jeweiligen für ein Portfoliounternehmen zuständigen Investmentdirektoren vorhanden. Diskussionen und gemeinsame Entscheidungsfindungen mit dem Management gestalten sich dann eventuell schwierig.

Die meist starke Konzentration auf Kennzahlen und die oft geringe Sensibilität für menschliches Verhalten im Unternehmen macht die Zusammenarbeit kritisch und lässt es nicht selten zu **Konflikten** und **Krisen** – auch in laufenden Prozessen – kommen.

Das Verhältnis zwischen dem Management und dem Business Transformation-Manager ist öfter konfliktbeladen, wenn sich die PE-Firma ständig in das operative Geschäft einmischt, permanent Druck ausübt und Entscheidungen erzwingt, die mehr aus Kennzahlensicht als aus ökonomischer Vernunft getrieben sind.

Aus reiner Mitarbeiterkopfzahlsicht wurde das Management eines PE-Portfoliounternehmens der Elektroindustrie aufgefordert, zusätzliche Mitarbeiter abzubauen, insbesondere aus einem sensiblen Bereich, der allerdings gerade im Aufbau begriffen war. Dies löste beim Management und im Unternehmen eine kritische Situation aus, die zu spontanen Arbeitsniederlegungen führte. Das Unternehmen hatte bereits eine erste Restrukturierungsphase mit einem relativ hohen Mitarbeiterabbau durchlaufen, wobei sich die PE-Firma dazu bereit erklärt hatte, keine weiteren Mitarbeiter abzubauen.

Demotivation entsteht auch, wenn die PE-Firma durch eigene Berater permanente Präsenz im Unternehmen zeigt und dadurch gegenüber dem Management ein gewisses Misstrauen zum Ausdruck bringt.

Auch ein übertriebenes Controlling mit ständigen Managementmeetings und überzogenen Reportingwünschen einer PE-Firma gegenüber ihrem Management kann zu Konflikten führen. Beispielsweise war eine PE-Firma einmal im Monat in relativ hoher Mannstärke in einem Unternehmen und hielt dann Managementmeetings über die Dauer von ein bis zwei Tagen ab. Neben einer Vielzahl von Punkten auf der Agenda war das Protokoll des Meetings vom Management zu erstellen und mit hohem Aufwand mit der PE-Firma abzustimmen. Während der Meetings hatte sich das Management mit einem Managementstil der PE-Firma auseinanderzusetzen, der eher in die Zeiten eines autoritären Führungsstils einzuordnen war. Dem Management wurde ein Gefühl von Inkompetenz vermittelt. Folge des jeweiligen Verhaltens waren ständige Krisen durch eine anhaltend hohe Fluktuation vor allem auf der Führungsebene.

Der in Praxisfällen erlebte, **„typische Eigentümerunternehmer"** wird oft weniger durch Kennzahlen getrieben. Er ist seltener mit „modernen" Managementmethoden vertraut und hat nicht unbedingt einen theoretischen Background für das Thema Strategie und Unternehmenswert. Viele Entscheidungen basieren vielmehr auf einem gesunden Bauchgefühl. Dieser Eigentümertyp ist im Vergleich zur PE-Firma stärker von Emotionen bestimmt. Er kennt sein Unternehmen oft bis ins Detail und kann das Wettbewerbsverhalten in der Regel einschätzen. Auch zu seinen Mitarbeitern gibt es eine Beziehungsebene, die jedoch je nach gelebtem Führungsstil unterschiedlich sein kann.

Eigentümerunternehmer haben meist verschiedene Gründe, sich für ein Business Transformation-Management zu entscheiden. Oft wird eine Krisensituation im Unternehmen, zumindest latent, wahrgenommen und man verspricht sich durch den Prozess eine

Professionalisierung und einen Weg aus der Krise. Das Unternehmen soll für die Nachfolgegenerationen erhalten bleiben.

Andererseits gibt es Krisensituationen im Unternehmen, die durch bereits herrschende Konflikte auf der Eigentümerebene verursacht wurden und zu Gräben im Unternehmen geführt haben. In diesem Fall erwartet man vom Business Transformation-Manager die Übernahme der Rolle eines Mediators, der Konflikte schlichtet und das Unternehmen am Laufen hält. Konflikte zwischen Eigentümern, die im Unternehmen zu Fronten führen können, sind meist durch eine ungeklärte Nachfolgeregelung bedingt.

In einem Unternehmen der Automobilzulieferindustrie gab es innerhalb der Eigentümerfamilie unterschiedliche Meinungen über die Nachfolge des Patriarchen. Schließlich entschied man sich für die Tochter, die nahezu keine Managementerfahrung vorweisen konnte, insbesondere jenseits des eigenen Unternehmens. Management und Mitarbeitern war diese Entscheidung nur wenig vermittelbar. Konfrontiert mit einem kompetenten Managementteam war es das Ziel der Unternehmertochter, dieses möglichst aus dem Unternehmen hinauszudrängen. Das Unternehmen geriet dabei in eine tiefe Existenzkrise, weil Leistungsträger abwanderten.

Aufgabe eines Business Transformation-Managements kann es in einem solchen Fall auch sein, Strategien und Zielorganisationen zu entwickeln, die Alternativen zu einer familiären Nachfolgeregelung aufzeigen. Viele Praxisfälle eines Veränderungsprozesses in privater Eigentümerhand zeigen, dass das Veränderungsmanagement nicht immer in der gleichen Konsequenz umgesetzt werden kann, wie es bei einem PE-Unternehmen der Fall wäre. Persönliche Sympathien des Eigentümers stellen in vielen Fällen die Person und nicht die Sache in den Vordergrund. Bereiche von bestimmten Personen werden dann mehr oder weniger geschützt und von konsequenten Veränderungsmaßnahmen ausgenommen. Der Business Transformation-Manager wird in seinen Aktivitäten eingeschränkt und der gesamte Veränderungsprozess gefährdet.

SCHLÜSSELBOTSCHAFT:
Ursachen von Unternehmenskrisen können auch in der
Person von Eigentümern selbst begründet sein, die autokra-
tische Führungsstile pflegen, Mitarbeiter entmündigen und
Fehlentscheidungen treffen.

Ein erfolgreiches Business Transformation-Management, das unabhängig, mutig und konsequent sein muss, wird sowohl einen autoritären Eigentümerautokraten als auch einen nur durch Zahlen
gesteuerten PE-Investment-Direktor in offenen Gesprächen als
eigentliche und mögliche Ursache einer Unternehmenskrise
benennen. Eine solch klare Ansprache auch an die Adresse von
Auftraggebern sollte zu dem Berufsethos eines jeden passionierten
Business Transformation-Managers gehören.

Banken können in Veränderungsprozessen im Wesentlichen bei
Sanierungsfällen einer Eigentümerrolle auftreten. Diese haben ein
absolutes Informationsbedürfnis. Für den Business Transformation-
Manager gilt es, eine enge vertrauensvolle Beziehung aufzubauen
und bereits proaktiv und regelmäßig zu informieren.

5.3.1 Werte des Managements

Werte sind in der Regel immer Eigenschaften, die ein Verhalten
begründen. Sie sind die Motive für ein ganz bestimmtes Verhalten
und ergeben in der Summe eine Kultur.

Unternehmenskulturen wiederum liegen Wertordnungen
zugrunde, die das Mitarbeiterverhalten regeln. Verhalten sich alle
ökonomisch sinnvoll, basiert diese Ausrichtung auf dem Wert
Gewinn. Welchen Werten folgen also Manager und worauf basiert
ihr Verhalten? Immer noch haben viele Manager oft Probleme, auf
diese Frage konkrete Antworten zu geben.

Werte in Unternehmenskulturen werden in vielen Praxisfällen
immer häufiger als entscheidende Größe und Ansatz für ein erfolgreiches Veränderungsmanagement erkannt. Jedes Unternehmen
braucht eine Orientierung und Ausrichtung, die nicht nur an

quantitativen Zielgrößen festzumachen ist. Management und Mitarbeiter sollten sich deshalb unter den gleichen und gemeinsamen Werten vereinbaren und ihr Verhalten danach ausrichten.

Bereits in der Unternehmensstrategie sollten, vor allem in deren wesentlichen Bestandteilen wie Vision, Mission und Leitvorstellungen, die relevanten Werte für das Verhalten und das, wofür das Unternehmen unverwechselbar steht, zum Ausdruck kommen.

Bei einem Praxisfall in der Lebensmittelindustrie hatte sich das Unternehmen bereits im Strategieentwicklungsprozess bei der Definition der Leitvorstellung eindeutig für die Werte Gewinn und Profitabilität ausgesprochen. Alle Leitvorstellungen waren durch den Wert Gewinn begründet. Für Management und Mitarbeiter sollte dies eine Handlungsmaxime sein, ihr Verhalten dementsprechend auszurichten.

Auch der Verhaltenskodex für Management und Mitarbeiter war auf den Wert Gewinn abgestimmt, dabei galt es, sich nach den folgenden Werten auszurichten:

- Kunden,
- Leistungsbereitschaft,
- Flexibilität,
- Zuverlässigkeit und
- Qualitätsanspruch.

Die Vermittlung von Werten und die Ausrichtung eines Unternehmens hängen allerdings von wesentlichen Faktoren ab. Es bedarf einer ständigen Kommunikation der für das Unternehmen relevanten Werte. Dazu können Instrumente wie Meetings, beispielsweise Führungskräftemeetings, Betriebsversammlungen oder Abteilungsbesprechungen genutzt werden. Die Vermittlung von Werten – auch von Visionen und Leitvorstellungen – kann auch über Intranet oder das Internet erfolgen. Werte und Verhalten müssen internalisiert und ständig bestätigt werden.

Neben der Kommunikation ist in diesem Zusammenhang die Wertorientierung des Managements von höchster Bedeutung. Ein

Management, das sich selbst zu keiner Wertorientierung bekennt und diese nicht durch eigenes Verhalten vorlebt, wird in keinem Unternehmen eine angestrebte Unternehmenskultur mit einem bestimmten Verhalten über alle Mitarbeiter generieren können. Unternehmenskulturen werden von oben, vom Management, bestimmt. Ein Manager kann von keinem seiner Mitarbeiter Flexibilität und Leistungsorientierung einfordern, wenn er selbst spät kommt und früh geht. Auch der Business Transformation-Manager wird scheitern, wenn er keiner Agenda mit einer starken Wertorientierung folgt.

6 Unternehmenskultur im Change: „Culture eats strategy for breakfast"[19]

6.1 Unternehmen im Kulturwandel – neue Anforderungen

Die in den Vorkapiteln geschilderten Megatrends, Marktfaktoren, Markttrends und Branchenspielregeln mit dem Trend der Branchenkonvergenz haben Unternehmenskulturen signifikant beeinflusst: Innovations- und Anpassungsfähigkeit, ständige Notwendigkeit zu Optimierungen und Flexibilität sind nur einige der aktuellen Anforderungen an die Unternehmen. Informationsgesellschaft sowie die Globalisierung mit ihrer erhöhten Geschwindigkeit und großen Transparenz stellen neue Anforderungen an Führungskräfte und Mitarbeiter. Bereits in der Unternehmensstrategie müssen klare Entscheidungen über Ziele und Maßnahmen getroffen werden, will sich das Unternehmen in seinen Märkten eindeutig und langfristig profitabel positionieren.

Das neue Managerprofil stellt deshalb besondere Anforderungen an die strategische Kompetenz von Entscheidern. In engen Märkten ist nicht nur ein stärkeres unternehmerisches Gespür erforderlich, vielmehr kommt der schnellen Umsetzung eine wesentlich höhere Bedeutung zu. Mehr denn je ist der Manager mit einer starken sozialen und interkulturellen Kompetenz gefordert, der im Idealfall seine Mitarbeiter als Kommunikator mit charismatischer Ausstrahlung zur Umsetzung seiner Ideen mitreißt und motiviert.

Risikobereitschaft, verbunden mit Unternehmertum und Innovationsfähigkeit, zählen immer mehr zu den besonderen

---

19 „Culture eats strategy for breakfast!" beschreibt treffend in einem Satz die Bedeutung der Kultur für die Entwicklung einer Unternehmensstrategie und damit für die Zukunft des gesamten Unternehmens. Kultur ist meist etwas äußerst Unkonkretes und Nichtgreifbares. Kultur beschreibt Werte, Einstellungen und Grundzüge des täglichen Miteinanders in Organisationen.

Eigenschaften des heutigen Managers, die vom eher technokratischen Bild eines Managers der Vergangenheit deutlich abweichen. Auch das Stellenanforderungsprofil ist im Umbruch. Die heutige Arbeitswelt erfordert eine immer größere Fachkompetenz, sich auch mit den Anforderungen neuester Informationstechnologien auseinanderzusetzen. Früher waren nur wenige Mitarbeiter fähig, eine CNC-Maschine einzurichten. Heutzutage sind vermehrt Maschinen miteinander vernetzt, sodass die Mitarbeiter nicht nur möglichst alle Maschinen einrichten und handhaben können sollten, sondern gleichzeitig von ihnen ein hohes Maß an Flexibilität gefordert wird. Solche qualifizierten, flexiblen Mitarbeiter, die sogenannten Springer, sind in der Lage, dieses Anforderungsprofil abzudecken. Mehrmaschinenbedienung hat sich in vielen Unternehmen bereits durchgesetzt.

Das Profil eines polyvalenten Mitarbeiters nimmt in den Unternehmen immer mehr Gestalt an. Nicht nur in der Fertigung sollte ein Mitarbeiter umfassend und flexibel einsetzbar sein – je nach Auslastung und Anforderung. Auch in der Verwaltung, auf der Management- und Sachbearbeiterebene werden vermehrt eine Allround-Kompetenz und Flexibilität gefordert. Warum sollte ein Sachbearbeiter nur die Auftragsabwicklung im Vertrieb beherrschen und nicht gleichzeitig, wenn erforderlich, auch kurzfristig im Controlling einsetzbar sein? Flexibilität und Polyvalenz sichern den jeweiligen Arbeitsplatz. Ein umfassend einsetzbarer Mitarbeiter wird höher einzuschätzen und weniger ersetzbar sein als jemand, der nur auf eine Aufgabe beschränkt bleibt. Somit sind kontinuierliche Qualifizierungsmaßnahmen und Optimierungen von Qualifikationsmatrixen permanente Aufgabenstellungen von Personalabteilungen. Dabei rücken die Anforderungen an Selbstständigkeit, Verantwortungsbereitschaft und Eigeninitiative zunehmend in den Vordergrund. Von den Mitarbeitern wird häufiger das eigenständige Handeln und Arbeiten erwartet. Sie sollten Verbesserungspotenziale nicht nur erkennen, sondern diese in Eigenverantwortung leben können.

Heute kann man im täglichen, allerdings eher idealen Arbeitsalltag bereits davon ausgehen, dass sich aufgrund von komplexen Problemstellungen Teams zusammenfinden, die selbstständig und eigeninitiativ ein Projekt definieren und dieses mit messbaren Ergebnissen als Lösung abschließen. Dazu würde es keinen Business Transformation-Manager erfordern, der einen solchen Prozess initiiert.

6.1.1 Der Kontinuierliche Verbesserungsprozess (KVP) als Beispiel

Der Kontinuierliche Verbesserungsprozess (KVP[20]) erfordert den eigenverantwortlichen, initiativen und flexiblen Mitarbeiter. KVP hat das Ziel, mit stetigen Verbesserungen in kleinen Schritten, die **Wettbewerbsfähigkeit** eines Unternehmens zu stärken. Im Business Transformation-Prozess kann KVP ein wichtiger Bestandteil sein. Er endet nie und hat wie bei jedem Business Transformation-Prozess das Ziel der Optimierung und Effizienzsteigerung.

Im Einzelnen bezieht sich KVP auf die Schwerpunkte Produkt, Prozess, Qualität und Service. In der Verantwortung von **KVP-Teams** wird KVP durch kontinuierliche kleine Verbesserungsschritte umgesetzt. KVP gehört mittlerweile zu den Grundprinzipien eines funktionierenden Qualitätsmanagements und ist demnach Bestandteil der ISO 9001. Das betriebliche Vorschlagswesen hat eine ähnliche Stoßrichtung und kann mit dem Erarbeiten von Verbesserungsvorschlägen durch die KVP-Teams unter dem Begriff eines Ideenmanagements zusammengefasst werden.

KVP und betriebliches Vorschlagswesen können wichtige Kernelemente beim Aufbau eines erfolgreichen Innovationsprozesses

---

20 Der Begriff KVP kam in den 80er-Jahren im Rahmen des Kaizen-Konzepts aus Japan nach Deutschland. KVP, also der kontinuierliche Verbesserungsprozess, charakterisiert die stetige Verbesserung der Produkt-, Prozess- und Servicequalität. Dabei arbeiten die Mitarbeiter eigenständig in ihren Abteilungen und Teams an laufenden Verbesserungen in ihrem Verantwortungsbereich (Qualitätszirkel) und in ihrem Umfeld. Kleine Verbesserungen jeglicher Art stehen im Vordergrund. Um wirtschaftliche Erfolge aus einem KVP zu erzielen, ist es wichtig, diesen Prozess als Teil der allgemeinen Unternehmenskultur zu gestalten und umzusetzen. Dazu müssen die entsprechenden Rahmenbedingungen, wie Bereitstellung von Arbeitszeit, Weiterbildungsmaßnahmen, Implementierung in Arbeitsabläufe und Prozesse und vor allem die Umsetzung der Ideen, geschaffen werden.

im Unternehmen darstellen. KVP folgt dem Prinzip: „Ziel – Plan – Umsetzung – Kontrolle", gleichbedeutend mit „Plan – Do – Check – Act" (PDCA).

Zu einer erfolgreichen Umsetzung des KVP, der tatsächlich zu messbaren Ergebnissen führt, sind folgende Voraussetzungen unbedingt erforderlich:

- **Motivation:** Mitarbeiter müssen Nutzen und Vorteile von KVP verstanden haben.
- **Ermächtigung der KVP-Teams:** Teams sollten eigenständig arbeiten und entscheiden können.
- **Unternehmenskultur pro Teamarbeit:** Teamgedanke und -arbeit sollten bereits im Unternehmen und dessen Kultur stark verankert sein.
- **Hohe Motivation im KVP-Team:** Schulung in Teamfähigkeit, Führung und Projektmanagement.
- Offene, dem Wandel aufgeschlossene und motivierende **Unternehmenskultur** ist eine essenzielle Voraussetzung.
- **Messbarkeit von Ergebnissen:** Eine Zielmatrix mit Umsetzungsmaßnahmen ist definiert, Anreizsysteme mit einer transparenten Prämierung sind vorhanden.
- **Mitarbeit des Betriebsrats:** Der Betriebsrat ist in KVP eingebunden, eine Betriebsvereinbarung liegt möglicherweise vor und er unterstützt aktiv den Prozess.

Letztlich kommt es auf eine vom Management von oben generierte Unternehmenskultur an, die durch eine offene Kommunikation ständige Verbesserungsprozesse im Unternehmen forciert.

KVP kann sich auf eine Vielzahl von Systematiken und Werkzeugen zur Prozessverbesserung stützen, die alle das gleiche Ziel haben: Verbesserungen jeweiliger Prozesse und deren Effizienz. Bei den Managementsystemen, die KVP zugeordnet werden, kann man beispielsweise folgende – jedoch keine vollständige Liste – nennen:

- **LEAN-Management** geht auf Toyota zurück und befasst sich mit der effizienten Gestaltung gesamter Wertschöpfungsketten.

- **TPM** (Total Productive Maintenance) ist ähnlich wie Lean oder Kaizen, hier geht es vor allem um die Vermeidung von Betriebsstörungen und die Eliminierung jeglicher Art von Verschwendungen.
- **TQM** (Total Quality Management) ist ein System, das den Qualitätsgedanken in allen Unternehmensbereichen und -prozessen implementiert und höchste Qualität als Ziel definiert, was relativ viele kontrollierende Tätigkeiten und das volle Engagement aller Mitarbeiter erfordert.
- **Six Sigma** hat auch Verbesserungen und Prozessoptimierungen zum Ziel, wobei die Methode „Define – Measure – Analyze – Improve – Control" (DMAIC) häufig zum Einsatz kommt.

Alle Systeme können sich auf viele – ebenfalls nicht vollständige – Werkzeuge stützen, die nachstehend kurz erläutert werden:
- Der **Key Performance Indicator (KPI)** bzw. Leistungskennzahl sind Kennzahlen, anhand derer der Fortschritt oder der Erfüllungsgrad hinsichtlich wichtiger Zielsetzungen oder kritischer Erfolgsfaktoren innerhalb einer Organisation gemessen und/oder ermittelt werden kann.
- Die **5S-Methode** zur Arbeitsplatzorganisation ist die wichtigste Basismethode von Lean Management. Mit den 5S können Effizienz, Qualität, Ordnung und Sauberkeit sowie Sicherheit gleichzeitig verbessert werden.
- *Prozesslandkarten* helfen, auf einen Blick Erkenntnisse zu bekommen, welche Prozesse im Unternehmen vorhanden sind, wie diese logisch zusammenhängen und welche Schnittstellen zu Kunden bzw. Lieferanten im Unternehmen besondere Beachtung erfordern.
- die **8 Verlustarten** beeinträchtigen die Effizienz der Produktionseinrichtungen:
  - Anlagenausfälle
  - Umrüsten und Einstellen
  - Werkzeugwechsel
  - Anfahrverluste

- · Kurzstillstände/Leerlauf
- · Geschwindigkeitsverluste
- · Ausschuss/Nacharbeit
- · geplante Stillstände
- Bei einer **Prozessbeschreibung** ist der Ausgangspunkt eine systematische Prozessanalyse. Hierdurch werden evident: die Kernprozesse auf der **Primärebene der Leistungserbringung,** auf der **Sekundärebene die Steuerungsprozesse** sowie auf der **Tertiärebene die Unterstützungsprozesse**
- Im **8D-Report** wird die Art der Beanstandung, Verantwortlichkeiten und Maßnahmen zum Beheben des Mangels festgeschrieben.
- **SMED** steht für „Single Minute Exchange of Dies" und ist die Methode zur Rüstzeitenabsenkung. Sie ist ein Bestandteil von Lean Management und Operational Excellence. Mit SMED werden deutliche Leistungssteigerungen an Produktionsanlangen erreicht, welches sich am OEE ablesen lässt.
- **Wertstromanalyse** ist eine Methode zur Verbesserung der Prozessführung in Produktion und Dienstleistung. Sie wird auch als Wertstromaufnahme eines Ist-Zustandes bezeichnet. Die englische Bezeichnung lautet: Value Stream Mapping (VSM).

Unter dem Motto: Ziele mitvereinbaren, verstehen und kommunizieren wurde anlässlich eines Business Transformation-Prozesses in einem mittelständischen Unternehmen der Lebensmittelindustrie die Einführung von KVP umgesetzt. Nach einer umfassenden Unternehmensanalyse und der Definition einer Unternehmensstrategie, eines Soll-Zustands mit Zielen und Maßnahmen, wurden vom Business Transformation-Management erste mögliche KVP und Maßnahmen konzipiert.

Zur Umsetzung dieser Projekte und Maßnahmen waren Projektleiter, Moderatoren, Teammitglieder mit deren Lösungsideen erforderlich. Aufgrund der vielen Kontakte und Gespräche im Unternehmen konnte der Business Transformation-Manager schnell mögliche und am Veränderungsprozess interessierte, bereichsübergreifende Multiplikatoren und Promotoren identifizieren. Es stellte sich jedoch umgehend heraus, dass sowohl Systematik, Werkzeuge zur Prozessoptimierung als auch Instrumente zum Führen und Managen von Projekten im Unternehmen grundsätzlich bei keinem der ausgewählten Mitarbeiter vorhanden war. Mit der Unterstützung eines Interim-Managers wurde deshalb ein sofortiges Schulungsprogramm aufgesetzt.

Die Mitarbeiter wurden aufgefordert, eigene – aus ihrer Sicht – notwendige und erforderliche KVP-Ideen und -Maßnahmen vorzuschlagen, die im Ergebnis messbar und im Unternehmen zu Prozessoptimierungen führen sollten. Mit dem Betriebsrat wurde eine **Betriebsvereinbarung zu KVP** verabschiedet, verbunden mit dem Engagement des Betriebsrates, KVP aktiv unterstützen zu wollen. Zur Strukturierung des KVP-Projektes wurde ein Steering Committee mit der Geschäftsführung und Bereichsleitern als Mitglieder festgelegt. Aufgabenbeschreibungen für das Steering Committee, die Projektleiter und KVP-Teammitarbeiter wurden erstellt. Es wurde festgelegt, dass das **Steering Committee** einmal im Monat tagen sollte, und die Projektleiter den Stand ihrer jeweiligen Projekte vor diesem Gremium präsentieren. KVP bedingt immer die Messung der Wirksamkeit eingeleiteter Maßnahmen, deren Aufwand und Ertrag jeweils bewertet werden müssen.

Einige bereits konzipierte und typische KVP wurden, aus der Gruppe der ausgewählten und geschulten Mitarbeiter, Projektleitern zugeordnet. Diese wurden aufgefordert geeignete Teammitglieder zu suchen. Typische KVP waren ein Lean-Projekt in der Fertigung, die Optimierung von innerbetrieblichen Transporten oder die Umsetzung eines neuen Kalkulationsschemas. Um von diesem Kontinuierlichen Verbesserungsprozess als Selbstläufer zu sprechen, war es allerdings noch zu früh. Eigene Projektideen waren nicht erkennbar. Die vom Business Transformation-Manager bereits definierten Projekte wurden allerdings angenommen und auch engagiert umgesetzt.

KVP kann und muss ein Bestandteil eines jeden Business Transformation-Prozesses sein. **Wie jeder Veränderungsprozess endet KVP nie.** Kontinuierliche Verbesserungsprozesse und eine gesamtheitliche Business Transformation zeigen wiederholt die gleichen Verläufe. In den ersten drei Monaten können relativ schnelle Erfolge bei Veränderungsmaßnahmen durch Quick Wins realisiert werden. Nach einem Hochlaufen von realisierbaren Ergebnissen über die nächsten 18–24 Monate ist durchaus ein Einbruch bei den Ergebnissen zu erwarten. Nur durch Investitionen und Besinnung auf den KVP-Grundgedanken sind erneut Optimierungsergebnisse zu erwarten.

Abbildung 30: Schematische KVP-Kultur am Beispiel einer OEE[21]-Kurve

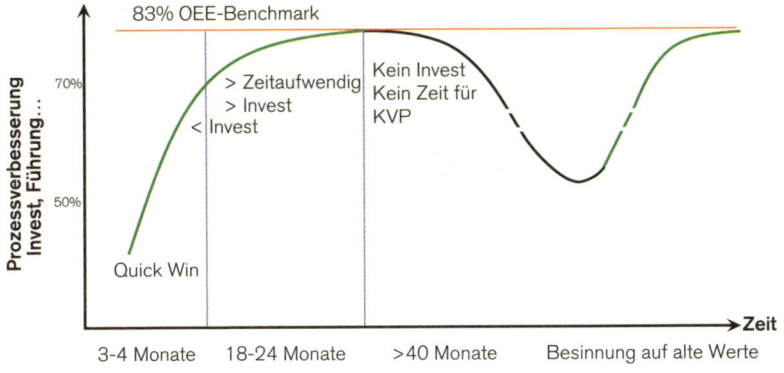

---

21 OEE (Overall Equipment Effectiveness) ist eine in Japan entwickelte Kennzahlenmethode zur Überwachung und Verbesserung der Effizienz von Produktionsanlagen. Oftmals wird analog dazu auch die deutsche Bezeichnung der Gesamtanlageneffektivität (GAE) verwendet.

6.1.2 Eine positive Veränderungskultur entwickeln

Ein erfolgreicher Business Transformation-Prozess bedingt einen Wandel der Unternehmenskultur des jeweiligen Unternehmens.

Unternehmenskulturen werden von oben durch das Management bestimmt. Veränderungen basieren auf einem Veränderungswillen des Managements, der bis zur untersten Hierarchiecbene im Unternehmen ankommt.

Veränderungswille und ein damit einhergehendes Aufbrechen alter und oft als lähmend empfundener Unternehmenskulturen kann auch von außen kommen. Ein von außen bestellter Business Transformation-Manager, ausgestattet mit der notwendigen formalen und persönlichen Autorität, kann nur erfolgreich wirken, wenn er Veränderungswillen im Unternehmen forciert und diesen durch permanentes Kommunizieren und Coachen zum Bewusstseinswandel nutzt.

> **SCHLÜSSELBOTSCHAFT:**
> Es gilt, den Veränderungswillen zum Wandel der Unternehmenskultur zu nutzen: Ein erfolgreicher Business Transformation-Prozess hat das Ziel, Führungskräfte und Mitarbeiter zu **mehr Eigenständigkeit** und **Initiative** zu wandeln.

In den meisten Unternehmen, die einen Veränderungsprozess durchlaufen, kann man zu Beginn eine gewisse Lähmung und eine fühlbarc Resignation bei allen Beteiligten erkennen. Alle warten ab und haben Vorbehalte gegenüber jedweder Veränderung. Alle Mitarbeiter haben sich meist über lange Jahre hinweg in ihrer Komfortzone bequem eingerichtet und ein Blick jenseits dieser Komfortzone fällt schwer. Eine offene Kommunikation findet grundsätzlich selten statt und bleibt oft auf bestimmte Bereiche begrenzt. Auch eine alleinige Konzentration auf den eigenen Arbeitsbereich ist deutlich erkennbar, der oft mit extremem Bereichsdenken einhergeht.

Der Business Transformation-Prozess kann nur erfolgreich sein, wenn es gelingt, alte Kulturen und eingefahrene Denkmuster aufzubrechen. Er setzt auf Veränderungswillen, positives Denken, Teamarbeit, Zielorientierung, konsequentes und eigenständiges Umsetzen von Maßnahmen sowie Projektarbeit mit messbaren Ergebnissen. Dieses sind wesentliche Instrumente und Bestandteile eines jeden Veränderungsprozesses. Dazu benötigt man Verantwortliche, eine klare Definition der jeweiligen Verantwortlichkeit sowie eine Verpflichtung zur eigenen Verantwortung aller Beteiligten. **Verantwortung,** offene **Kommunikation, Wertorientierung, Zielorientierung, Lösungsorientierung** für Konflikte und **Teamorientierung** sind neben der Eigenständigkeit die zentralen Werte einer Veränderungskultur. Bei der Vermittlung dieser Werte, dem Abbau von Vorbehalten und Angst kommt der **Kommunikation** durch den Business Transformation-Manager eine entscheidende Bedeutung zu. Sie entscheidet bereits bei Beginn darüber, ob der Veränderungsprozess eine Chance auf Erfolg hat oder nicht. In vielen Praxisfällen hat sich zum Auftakt eines Veränderungsprozesses eine **Informationsveranstaltung** durch den Business Transformation-Manager bewährt. Diese richtet sich neben Eigentümern und Management, vor allem an alle Führungskräfte, einschließlich der Meisterebene.

Ziel der Veranstaltung ist es, anhand schonungsloser **Offenheit** mithilfe von Zahlen und Fakten den aktuellen Ist-Zustand des Unternehmens darzustellen und ein positives Denken über die Veränderung in Gang zu setzen. Vorgehensweise und Ziele des Veränderungsprozesses sowie auch Informationen über den persönlichen Erfahrungshorizont des jeweiligen Business Transformation-Managers runden eine solche Veranstaltung ab. Wichtig ist vor allem die klare Botschaft zur Erwartungshaltung an alle: Betroffene sollen zu Beteiligten gemacht werden; ohne aktives Mitwirken aller wird es zum Scheitern des Veränderungsprozesses kommen. Auf offene und kritische Fragen muss dabei mit der gleichen Offenheit geantwortet werden. Fehler können dann unterlaufen, wenn sich der Business

Transformation-Manager an Themen wie möglichen Anpassungen von Mitarbeiterzahlen vorbeimogeln will.

Das Echo auf solche Veranstaltungen – auch Betriebsversammlungen wären als Auftakt denkbar – ist meist positiv. Oft erfahren Führungskräfte und Mitarbeiter erstmals anhand von Zahlen und Fakten die tatsächliche Wahrheit über die Unternehmenssituation. Schonungslose Offenheit und Wahrheit, verbunden mit einer möglichen positiven Perspektive für den Veränderungsprozess, schaffen Vertrauen und bauen Vorbehalte ab. Dies können erste Signale für einen Wandel der Unternehmenskultur sein.

Der nächste Schritt beim Aufbau von Vertrauen und einer notwendigen Wandelkultur sind die **persönlichen** und ersten **Gespräche** des Business Transformation-Managers mit Führungskräften und Mitarbeitern, die auch anlässlich des Corporate Scans erforderlich sind. Hierbei sollte ein erfahrener Business Transformation-Manager bereits Ideen zur Auswahl von möglichen **Projektleitern** und **Multiplikatoren,** die den Veränderungsprozess aktiv befördern sollen, entwickeln und voraussichtliche Aufgabenschwerpunkte besprechen können. Neben dem Aufbau von Vertrauen für den Veränderungsprozess gilt es vor allem, nicht das Gefühl einer möglichen Überforderung der jeweiligen Führungskraft oder des Mitarbeiters aufkommen zu lassen.

SCHLÜSSELBOTSCHAFT

Veränderungsprozesse konzentrieren sich auf die komplette Wertschöpfungskette eines Unternehmens. Alle Prozesse hängen voneinander ab – keine Abteilung oder kein Bereich kann bei einem Business Transformation-Prozess außen vor bleiben. Ein Unternehmen funktioniert wie ein System: Bereits eine defekte Schraube – Prozess, Bereich, Verantwortlichkeit – kann zu Funktionsunfähigkeit oder Verlust an Leistungsfähigkeit führen.

Aus einer „Helikopterperspektive" hat ein professioneller Business Transformation-Manager das ganze Unternehmen im Blick, er denkt in gesamtheitlichen Prozessen und macht auch vor Personen nicht halt. Mit seiner Sichtweise und Denkweise wird er in vielen Unternehmen zunächst nicht mehrheitsfähig sein.

SCHLÜSSELBOTSCHAFT
Business Transformation-Prozesse erfordern **gesamtheitliches Denken** und das Aufbrechen von Silodenken.

Extremes **Silodenken** ist der ursächliche Grund von Unternehmenskrisen. Dieses Denken hat in der Regel gravierende **Schnittstellenprobleme** als Konsequenz. Nicht funktionierende Prozesse, bei denen mehrere Abteilungen und unterschiedliche Verantwortungen betroffen sind, werden meist durch Schnittstellenprobleme verursacht. Beispielsweise wird ein Auftrag zwischen dem übergebenden Bereich, dem Vertrieb, und dem annehmenden Bereich, der Planung, nicht eindeutig geklärt. Es kommt zu Fehlplanungen und möglicherweise zu einem Bruch des Lieferversprechens. Schnittstellenprobleme werden immer wieder deutlich, wenn die Kommunikation zwischen bestimmten Bereichen nicht funktioniert, Aufgaben und Verantwortungen auf andere Bereiche abgeschoben und Schuldzuweisungen auf „andere" geschoben werden.

Neben der fehlenden eindeutigen Definition von Verantwortlichkeiten und Aufgaben oder der falschen Aufgabenzuordnung haben Schnittstellenprobleme oft **menschliche Ursachen.** Mitarbeiter aus den betroffenen Schnittstellenbereichen haben persönliche Probleme miteinander, leben ihre Konflikte offen aus und belasten dadurch laufende Prozesse. Lösungen dieser entscheidenden Probleme sind eine Grundvoraussetzung für die Initiierung eines möglichen Kulturwandels. Hier sind persönliche Eigenschaften des Business Transformation-Managers gefragt wie Wertorientierung, persönliche Integrität und Konfliktlösungskompetenz.

Der Business Transformation-Manager wird über offene Kommunikation mit den Betroffenen den Ursachen der bestehenden

Konflikte auf den Grund gehen. Er wird alle Projekte möglichst nach dem bereichsübergreifenden Prinzip organisieren. Prozesse, Verantwortlichkeiten und jeweilige Abhängigkeiten werden kontinuierlich transparent gemacht und dargestellt. Gegenseitiges Verständnis für Aufgaben und Verantwortlichkeiten unterschiedlicher Bereiche und die Förderung von übergreifendem Denken sind Ziele dieser Maßnahmen. Letztlich müssen auch mögliche **disziplinarische Entscheidungen** getroffen werden, sollten keine Lösungen möglich sein. Ein glaubwürdiger Business Transformation-Prozess kann vor keinem Mitarbeiter haltmachen, hat sich dieser vorher auch noch so verdient gemacht. **Neue Mitarbeiter von außen** – mit einem für den Veränderungsprozess geeigneten Profil – bieten zusätzliche Chancen, den Kulturwandel in einem Unternehmen zu forcieren.

Lösungen, Erfolge im Business Transformation-Prozess und in der Projektarbeit mit messbaren Zielen können eine beginnende Veränderungskultur verstetigen. Erfolgsergebnisse motivieren und schaffen Vertrauen in die Eigenständigkeit und Initiativen. Auch KVP – wie dargestellt – funktioniert nach diesem Prinzip.

Veränderungskultur muss vorgelebt werden. Das Management und der Business Transformation-Manager können diese Kultur mit den erforderlichen Werten durch eigenes Verhalten ständig erlebbar machen. Eine Engagementkultur wird nur funktionieren, wenn sich das Management und der Business Transformation-Manager wiederholt und dauerhaft an den eigenen Versprechen messen lassen.

Auch ständige Qualifizierungsmaßnahmen in Projektmanagement und Führung sind ein entscheidendes Instrument. Nur ein kontinuierliches Coaching der Multiplikatoren und Projektleiter durch den Business Transformation-Manager kann eine Veränderungskultur etablieren, die sich möglichst verselbstständigen kann. Frühzeitig muss über Strukturen und Unternehmenskultur nach dem Ausscheiden des Business Transformation-Managers nachgedacht werden.

Die Etablierung eines **Kunden-Lieferanten-Denkens** oder einer durchgängigen **Kundenorientierung** kann nur durch das

Management im Unternehmen von oben umgesetzt werden. Ein Bewusstsein, sich als Kunde oder Lieferant einer anderen Abteilung oder eines anderen Bereichs zu verstehen, gab es nur in seltenen Praxisfällen. Eine notwendige Kundenorientierung über die gesamte Wertschöpfungskette hinweg, auch in der Produktion, fehlte ebenfalls in vielen Unternehmen.

In einem Praxisfall der Metallindustrie wurde die Frage gestellt, ob Meister und Produktionsmitarbeiter wüssten, welche Kundenaufträge sie in jeweiligen Schichten produziert hätten. Die erstaunliche Antwort war, dass dies eigentlich der Vertrieb wissen sollte. Eine **Kundenorientierung** als entscheidender Wert einer Veränderungskultur muss über die gesamte Wertschöpfungskette entwickelt werden. Dazu ist es erforderlich, dass alle Mitarbeiter, die am Kundenauftrag arbeiten, alle spezifischen Kundenforderungen kennen. Nur mithilfe eines permanenten Informationsaustauschs, dem Vorleben, verschiedenen Coachings und Schulungen lassen sich Bewusstseinsänderungen schaffen.

6.2 Unternehmensführungen – neues Managerprofil

Das aktuelle Marktumfeld von Unternehmen ist, wie schon dargestellt, von Unsicherheit und Volatilität geprägt. Wesentliche Konsequenzen sind eine höhere Wettbewerbsintensität. Auch die Politik zeigt in den letzten Jahren eher eine abnehmende ökonomische Kompetenz, um günstige Rahmenbedingungen für Innovationskraft und Unternehmertum zu setzen. Vielmehr gibt es zunehmende Tendenzen, Unternehmen in ihrer Handlungsfähigkeit durch immer mehr Gesetze und Regelwerke zu blockieren. Dies kann in Deutschland an einer überproportional hohen Staatsquote festgemacht werden.

In diesen schwierigen Zeiten gilt es, Unternehmen eine langfristig positive Perspektive zu geben, die nachhaltig gute Wirtschaftsergebnisse und einen dadurch substanziellen Unternehmenswert erwarten lassen. Dieser Unternehmenswert sollte auch durch strategische Elemente, einmalige Wettbewerbsvorteile, definiert werden können. In diesem Zusammenhang bietet der Business Transformation-Prozess mit seinen Zielen und Maßnahmen eine **einmalige Chance,** Unternehmen in die oberste Liga zu bringen.

Dazu gehören ein **Veränderungswille** und die **Umsetzungskompetenz** beim Management. Als grundsätzliche Voraussetzung gelten die Erkenntnis und die Entscheidung, den Veränderungsprozess aus eigener Kraft oder von außen durch einen externen Business Transformation-Manager konsequent umzusetzen. Auch das Managerprofil muss sich den Anforderungen eines Veränderungsprozesses stellen und sich verändern.

Im heutigen Marktumfeld ist mehr denn je Unternehmertum gefragt. Als Unternehmer wird im Allgemeinen jemand bezeichnet, der ein Unternehmen gründet oder leitet. Allerdings werden leiten oder verwalten in schwierigen Zeiten allein als Kompetenz nicht mehr ausreichen. Stattdessen werden vermehrt strategische Kompetenz, Risikobereitschaft, Innovationsbereitschaft und soziale sowie interkulturelle Kompetenz zu entscheidenden Fähigkeiten, um ein Unternehmen in stürmischen Zeiten sicher zu vereinbarten Zielen zu führen.

Dabei kommt es allerdings auf die Umsetzung, auf das Machen an. Der neue Manager bzw. sein Profil kann mit den Worten **strategischer Macher** beschrieben werden. Nur durch eine Umsetzung werden propagierte Maßnahmen und Ergebnisse messbar. Ein Manager führt seine **Mitarbeiter zum Erfolg.** Dazu braucht er die notwendige Einstellung und Motivation. Ein Gespür für Märkte, Produkte und vor allem Menschen sollte sich in allen Strategieentwürfen der Manager mit klar definierten Zielen und Maßnahmen wiederfinden. Ein Bauchgefühl des Unternehmers wird nicht mehr genügen, um ein Unternehmen eindeutig am Markt zu positionieren.

Wettbewerbsvorteile gründen oft auf Innovationen, seien dies neue Produkte, Dienstleistungen oder Produktionsverfahren. Sicherlich gibt es noch den Erfindereigentümer, den wir heute vor allem in wichtigen Start-ups antreffen. Innovation und Innovationsführerschaft sind Strategien, die Unternehmenswert und profitable Marktpositionen schaffen können. Nur der strategisch denkende Unternehmer wird in seinem Unternehmen für die Implementierung eines Innovationsprozesses sorgen, Innovationsfähigkeit ständig messen und Entwicklungsprozesse mit dem Ziel einer höheren Entwicklungsgeschwindigkeit effizienter gestalten.

Strategische Kompetenz erfordert Entscheidungsstärke und Risikobereitschaft. Strategie heißt immer, sich für Optionen entscheiden zu müssen. Entscheidungen basieren auf Wissen und Kompetenz und sind mit unternehmerischen Risiken behaftet, also gehört Risikobereitschaft vermehrt zu einem neuen Managerprofil.

In vielen Praxisfällen kann man am Mitarbeiterverhalten bereits auf den Führungs- und Managementstil im Unternehmen schließen. Zurückhaltung, resignative Haltungen, wenig Initiative und keine offene Kommunikation sind oft auf eine Unternehmenskultur zurückzuführen, die noch durch einen autoritären Führungsstil geprägt ist. Mitarbeiter haben sich an klare Handlungsweisen zu halten, weder werden Initiativen erwartet noch werden diese in Entscheidungen einbezogen.

Der Business Transformation-Prozess propagiert den **eigenständigen Mitarbeiter.** Veränderungsprozesse erfordern eine **Aufbruchsstimmung.** Ohne jedoch einen situativen Führungsstil des Managements, der sensitiv und offen auf unterschiedliche Mitarbeiter eingeht, wird weder eine Aufbruchsstimmung, unabhängig von der jeweiligen Unternehmenssituation, noch ein Prozess umsetzbar sein. Das dazu notwenige Managerprofil wirkt nicht nur durch fachliche, sondern vor allem durch persönliche Autorität. Eigenständige Mitarbeiter können nur erfolgreich agieren, wenn man ihnen Verantwortung, Luft und Raum für ihre Aufgaben lässt, die sie selbstständig entscheiden und umsetzen können. Zumindest brauchen Mitarbeiter das Gefühl, an Entscheidungen mitgewirkt zu haben.

Der moderne Manager ist vor allem ein **Unternehmercoach,** der keine Berührungsängste vor seinen Mitarbeitern hat und diese bei ihren Aufgaben leitet und auf die Eigenständigkeit vorbereitet. Er wird ihnen Wege und Lösungen bei der Erfüllung ihrer Aufgaben zeigen, anstatt Aufgaben nur anzuweisen.

Kernaufgabe eines Coaches ist es, die Unternehmensorganisation zu entwickeln. Neben dem Aufbau der Unternehmensorganisation entsprechend zur Unternehmensstrategie gilt es, Teams auf allen Unternehmensebenen zusammenzustellen. Keine Abteilung kann effizient funktionieren, wenn diese nicht teamorientiert zusammenarbeitet. Teambuilding und Teamorientierung beginnen bereits beim Managementteam auf der ersten Führungsebene. Wenn Managementteams nicht harmonieren, Konflikte nur in der Öffentlichkeit austragen und propagierte Werte nicht vorleben, kann dies schnell zu einer Unternehmenskrise führen.

In der Praxis kann es auch dazu kommen, dass Konflikte in Managementteams hineingetragen werden: Bei einem Unternehmen der Elektroindustrie im Veränderungsprozess versuchte der Eigentümer, eine Private-Equity-Firma, den CEO permanent dazu zu bewegen, sein Managementteam umzubilden. Das Team war gerade dabei, sich neu zu konstituieren, vertrauensvoll zusammenzuarbeiten und sollte nach dem Willen der PE wieder verändert werden. Dies führte zu Konflikten und dem Ausscheiden von Teammitgliedern. Managementteams sind Bestandteile eines Unternehmenswertes. Durch die Einflussnahme von außen wie in diesem Praxisfall können Unternehmenswerte zerstört werden.

Eine Kernaufgabe vom Management und Business Transformation-Management ist die Überprüfung von Strukturen und möglichen neuen Teambuildings auf allen Unternehmensebenen. Es kommt darauf an, das richtige Gespür für geeignete Mitarbeiter am richtigen Ort zu entwickeln. Neben internen Versetzungen und Änderungen von Verantwortlichkeiten und Zuständigkeiten erfordert es auch Mut, sich von Mitarbeitern zu trennen und den Kulturwandel durch neue Mitarbeiter von außen zu forcieren. In der Praxis hat sich oft herausgestellt, dass neben der Fachkompetenz oft die Persönlichkeit und Motivation des jeweiligen Mitarbeiters entscheidend ist.

Im Vertrieb ergibt es wenig Sinn, Teams aus Vertriebsmitarbeitern zusammenzustellen, die nicht von einem gewissen „Vertriebsgen" angetrieben werden. Alle fachliche Kompetenz nützt im Vertrieb wenig, wenn die Vertriebsmitarbeiter keinen Erfolgshunger besitzen, der durch Aufträge gestillt wird.

Strategie- und Organisationsentwicklung sind die Kernaufgaben eines neuen Managerprofils, die mit hoher sozialer Kompetenz umgesetzt werden.

6.3 Multiplikator-Effekte: Identifikation von geeigneten Mitarbeitern

Eine Veränderungskultur wird vorgelebt und kann dadurch gefestigt werden. Dazu bedarf es neben der aktiven Rolle von Management und Business Transformation-Manager, der nur zeitlich limitiert zur Verfügung steht, kompetente **Multiplikatoren** und **Promotoren.** Multiplikatoren sind Mitarbeiter, die mit ihrem Verhalten und ihrer Meinungsführerschaft die Veränderungskultur eines Prozesses im Unternehmen positiv vermitteln und diesen gleichzeitig eigenständig aktiv umsetzen. Durch ihre Rolle gelingt es, den Veränderungsprozess im ganzen Unternehmen bis auf die unterste Unternehmensebene zu tragen. Nur wenn der Prozess bei allen Mitarbeitern angekommen und vollständig angenommen wird, hat er eine Chance, messbare Erfolge zu erzielen.

Promotoren sind ebenfalls Meinungsführer, die mit eigenem Veränderungswillen den Business Transformation-Prozess aktiv fördern. Ihre Rolle gleicht eher der eines Vermarkters als der eines Umsetzers.

Zu Beginn eines Business Transformation-Prozesses wird sich der Business Transformation-Manager vorerst auf die bestehende Unternehmensstruktur stützen. Er wird dann Projektleiter und Umsetzer aus den Reihen des bestehenden Managements und der Führungskräfte rekrutieren. Mit ihnen wird er Projekte, Ziele und Maßnahmen definieren und die nötigen Projektteams zusammenstellen.

Im besten Falle werden alle Mitarbeiter, die für die Umsetzung des Veränderungsprozesses verantwortlich gemacht wurden, diesen aktiv umsetzen. In der Praxis wird dies allerdings nur selten vorkommen. Vielmehr wird der Business Transformation-Manager feststellen, dass es oft auch nach Monaten nur geringe Fortschritte gibt und Umsetzungen relativ langsam fortschreiten. Ursachen dafür sind meist die fehlende Kompetenz in Führungstechniken, Projektmanagement, Teamarbeit generell oder in KVP-Systematiken. Andererseits sind auch mangelnder Veränderungswille, fehlende Motivation oder grundsätzliche Angst vor Veränderung maßgebliche Hindernisse. Auch glaubt man oft, den Business Transformation-Manager, der in der Regel nur zeitlich limitiert zur Verfügung steht, aussitzen zu können. Nach dessen Ausscheiden möchte man sich gerne wieder in die eigene Komfortzone zurückziehen. Andererseits wird auch auf ein zu aufwendiges Tagesgeschäft verwiesen, das scheinbar kaum Zeit zur Projektarbeit lässt.

Ein erfolgreicher Business Transformation-Manager wird alle aufgeführten Umsetzungshindernisse kennen, genau analysieren und Konsequenzen einleiten. Er hat genaue Vorstellungen eines konkreten Profils von Multiplikatoren und Promotoren. Mitarbeiter mit einem starken Veränderungswillen, die den Mut zur offenen Kritik haben, eigenständig arbeiten, kommunikativ und fachlich kompetent sind, werden einen Veränderungsprozess nicht nur tragen, sondern diesen auch im Unternehmen ausrollen können.

In der Praxis wird der Business Transformation-Manager möglichst frühzeitig, auch noch während bereits laufender Projekte, durch kontinuierlich geführte persönliche Gespräche und aktives Coaching bei allen Führungskräften und relevanten Mitarbeitern eine eigene Potenzialanalyse durchführen.

In einem konkreten Praxisfall wurden in einem mittelständischen Unternehmen 16 Multiplikatoren identifiziert. Diese entsprachen weitgehend den oben beschriebenen Anforderungen und wurden deshalb dezidiert in Führung und Projektmanagement geschult. Einerseits wurden sie Projektleitern zur Unterstützung beigestellt, andererseits erhielten sie direkte Projektverantwortungen für schlecht laufende Projekte.

> **SCHLÜSSELBOTSCHAFT**
> Multiplikatoren und Promotoren bedürfen auch weiterhin des täglichen Coachings durch den Business Transformation-Manager. Botschaften und Bewusstsein werden sich bei ihnen nur durch die ständige Wiederholung beim Coaching verfestigen können. Fehlende Multiplikatoren können und sollten auch von außen aufgebaut werden, wenn diese im Unternehmen nicht ausreichend zur Verfügung stehen oder nicht entwickelbar sind.

Für die Dauer eines Veränderungsprozesses erscheint es oft sinnvoll, **weitere Interim-Manager,** die mit ganz spezifischen, komplexen Fachthemen betraut werden, einzustellen. Diese wirken unmittelbar positiv als zusätzliche Multiplikatoren, viele haben Erfahrungen gesammelt mit Business Transformation und kennen die Anforderungen.

Auch die **Neubesetzung von Schlüsselpositionen** durch Führungskräfte von außen kann einen unmittelbaren Effekt auf Anzahl und Wirkung notweniger Promotoren haben. Dazu bedarf es allerdings Mut beim Management, die Zurückstufung oder Trennung von „verdienten" Führungskräften kann im Unternehmen unterschiedlich aufgenommen werden. Der Veränderungsprozess darf nicht vor Personen haltmachen. Vielmehr sollte er ein Signal der Konsequenz senden.

In anderen Praxisfällen wurden professionelle **Potenzialanalysen** der gesamten Führungsmannschaft im Unternehmen durch externe Provider umgesetzt. Im konkreten Fall eines großen mittelständischen Unternehmens aus der Metallindustrie führte dies zu dem Ergebnis, dass im Vertrieb die aktuellen Führungskräfte die Anforderungen nicht erfüllten.

Nachdem sich der Business Transformation-Manager ein eigenes Bild von diesen Führungskräften gemacht hatte, wurde nach dem Strategieprozess eine komplette Reorganisation des Vertriebes eingeleitet. Auf der Basis neuer Anforderungsprofile für Vertriebsmitarbeiter wurden gezielt neue Führungskräfte im Vertrieb eingestellt. Dieser Prozess zeigte innerhalb eines Jahres erste Ergebnisse.

Geeignete Multiplikatoren und Promotoren – Führungskräfte –, die auch einen Business Transformation-Prozess nach Ausscheiden des Business Transformation-Managers selbstständig tragen können, brauchen während des Prozesses eine kontinuierliche Förderung durch Schulung. Neben der Kompetenz wird dies auch die Loyalität zum Unternehmen steigern. In diesem Zusammenhang ist auch die Identifikation von High Potenzials im Unternehmen sowie die Bereitschaft, Berufsausbildung aktiv zu betreiben – Lehrlingsausbildung – eine entscheidende Voraussetzung, um Multiplikatoren und Führungskräfte der Zukunft im Unternehmen zu generieren.

Bei einem erfolgreichen Veränderungsprozess wird der Business Transformation-Manager darauf achten, dass zur Zukunftsförderung spezifische Projekte und Maßnahmen mit geeignetem Personal– falls nicht vorhanden – umgesetzt werden.

Eine nie wirklich endende Business Transformation braucht, um sich zu verstetigen und selbsttragend zu wirken, ein lernendes Unternehmen, das sich auf Führungskräfte, Multiplikatoren und Mitarbeiter stützt, die neben dem Veränderungswillen die anderen erforderlichen Kompetenzen mitbringen. Dafür müssen wiederum bestimmte Voraussetzungen geschaffen werden.

7 Erfolgsfaktor Business Transformation-Manager

Der Business Transformation-Manager ist weitgehend verantwortlich für das Lokalisieren der Bereiche, die innerhalb eines Unternehmens verbessert werden müssen. Er muss notwendige Änderungen identifizieren und implementieren, damit ein Unternehmen als Best-in-Class wirken kann. Der Business Transformation-Manager hat eine unternehmerische Rolle und ist entscheidend in die Unternehmenshierarchie eingebunden.

Er verfügt über eine herausfordernde und vielschichtige Aufgabenstellung. Er liefert eine umfassende Unternehmensanalyse, die die wesentliche Basis für einen Veränderungsprozess darstellt. Er ist an der Entwicklung einer oft fehlenden Unternehmensstrategie maßgeblich beteiligt und ist verantwortlich für die Überwachung aller Geschäftsbereiche, die mit der Umsetzung von operativen Änderungen mit messbaren Verbesserungen im Business Transformation-Prozess beauftragt sind.

Neue und vorhandene Prozesse, Ressourcen und Systeme müssen durch den Business Transformation-Manager überprüft, dann gegebenenfalls Änderungen an der Unternehmensinfrastruktur vorgenommen und auf Wirksamkeit überwacht werden. Dies beinhaltet oft in Entscheidungsprozessen auch eine wichtige Rolle in Bezug auf Technologien und Rekrutierungen.

Das Erreichen der festgelegten Unternehmensziele in einem turbulenten Marktumfeld ist ein stetig weiterzuentwickelnder Prozess. Dieser umfasst die Durch- und Ausführung von Workshops, Task-Forces und Coaching-Aufgaben. Der Business Transformation-Manager muss Lücken zwischen den Abteilungen schließen, er ist Schnittstellenmanager und muss eine offene Kommunikation über alle Aspekte des Unternehmens aufrechterhalten. All dies wird den Kollegen helfen, das Unternehmen besser zu verstehen und die Gründe für eine Umstrukturierung oder die Business Transformation des Unternehmens zu erklären.

Ohne starke funktionale und persönliche Autorität kann der Business Transformation-Manger im Unternehmen nicht erfolgreich wirksam sein. Es ist deshalb sinnvoll, den Business Transformation-Manager möglichst auf der ersten Führungsebene anzusiedeln. Die förderlichste Lösung ist die Verknüpfung von einer CEO-Rolle auf Zeit mit der Rolle eines Business Transformation-Managers, was die nötige stärkste funktionale Autorität für den Veränderungsprozess zum Ziel haben kann. Ohne persönliche Autorität ist der Business Transformation-Manager allerdings immer zum Scheitern verurteilt. Er hat außerdem durchaus die Möglichkeit, vor allem in großen Unternehmen, weitere Business Transformation-Manager für bestimmte Geschäftsbereiche mit spezifischen Expertenthemen zu berufen.

7.1 Verantwortungsbereiche und Zuständigkeiten

Im Folgenden eine grundlegende Liste der Aufgaben eines Business Transformation-Managers. Je nach Unternehmen können jedoch noch mehr anfallen. Der Business Transformation Manager:

- fungiert als zentrale Kontaktstelle zwischen verschiedenen Abteilungen innerhalb des Unternehmens und relevanten Dritten;
- entwickelt und kommuniziert Strategien und Ziele mit relevanten Abteilungen und Kollegen;
- identifiziert mögliche Risiken in Bezug auf Änderungen und entwickelt eine Strategie, um diese zu überwinden oder zu beheben;
- führt Änderungen behutsam und mit minimalen Unterbrechungen durch;
- erstellt ein System, um den Erfolg von Anpassungen im Unternehmen zu bewerten und Ergebnisse zu präsentieren;
- ist maßgeblich zuständig für die situative Umsetzung von HR-Themen wie Einstellung, Schulung und Beurteilung von Mitarbeitern;
- muss, wenn erforderlich, alle maßgeblichen Prozesse, auch IT-Probleme, beaufsichtigen und lösen;

- muss möglicherweise Immobilienprobleme lösen. Dies kann bedeuten, dass Mietverträge neu verhandelt bzw. gekündigt werden;
- ist mit dem operativen Geschäft betraut und stellt sicher, dass das Unternehmen operativ weiterläuft.

7.2 Anforderungen und Profil des Business Transformation-Managers

Diese werden vom beauftragenden Unternehmen weitestgehend abhängen, obwohl generell folgende Anforderungen erfüllt werden müssen:
- Ausbildung und Erfahrungen auf C-Executive-Level und unterschiedliche Branchenexpertisen;
- Charismatische Ausstrahlung mit hoher persönlicher Autorität
- Akademische Qualifikationen;
- Sprachliche und interkulturelle Kompetenz, vor allem Englischkenntnis in hohem Maß;
- Hohe Eigenmotivation, „Job aus Leidenschaft", mentale Widerstandsfähigkeit gepaart mit situativer Empathie;
- Fundierte Erfahrungen und Wissen über allgemeine Geschäftsprozesse und organisatorische Rahmenbedingungen wie Ziele, Strategie, Kultur und Struktur;
- Geübt in der Erstellung und Präsentation von Berichten;
- Ausgezeichnete zwischenmenschliche Begabungen und Kompetenz, effektiv mit Mitarbeitern auf allen Ebenen und mit Dritten zu kommunizieren und Konflikte zu lösen;
- Gute physische und psychische Verfassung, sportlich und „permanent im Training", stressresistent;
- Proaktiv und in der Lage, Initiativen zu ergreifen;
- Starke Entscheidungs- und Verhandlungskompetenz;
- Motivation und Leidenschaft, starke Beziehungen innerhalb des Unternehmens und mit Dritten aufzubauen;
- Hohes Maß an Innovation und Kreativität;
- Aufmerksamkeit fürs Detail;

- Gute Führungs- und gute Teambildungsqualitäten;
- Empathie, um wichtige Entscheidungsträger zu beeinflussen;
- Vermögen, Ziele zu setzen und zu erfüllen;
- Starke analytische und Problemlösungskompetenz, gutes Urteilsvermögen;
- Hervorragende organisatorische Stärken,
- Flexibler Arbeitsansatz;
- Gutes Zeitmanagement und die Gabe zum Multitasking sowie die
- IT-Expertise.

7.3 Aus der Praxis

Dr. Thomas Forster ist ein erfahrener Business Transformation-Manager. Als CEO ad interim war er in unterschiedlichen Branchen, in größeren Unternehmen mit jeweiligen Veränderungsprozessen beauftragt. Hier erklärt er, worum es in der Business Transformation eigentlich geht:

„Als aktueller Business Transformation-Manager in einem mittelständischen Unternehmen der Nahrungsmittelindustrie wurde ich von den Eigentümern für einen Business Transformation-Prozess auch mit Restrukturierungsaufgaben eingesetzt. Funktional wurde ich dabei zum Geschäftsführer ernannt und mit der notwendigen formalen Autorität ausgestattet.

Primäres Ziel war es, definitiv den Unternehmenswert zu erhöhen und das Unternehmen auch für einen möglichen Verkauf „attraktiv" zu machen. Neben einer klaren strategischen Ausrichtung ging es vor allem um die Hebung aller möglichen Ergebnispotenziale. Dies umfasste einerseits klassische Instrumente einer Restrukturierung wie primär das Liquiditäts- und Working-Capital-Management, andererseits auch typische Instrumente eines Business Transformation-Managements wie eine umfassende Unternehmensanalyse, eine

Stärken- und Schwächenanalyse mit dem darauf aufbauenden Strategieentwicklungsprozess. Diese Aufgabenstellung erfordert die Zusammenarbeit mit allen Unternehmensbereichen und Abteilungen, Vertrieb, Planung von Personal, Beschaffung, Entwicklung, Produktion und Technik. Ich arbeite auch mit der IT-Abteilung in Bezug auf die Nutzung von IT-Potenzialen und der Verschlankung von Prozessen zusammen.

Nachdem ich zuvor als Executive Manager, also CEO ad interim, in verschiedenen internationalen Industrieunternehmen gearbeitet hatte, bin ich immer bestrebt, mein Wissen und meine Managementfähigkeiten in einem stetig anspruchsvolleren und vielfältigeren Umfeld zu nutzen und weiterzuentwickeln. Ich mache diesen Job mit großer Leidenschaft und bin in erster Linie durch Erfolge motiviert. Dabei begreife ich meine Tätigkeit immer als Leistungssportler, bei dem Aufgaben innerhalb kürzester Zeit von 0 auf 100 schnellstens und möglichst professionell umgesetzt werden sollten. Die Zusammenarbeit mit den Eigentümern und dem Management ist am Anfang äußerst hilfreich. Eine enge Kommunikation auch auf anderen Unternehmensebenen, bis hin zum „shop floor", ist für mich ebenfalls entscheidend, um das Unternehmen, dessen Strukturen und komplizierte Prozesse schnellstens kennenzulernen und unmittelbare Verbesserungspotenziale zu identifizieren. Somit bietet sich bereits frühzeitig eine gute Gelegenheit, Verbesserungen direkt zu beeinflussen und für diese nicht nur auf der Führungsebene Promotoren und Multiplikatoren zu gewinnen.

Neben meinem täglichen operativen Geschäft entwickele ich eine Unternehmensstrategie, strukturiere ein Project Management Office (PMO) mit der Definition von unternehmensrelevanten Projekten und bin unmittelbar in die Steuerungsgruppen des Projekts eingebunden, die dabei helfen, die besten Prozesse für das Unternehmen zu evaluieren, zu entwickeln und umzusetzen.

Ich bin als Interim-Manager meist als Geschäftsführer auf Zeit eingestellt. Für mich bedeutet dies, Strukturen und Prozesse in einem Status mit möglichst neuen, effizienteren und nachhaltig funktionierenden Prozessen übergeben zu können. Dabei verstehe ich meine Aufgabe auch darin, neben der Strategie und der Hebung von Verbesserungspotenzialen über die gesamte Wertschöpfungs- und Prozesskette hinaus eine Zielorganisation zu definieren. Das Profil eines möglichen Nachfolgers, der dann die tägliche Verantwortung für einzelne Funktionen übernimmt, wird dabei ebenfalls definiert.

Als Generalist mit einem starken strategischen und vertrieblichen Fokus ist die Einbindung und die Verantwortung für das Tagesgeschäft aus meiner Sicht essenziell, damit der Veränderungsprozess funktionieren kann. Dies bedeutet, dass ich Personalgespräche führe, neue Mitarbeiter mit passenden Profilen für neue Strukturen interviewe, Shareholder-Meetings organisiere und dabei an die Eigentümer berichte, die Hausbank über geplante Maßnahmen informiere und auch mit dem Betriebsrat Lösungen für tägliche Probleme suche. Mein Terminkalender beinhaltet ebenfalls, Kontakte zu Kunden und Lieferanten zu halten, Verträge zu überprüfen oder bei internen Audits Rede und Antwort zu stehen. Auch arrangiere ich Treffen mit strategischen Investoren, um andere Optionen für die Unternehmensentwicklung prüfen zu können.

An vielen Tagen habe ich das Glück, Fortschritte im Veränderungsprozess zu erleben oder unternehmerische Persönlichkeiten kennenzulernen. Diese können zukünftige Manager, Marketingagenturen, IT-Dienstleister oder auch Mitarbeiter mit viel Potenzial sein, die das Unternehmen weiterentwickeln können. In jedem Projekt kann ich täglich dazulernen, was mich motiviert. Jedoch haben Anpassungen und Verbesserungen innerhalb des Unternehmens auch ihre Schattenseiten. Maßnahmen können die erwarteten und messbaren Ergebnisse verfehlen. Oft dauern Umsetzungsmaßnahmen länger als erwartet, weil erst für das notwendige Verständnis gesorgt werden muss oder Konflikte in Schnittstellenbereichen zu lösen sind. Rückschläge müssen immer wieder verkraftet werden. Es ist wichtig, dass ich mit den Veränderungen des Unternehmens sensibel umgehe. Alle wollen auf der Reise mitgenommen werden und viele müssen jedoch erst abgeholt werden. Geduld ist dabei an der Tagesordnung. Niemand darf überfordert werden.

Business Transformation-Manager müssen proaktiv sein, Initiative zeigen und auch nutzen sowie keine Angst haben, Fragen zu stellen. Die Rolle erfordert viele verschiedene Fähigkeiten. Ein exzellentes Fachwissen hat den gleichen Stellenwert wie eine hohe soziale Kompetenz mit einer Gabe zur offenen Kommunikation. Essenziell hierbei ist, alle verfügbaren relevanten Informationsquellen zu nutzen. Mitarbeiter werden sich als erste Informationsquelle nur öffnen, wenn man diesen offen und sensibel entgegenkommt, ihnen also auch Empathie zeigt.

Der Business Transformation-Manager überbrückt in den meisten Fällen die Lücke zwischen den verschiedenen Geschäftsbereichen und löst auch herrschende Konflikten zwischen Bereichen, Abteilungen und einzelnen Mitarbeitern. Oft werden Konflikte als Stimulanz benötigt. Der Business Transformation-Manager ist ein starker Kommunikator, zu dem alle Vertrauen entwickeln sollten. Nur durch den Aufbau von starken und vertrauensvollen Arbeitsbeziehungen mit Kollegen und Mitarbeitern wird die tägliche Arbeit und der gesamte Prozess effektiver und effizienter. Letztlich wird das Geschäft davon profitieren.

Seit meinem Eintritt in das Unternehmen haben sich Unternehmenskennzahlen und die Unternehmenskultur stetig positiv verändert. Der Veränderungsprozess ist nahezu überall angekommen und wird umgesetzt. Ich genieße die Rolle, die ich bei der Weiterentwicklung spiele. Mit Blick auf die Zukunft würde ich gerne weitere Unternehmen transformieren. Ein Business Transformation-Manager aus Leidenschaft stellt sich stets gerne neuen Herausforderungen. Diese Rolle gibt mir immer wieder die Möglichkeit, ein erfolgreiches Geschäftsmodell zu entwickeln und dieses mit nachhaltiger Wirkung zu implementieren. Strategie und der Erfolg einer daraus abgeleiteten Organisation waren für mich immer ausschlaggebend und ich erhalte jetzt erneut wertvolle praktische Erfahrungen, die dazu beitragen, die gesteckten Ziele zu erreichen. Ein Geschäft hat so viele Facetten und ich profitiere immer noch von diesem Lernprozess."

Zusammenfassung

Dieses Buch ist von einem Autorenteam mit wissenschaftlichem und Executive-Management-Hintergrund verfasst. Die Autoren schreiben über ihre Erkenntnisse, Erfahrungen, Erfolge sowie ihre Misserfolge, Unternehmen durch Business Transformation-Prozesse nachhaltig in der jeweiligen Leistungsfähigkeit – mithilfe des Best-Practice-Ansatzes – zu verbessern und dadurch den entsprechenden Unternehmenswert signifikant zu steigern. Dabei greifen sie auf eigene Fallbeispiele, abgeschlossene oder laufende Business Transformation-Projekte, aus unterschiedlichen Branchen zurück.

Business Transformation

Abbildung 31: Business Transformation

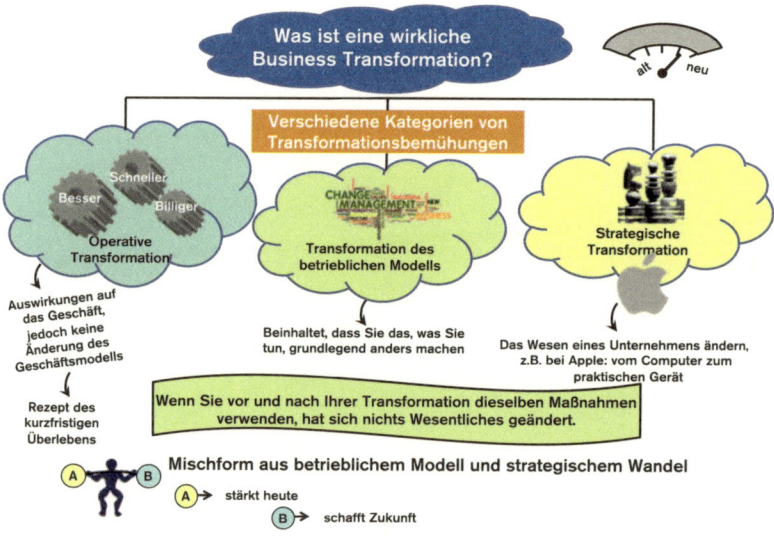

Veränderungsprozesse in Unternehmen sind keine abgeschlossenen Projekte, sondern eine fortlaufende Aufgabe. Eine Business

Transformation ist gegeben, wenn sowohl die Unternehmensstrategie als Kernvoraussetzung als auch in Konsequenz ihre Organisation, Strukturen und Prozesse nachhaltig verändert werden müssen. Die Business Transformation kann dabei folgende Punkte umfassen: Reorganisation, neue Geschäftsprozesse und -beziehungen, einschließlich der Schaffung neuer Geschäftseinheiten, Entscheidungen für Kauf und Verkauf von Unternehmensteilen, Zusammenschlüsse oder Kooperationen, Umzug und Umschulung von Mitarbeitern, Schaffung und Nutzung neuer Fähigkeiten, Verbesserung der Mitarbeiterkompetenzen sowie Änderung ihres Verhaltens, ihrer Einstellungen und gemeinsamer Werte.

Eine Vielzahl möglicher Ursachen für Veränderungsprozesse werden in diesem Buch anhand von Praxisbeispielen erläutert, wobei die immer wieder zitierte Digitalisierung oder der globale Wettbewerbsdruck nur zwei Gründe von vielen sein können. Letztlich ist häufig eine Unternehmenskrise der eigentliche Ausgangspunkt für einzuleitende Veränderungsprozesse, wobei eine Krise nicht grundsätzlich die Motivation dafür sein muss.

Unternehmen sollten sich in einem ständigen oder iterativen Optimierungsprozess befinden, um ihre Leistungsfähigkeit deutlich und nachhaltig mit dem Zielanspruch „Best in Class" zu verbessern. Es gilt, das Unternehmen auf eine höhere Leistungsebene mit optimierter Wettbewerbsfähigkeit zu heben. Business Transformation wird somit als Begriff klar von der Unternehmenssanierung abgegrenzt und definiert. Allerdings wird auch eine solche ohne professionelle Business Transformation kaum erfolgreich umzusetzen sein.

Business Transformation als Kernstrategie zur Unternehmenswertsteigerung

In einem erfolgreichen Business Transformation-Prozess sehen die Autoren den entscheidenden Hebel, um den Unternehmenswert zu steigern. Es wird erklärt, was unter Unternehmenswertsteigerung zu verstehen ist und warum dem Unternehmenswert in der heutigen Geschäftswelt eine immer größere Bedeutung zukommt. Dabei wird neben der jeweiligen Ergebnissituation vor allem

auf die strategischen Aspekte des Unternehmenswerts hinge-
wiesen. Alleinstellungsmerkmale, Wettbewerbs- oder Leistungs-
vorteile im Benchmark werden als Abgrenzung zur reinen
Shareholder-Value-Betrachtung vorgebracht. Eine optimierte
Leistungsfähigkeit des Unternehmens **führt** unmittelbar zu einem
höheren Unternehmenswert, so die These des Autorenteams.
Hier geht das Buch über bekannte Diskussionen zu den Themen
Unternehmenswert und Unternehmensbewertung hinaus.

Die Autoren sehen die Meta-Management-Ebene als wirkungsvollen Hebel in strategisch sinnvollen Akquisitionen und
Unternehmensfusionen, wenn zu schaffende Leistungsvorteile auf
der Makro-, Meso- und Mikroführungsebene zu einem erhöhten Unternehmenswert führen. Hierbei messen die Autoren
der Post Merger Integration besondere Bedeutung zu, um
Unternehmenswerte zu erhöhen. Technologische Entwicklungen
und deren Voranschreiten, internationaler Wettbewerb sowie
Vernetzungen fördern die Entwicklungen hin zu vermehrten
Mergers und Acquisitions, die allerdings gemanagt werden müssen.

Business Transformation-Prozesse leisten bei der notwendigen Post Merger Integration den entscheidenden Beitrag, um
Synergien messbar zu machen und zu realisieren. Dabei stellen
die Autoren besonders die Zielgruppen dar, die von dem erhöhten
Unternehmenswert profitieren.

Als Schwerpunkt und Kernprojekt eines Business
Transformation-Prozesses wird die Strategieentwicklung gesehen. Für die Autoren ist es auffällig, dass vor allem im Mittelstand
kaum Unternehmensstrategien vorhanden sind. Es wird gezeigt,
dass in der Praxis fehlende Strategien wesentliche Ursachen für
Unternehmenskrisen darstellen. Eindeutige Geschäftsmodelle
mit den Kernelementen einer Unternehmensstrategie wie
Vision, Leitvorstellungen und Meilensteine mit Maßnahmen
zur Zielerreichung sind selten postuliert und in einer spezifischen Unternehmenskultur verankert. Wettbewerbsvorteile und
-nachteile entlang der Wertschöpfungskette werden nur selten
adressiert. Das Buch gibt hier Anleitungen zur Entwicklung von

Strategien und Wettbewerbsvorteilen, wobei dies als Führungs- und Managementaufgabe angesehen wird.

Der Business Transformation-Prozess

Zu Beginn eines jeden Business Transformation-Prozesses steht die schonungslose Analyse der drei Kernbereiche eines Unternehmens: finanzielle Situation – strategische Ausrichtung – Leistungsreserven. Die Autoren haben dazu ein eigenes und in der Praxis bereits bewährtes Analyseinstrument in Form eines Corporate Scans entwickelt. Dieses Tool wird vorgestellt und erläutert. Bei konsequenter Anwendung dieses Corporate Scans wird ein belastbares Wertsteigerungsprogramm generiert.

Im Mittelpunkt stehen die Analyse und Herleitung relevanter Leistungsdaten. Die Autoren stellen fest, dass in vielen Unternehmen entscheidende Schlüsselkennzahlen fehlen (engl. Key Performance Indicators, abgekürzt: KPI). Sie zeigen auf, welche Schlüsselkennzahlen im Veränderungsprozess auch im Hinblick zur Entwicklung des Unternehmenswerts maßgebliche Messwerte sind und wie diese Kennzahlen einer Benchmark-Betrachtung unterworfen werden können. In diesem Zusammenhang wird außerdem dem Thema Wettbewerb eine besondere Bedeutung zugemessen. Eine Unternehmensanalyse ohne Erhebung von Markt- und Wettbewerbsdaten kommt zu keinen sinnvollen Ergebnissen. Es wird überdies hier gezeigt, wie Wettbewerberprofile, Marktdaten und Benchmark-Vergleiche aufgebaut sowie analysiert und entsprechende Maßnahmen abgeleitet werden können.

Die ermittelten Ergebnisse sind für die Autoren ein Ansatzpunkt für die Konzepterstellung zur Unternehmenswertsteigerung und zur Ableitung einer zukunftsgerechten Unternehmensstruktur. Bei der Umsetzung von Veränderungsmaßnahmen unterscheiden die Autoren deutlich zwischen kurzfristigen Quick Wins – Maßnahmen, die unmittelbare Ergebniseffekte erwarten lassen – und mittelfristig wirksamen Maßnahmen. Bei den kurzfristigen Maßnahmen handelt es sich weitgehend um Umsetzungen aus dem klassischen Restrukturierungsansatz, die Liquidität und Ertrag in der Regel innerhalb eines Jahres positiv beeinflussen können. Hierunter können die Bereinigung von Kunden- oder Produktsortimenten (inklusive der Eliminierung von Verlustbringern) fallen oder die kurzfristige Anpassung von Personalstrukturen. Auch werden Maßnahmen zur bilanziellen Sanierung dargestellt, wie beispielsweise das Sale-Lease-Back (also Rückmietverkäufe), Factoring, der Verzicht auf Forderungen oder Einlagen alter wie neuer Kapitalgeber. Bei den mittelfristigen Maßnahmen werden grundlegende Veränderungen durchgeführt, basierend auf dem „alten" Geschäftsmodell. Diese führen zu einer besseren Ertragskraft des Unternehmens im Wettbewerbsvergleich.

Zur Generierung nachhaltiger und längerfristiger Erfolge von Veränderungsprozessen und konsistent höheren Unternehmenswerten empfiehlt das Autorenteam die Einrichtung eines Projekt Management Offices (PMO). Es wird im Einzelnen dargestellt, wie eine geeignete Struktur und Projektorganisation aufgebaut werden kann.

Das Autorenteam empfiehlt, entscheidende und strategische Unternehmensprojekte den jeweiligen Funktionsbereichen, gemäß einer funktionalen Organisationsstruktur, zuzuordnen. Dabei werden die Schlüsselbereiche Vertrieb, Produktion, Einkauf, Logistik, Personal und Entwicklung auf ihre Zukunftsfähigkeit hin beleuchtet. Die wesentlichen Bedingungen und Faktoren für Projekterfolge, wie die Zusammensetzung von Projektteams, die Rolle des Projektleiters oder eines möglichen Steering Committees, werden ausführlich erläutert.

Die Autoren machen **insbesondere** auf die Auswirkungen von Veränderungsprozessen auf die jeweilige Unternehmenskultur aufmerksam. Dabei wird auf die **spezielle** Verantwortung der Unternehmensführungen im Hinblick auf den sensiblen Umgang mit Veränderungen eingegangen, da sie zunächst immer Angst erzeugen. Die Mitarbeiter müssen jedoch verstehen lernen, dass auch sie Veränderungsprozessen unterliegen und sich auf ein für sie akzeptables Tempo verpflichten. Gleichzeitig muss bei allen Verständnis geschaffen werden, dass existierende Grenzen zwischen Abteilungen und Unternehmensteilen aufgehoben oder verschoben werden. Die rationalen und emotionalen Elemente müssen zusammengebracht werden, um Herzen und Gemüter für den Prozess zu gewinnen. Da die meisten Mitarbeiter risiko-avers agieren, werden diese vor allem bei schlecht geführten Veränderungsprozessen versuchen, sich beruflich anderweitig zu orientieren, was dazu führt, dass das Unternehmen besonders die qualifizierten Leistungsträger verlieren wird. Es gilt daher, diese über Instrumente des Personalmanagements frühzeitig in die Veränderung einzubinden, sodass sie den Veränderungsprozess aktiv mitgestalten können und somit im Unternehmen verbleiben. Ein weiterer Vorteil der Mitarbeitereinbindung liegt in deren Unternehmenskenntnissen, das heißt, sie können viele suboptimale Abläufe benennen und zu deren zielgenauer Änderung beitragen. Wie können also veränderungsbereite Unternehmenskulturen geschaffen und wie Multiplikatoren, Promotoren und Moderatoren für die Forcierung von Wandlungsprozessen sinnvoll ausgewählt werden?

Die Business Transformation muss als neues „business as usual" eingebettet und verinnerlicht werden. Die Institutionalisierung der Transformation muss sicherstellen, dass Quick Wins transparent und konsolidiert, Prozesse und Erfolge gemessen werden und jegliches „Nachzüglerverhalten" beseitigt wird. Nur so kann eine Business Transformation sicherstellen, dass die Änderungsfähigkeit des gesamten Unternehmens verbessert wird.

Die oft unterschätzte emotionale Seite und die soziokulturellen Faktoren bei Veränderungsprozessen werden im Buch ausführlich behandelt. Insbesondere werden Beispiele von persönlichen Konflikten auf der Führungsebene als Ursache von Unternehmenskrisen deutlich benannt.

Die Kommunikation ist ein weiterer essenzieller Erfolgsfaktor der Business Transformation und wird ausführlich behandelt. Auch hier werden Möglichkeiten aufgezeigt, wie es in Krisensituationen mit ihrer Hilfe zu einem notwendigen Engagement zwischen Belegschaft und Unternehmensführung kommen kann.

Die Autoren weisen ausführlich darauf hin, dass vor allem Unternehmenseigentümer und -management in erster Linie erkennen müssen, dass sich ihr Unternehmen in einer besonderen, herausfordernden Situation befindet und dass ohne diese Erkenntnis alle Veränderungsprozesse zum Scheitern verurteilt sind.

Der Business Transformation-Manager

Das passende Profil des Business Transformation-Managers wird als entscheidender Erfolgsfaktor von Business Transformation-Prozessen dargestellt. Die Bildung eines passgenauen Teams erlaubt es ihm, parallel und damit schneller Business Transformation-Prozesse umzusetzen.

Der Business Transformation-Manager und sein passgenaues Team müssen ein hohes Maß an Wagemut, Widerstands- und Umsetzungsfähigkeit, Teamgeist, analytischem Sachverstand sowie ein gesundes Maß an Skepsis haben. Menschen, die solche Charakteristika besitzen, sind sehr begehrt und wertvoll. Sie sind gleichzeitig Systemarchitekt, Katalysator, Trainer und Spielführer der Mannschaft, setzen ihre Mannschaft richtig ein und führen sie zum Aufstieg in die Champions League.

Das Profil des Business Transformation-Managers beinhaltet sowohl charismatische als auch generalistische Eigenschaften; neben der fachlichen Kompetenz zählt aber vor allem die soziale Kompetenz.

Das SEViX-Team

SEViX ist ein Zusammenschluss von industrieerprobten und transaktionserfahrenen Senior Executive Managern und Beratern, die als Kernkompetenz die Konzeption und Umsetzung von Business Transformation-Prozessen aufweisen und dazu auf erfolgreiche Projekte verweisen können.

Stichwortverzeichnis

Z

Literaturverzeichnis

http://www.aei.org/publication/fortune-500-firms-1955-v-2016-only-12-remain-thanks-to-the-creative-destruction-that-fuels-economic-prosperity/

https://www.nachhaltigkeit.info/artikel/wissensmanagement_1950.htm

Gabler Wirtschaftslexikon, „Post Merger Integration", siehe auch: http://wirtschaftslexikon.gabler.de/Archiv/14594/post-merger-integration-v6.html, letzter Zugriff am 02.05.2018.

Ansoff, Harry Igor (1965): Checklist for Competitive and Competence Profiles; Corporate Strategy. New York: McGraw-Hill.

Beer, Michael & Nohria, Nitia (Hrsg.) (2000): Breaking the Code of Change. Boston: Harvard Business Review Press.

Hackman, J. Richard & Oldham, Greg R. (1980): Work Redesign (Prentice Hall Organizational Development Series). Upper Saddle River (New Jersey): Prentice Hall.

Haspeslagh, Philippe C. & Jemison, David B. (1992) Akquisitionsmanagement, Frankfurt am Main: Campus, S. 174ff.

Herzberg, Frederick, Mausner, Bernard & Snyderman, Barbara Block (1959): The motivation to work (2. Aufl.). New York: Wiley.

Jiang, K., Lepak, D. P., Hu, J. & Baer, J. C. (2012): „How does human resource management influence organizational outcomes? A meta-analytic investigation of mediating mechanisms." In: Academy of Management Journal 55, S. 1264–1294.

Kirkpatrick, Donald L. (1994): Evaluating training programs: The four levels. San Francisco: Berret-Koehler.

Maslow, Abraham, H. (2017): A theory of human motivation. www.bnpublishing.com, letzter Zugriff am 02.05.2018

Porter, Michael E. (1988): Wettbewerbsstrategie. Frankfurt am Main: Campus.

Senge, Peter M. (1996): Die fünfte Disziplin. Stuttgart: Klett-Cotta.

SEViX (2017): Carve-outs, Mergers & Acquisitions, Post Merger Integration. Frankfurt am Main: Frankfurter Allgemeine Buch.

Trevino, Linda K., Daft, Richard L. & Lengel, Robert H. (1990): „Understanding manager's media choices: A symbolic interactionist perspective." In: J. Fulk, & C. Steinfield (Hrsg.), Organizations and communication technology. Newbury Park: Sage, S. 71–94.

Wiese, Hans-Peter (2012): „Unternehmernachfolge – Quo vadis? Teil 2". In: M&A REVIEW 11/2012, S. 446–450.

Wiese, Hans-Peter & Sohns, S. (2013): „Strategie bei Mergers & Acquisitions". In: Nils Klamar, Ulrich Sommer & Ingo Weber (Hrsg.). Der effiziente M&A Prozess. Die Acquisition Value Chain. Freiburg, München: Haufe-Lexware, S. 17–41.

Autorenprofile

Dr. Thomas Forster ist promovierter Diplom-Kaufmann. Aufgrund seiner langjährigen Führungs-erfahrung sowohl als CEO und CRO global agieren-der Unternehmen im produzierenden Gewerbe sowie als selbstständiger Unternehmensberater und Interim Executive Manager besitzt er vielfältige praktische Erfahrungen in der Business Transformation und der Unternehmenswertsteigerung. Sein umsetzungsori-entierter Ansatz führte zu signifikanten Erfolgen bei der organisatorischen, strategischen und finanziellen Neuausrichtung von Unternehmen durch Cross-Selling, Personalanpassungen, Produktbereinigungen, Prozessoptimierungen und Realisierung von Synergien. Er ist seit 2017 Senior Executive Partner der SEViX GROUP.

Thomas Grommes, MBA, ist Diplom-Kaufmann mit hohem technischem und strategischem Verständnis. Er ist Bankkaufmann und ausgebildeter Business Coach (IHK). Durch seinen kooperativen Führungsstil gelingt es ihm, die Mitarbeiter zu motivieren, zu för-dern und zu fordern und somit Projekte zum Erfolg zu bringen. Er hat mehrere Business Transformationen im Mittelstand und in Konzernen begleitet und kennt diese aus Sicht des Mitarbeiters, des Projektleiters und des Geschäftsführers. Sein analytisches Verständnis, sein strategischer Weitblick und sein pragmatisches Handeln tragen zur wirksamen Transformation und Weiterentwicklung seiner Kunden bei. Seit 2012 ist er erfolgreich als Executive Interim Manager, Coach und Berater tätig und seit 2014 Kooperationspartner der SEViX GROUP.

Dr. Egbert Hubmann ist Diplom-Ökonom und promovierter Wirtschaftswissenschaftler (Technische Universität München). Er verfügt über 30 Jahre Erfahrung in leitenden Funktionen im operativen und strategischen Einkauf sowie in kaufmännischen Aufgaben. In verantwortlicher Position als Projektleiter führte er viele unternehmensweite Einkaufs- und Reorganisationsprojekte in enger Zusammenarbeit mit Top-Management, Entwicklung, Vertrieb und Produktion durch. Zudem besitzt er fundierte Kenntnisse in der Entwicklung und erfolgreichen Umsetzung von Einkaufsstrategien und -strukturen im Infrastruktur- und Servicegeschäft. Dr. Hubmann ist stark ergebnisorientiert und besitzt ein ausgeprägtes konzeptionelles sowie ganzheitliches Verständnis für komplexe Strukturen und Abhängigkeiten gepaart mit einer ausgeprägten analytischen, innovativen Denkweise. Er ist Mitglied der Studienstiftung des Deutschen Volkes. Er ist seit 2017 Senior Executive Partner der SEViX GROUP.

Dr. Immanuel Ulrich ist Diplom-Psychologe (Universität Bonn) sowie ausgebildeter Trainer und Business Coach (Freie Universität Berlin). Er ist seit 2009 als freiberuflicher Personalentwickler tätig. In seiner prämierten Promotion hat er eine Personalentwicklungsmaßnahme für Young Professionals an Hochschulen konzipiert, umgesetzt und deren nachhaltige Wirkung sowohl bei den Teilnehmenden (Kompetenzen und Verhalten) als auch auf Kundenebene, also deren Studierende (Lernerfolge) aufgezeigt. 2014 erhielt er den Johannes-Wildt-Nachwuchspreis für hochschuldidaktische Forschung (beste Dissertation) von der Deutschen Gesellschaft für Hochschuldidaktik. Dr. Ulrich ist ein ziel- und ergebnisorientierter professioneller Personalentwickler. Ihn zeichnen seine schnelle Auffassungsgabe und Problemlösekompetenz sowie seine Integrität, Vertrauenswürdigkeit, Empathie und Wertschätzung aus.

Rainer E. Ulrich, mental robust, gepaart mit dem situativen Maß an Empathie, hat ein illusionsloses Verständnis der Wirtschaftsrealität. Als Geschäftsführer und Manager von mittelständischen Unternehmen und Portfoliounternehmen führte er etliche Business Transformations durch. Dank seines sehr guten analytischen Verständnisses, sein antizipatives Gespür für neue Kundenbedürfnisse und für das Machbare wurden erfolgreiche Strategien entwickelt. Er bringt die Ideen und Einsichten der Mitarbeiter, Kollegen, Kunden, Lieferanten und Institutionen äußerst geschickt in die Wertschöpfungsarchitektur ein. Mit seiner Entscheidungskraft und seinem transformationalen Führungsstil konnte er die Strategie beeindruckend und nachweislich in die betriebliche Praxis umsetzen. Rainer Ulrich ist Gründer der auf Business Transformation spezialisierten SEViX GROUP.

Hanns-Peter Wiese berät mittelständische Unternehmen, Konzerne und Investoren beim Kauf und Verkauf von Firmen, Unternehmensbereichen (Spin-offs) und Beteiligungen. Darüber hinaus begleitet er Unternehmer und Manager bei Nachfolgeregelungen. Als Geschäftsführer, Partner und Manager von Private-Equity- und Venture Capital-Gesellschaften führte er über 50 Transaktionen in verschiedenen Branchen im In- und Ausland durch. Im Rahmen dieser Tätigkeit war er Mitglied einer Reihe von Aufsichtsräten und Beiräten. Er ist seit 2015 Kooperationspartner der SEViX GROUP.

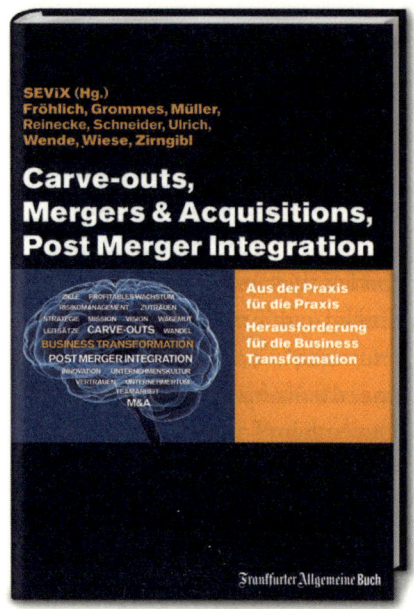

Roland M. Müller, Jan Reinecke, Joost Schneider, Robert Wende, Hanns-Peter Wiese, Dr. Nikolas Zirngibl, Rainer E. Ulrich, Thomas J. Grommes, Rainer Fröhlich, SEViX (Hg.)

Carve-Outs, Mergers & Acquisitions, Post Merger Integration
120 Seiten | Hardcover
ISBN: 978-3-96251-013-8 | 25,00 €

978-3-96251-013-8

Dieser Ratgeber ist so verfasst, dass er Unternehmern als praktische Anleitung dienen kann und in Checklisten die entscheidenden Punkte auflistet, die bei der Umsetzung von Carve-outs, Mergers & Acquisitions und Post Merger Integrations unbedingt berücksichtigt werden sollten. Für alle, die die Herausforderungen der Business Transformation erfolgreich meistern wollen.